CAXA 2023 从入门到精通

——电子图板·实体设计·制造工程师·线切割

胡仁喜　刘昌丽　等编著

机械工业出版社
CHINA MACHINE PRESS

本书围绕减速器的平面图形和三维造型设计及各种典型机械零件的加工制造展开叙述，重点介绍了 CAXA 2023 在工程设计实践中的应用。全书分为 4 篇共 18 章，分别介绍了 CAXA 电子图板 2023、CAXA 实体设计 2023、CAXA 线切割 2023 和 CAXA 制造工程师 2023。

本书的最大特点是将 CAXA 的相关软件集中在一本书中围绕工程应用实例进行讲解，使读者可以更加全面地学习 CAXA 软件的知识，提高读者全方位的工程设计能力。

本书既可以作为 CAXA 软件学习者的提高教程，也可以作为机械、建筑、电子等相关专业本、专科学生学习工程制图课程的参考教材，还可以作为相关专业工程技术人员的参考书。

图书在版编目（CIP）数据

CAXA 2023 从入门到精通：电子图板·实体设计·制造工程师·线切割 / 胡仁喜等编著 . —北京：机械工业出版社，2024.8
ISBN 978-7-111-75561-6

Ⅰ . ① C… Ⅱ . ①胡… Ⅲ . ①自动绘图 – 软件包 Ⅳ . ① TP391.72

中国国家版本馆 CIP 数据核字（2024）第 071924 号

机械工业出版社（北京市百万庄大街 22 号 邮政编码 100037）
策划编辑：王 珑 责任编辑：王 珑
责任校对：张勤思 张昕妍 责任印制：任维东
北京中兴印刷有限公司印刷
2024 年 6 月第 1 版第 1 次印刷
184mm×260mm · 27 印张 · 686 千字
标准书号：ISBN 978-7-111-75561-6
定价：99.00 元

电话服务 网络服务
客服电话：010-88361066 机 工 官 网：www.cmpbook.com
010-88379833 机 工 官 博：weibo.com/cmp1952
010-68326294 金 书 网：www.golden-book.com
封底无防伪标均为盗版 机工教育服务网：www.cmpedu.com

前　言

CAXA 系列软件是北京北航海尔软件有限公司开发的应用于工业设计和制造的通用软件，其中主要的模块有 CAXA 电子图板、CAXA 实体设计、CAXA 线切割和 CAXA 制造工程师等。这些模块相对独立，单独集成为独立软件，相互之间也一脉相连，互为补充，以满足工业设计和制造领域的工程应用需求。CAXA 各个软件模块易学易用、符合工程师的设计习惯，功能强大，分别兼容 AutoCAD 和 Pro/ENGINEER 等三维 CAD 软件，是国内普及率最高的 CAD 软件之一。CAXA 系列软件在机械、电子、航空航天、汽车、船舶、军工、建筑、教育和科研等多个领域都得到了广泛的应用。

CAXA 系列软件的最大优势是符合我国国情、易学、好用、够用，而且正版软件便宜实惠，具有独立的知识产权，深受国内各大企事业单位喜爱，用户群体广泛。考虑到读者应用 CAXA 系列软件的需要，书中集中介绍了 CAXA 系列软件各个模块的使用方法和技巧，希望能够帮助读者完整地掌握 CAXA 各个软件模块的使用方法，以应对和解决工业设计中遇到的各种工程技术问题。

本书围绕减速器的平面图形和三维造型设计及各种典型机械零件的加工制造展开讲述，重点介绍了 CAXA 电子图板 2023、CAXA 实体设计 2023、CAXA 线切割 2023 和 CAXA 制造工程师 2023 在工程设计实践中的应用。全书分为 4 篇共 18 章，分别介绍了 CAXA 电子图板 2023 基础知识、绘图与编辑命令、减速器设计综合实例，CAXA 实体设计 2023 基础知识、二维截面的生成、自定义智能图素的生成、零件的定位及装配，减速器实体设计综合实例，CAXA 线切割 2023 基础知识和加工实例，CAXA 制造工程师 2023 基础知识和加工实例等。本书的最大特点是将 CAXA 电子图板 2023、CAXA 实体设计 2023、CAXA 线切割 2023 和 CAXA 制造工程师 2023 四个软件集中在一本书中围绕同一个工程应用实例进行讲解，使读者可以更加全面地学习 CAXA 软件的知识，提高读者全方位的工程设计能力。

本书既可以作为 CAXA 电子图板 2023、CAXA 实体设计 2023、CAXA 线切割 2023 和 CAXA 制造工程师 2023 软件学习者的提高教程，也可以作为机械、建筑、电子等相关专业本、专科学生学习工程制图课程的参考教材，还可以作为相关专业工程技术人员的参考书。为了配合学校师生利用此书进行教学，随书配赠了电子资料包，其中包含了全书实例操作过程 AVI 文件和实例源文件，以及专为老师教学准备的 PowerPoint 多媒体电子教案。读者可以登录网盘 https://pan.baidu.com/s/1rgLkCbw2-rx1Iv4yjpy5cA 下载，提取码 swsw。也可以扫描下面二维码下载：

　　本书主要由胡仁喜、刘昌丽编写，其中胡仁喜编写了第 1~8 章，刘昌丽编写了第 9~18 章。康士廷、王敏、王玮、孟培、王艳池、闫聪聪、王培合、王义发、王玉秋、杨雪静、张日晶、卢园、孙立明、甘勤涛、李兵、路纯红、阳平华、李亚莉、张俊生、李鹏、周冰、董伟、李瑞、王渊峰参加了部分编写工作。

　　由于编者水平有限，书中不足之处在所难免，望广大读者联系 714491436@qq.com 予以指正，编者将不胜感激，也欢迎加入三维书屋图书学习交流群（QQ：863644779）交流探讨。

编　者

目　录

前言

第 1 篇　CAXA 电子图板 2023 ··· 1

第 1 章　CAXA 电子图板 2023 基础知识 ································· 2

1.1　软件安装与启动 ·· 3

1.2　初始用户界面 ·· 3

1.3　系统设置 ··· 7

    1.3.1　格式设置 ·· 7

    1.3.2　用户坐标系设置 ·· 12

    1.3.3　捕捉点设置 ·· 12

    1.3.4　拾取过滤设置 ·· 13

    1.3.5　系统配置 ·· 14

    1.3.6　界面订制 ·· 16

1.4　视图操作 ··· 23

1.5　文件操作 ··· 24

    1.5.1　新建文件 ·· 25

    1.5.2　打开文件 ·· 25

    1.5.3　保存文件 ·· 26

    1.5.4　并入文件 ·· 27

    1.5.5　部分存储 ·· 28

    1.5.6　绘图输出 ·· 28

    1.5.7　文件检索 ·· 28

    1.5.8　文件转换 ·· 30

第 2 章　绘图与编辑命令 ·· 33

2.1　基本曲线绘制 ·· 34

    2.1.1　绘制直线 ·· 34

    2.1.2　绘制平行线 ·· 37

    2.1.3　绘制圆 ·· 37

    2.1.4　绘制圆弧 ·· 38

    2.1.5　绘制多段线 ·· 39

    2.1.6　绘制中心线 ·· 39

    2.1.7　绘制公式曲线 ·· 39

    2.1.8　绘制剖面线 ·· 40

2.1.9 文字标注 ··· 41

2.2 高级曲线绘制 ··· 42

2.2.1 绘制波浪线 ··· 43

2.2.2 绘制双折线 ··· 43

2.2.3 绘制箭头 ··· 43

2.2.4 绘制齿形 ··· 43

2.2.5 圆弧拟合样条 ·· 44

2.2.6 绘制孔／轴 ··· 44

2.3 曲线编辑方法 ··· 45

2.3.1 裁剪 ··· 45

2.3.2 过渡 ··· 46

2.3.3 延伸 ··· 47

2.3.4 打断 ··· 47

2.3.5 拉伸 ··· 47

2.3.6 平移 ··· 48

2.3.7 平移复制 ··· 48

2.3.8 旋转 ··· 48

2.3.9 镜像 ··· 48

2.3.10 缩放 ··· 49

2.3.11 阵列 ··· 49

2.4 库操作 ··· 49

2.4.1 插入图符 ··· 50

2.4.2 定义图符 ··· 52

2.4.3 图库管理 ··· 53

2.4.4 驱动图符 ··· 53

2.4.5 图库转换 ··· 53

2.4.6 构件库 ··· 54

2.4.7 技术要求库 ··· 55

2.5 图纸设置 ··· 56

2.5.1 幅面设置 ··· 56

2.5.2 图框设置 ··· 57

2.5.3 标题栏设置 ··· 58

2.5.4 零件序号设置 ·· 59

2.5.5 明细表设置 ··· 60

第 3 章 减速器设计综合实例 ··· 62

3.1 定距环设计 ··· 63

3.1.1　设计思路 …………………………………………………………………… 63

3.1.2　设计步骤 …………………………………………………………………… 63

3.2　平键设计 ………………………………………………………………………… 68

3.2.1　设计思路 …………………………………………………………………… 68

3.2.2　设计步骤 …………………………………………………………………… 68

3.3　销的设计 ………………………………………………………………………… 70

3.3.1　设计思路 …………………………………………………………………… 70

3.3.2　设计步骤 …………………………………………………………………… 70

3.4　轴承端盖设计 …………………………………………………………………… 74

3.4.1　设计思路 …………………………………………………………………… 74

3.4.2　设计步骤 …………………………………………………………………… 75

3.5　减速箱设计 ……………………………………………………………………… 79

3.5.1　设计思路 …………………………………………………………………… 79

3.5.2　设计步骤 …………………………………………………………………… 79

3.6　传动轴设计 ……………………………………………………………………… 89

3.6.1　设计思路 …………………………………………………………………… 89

3.6.2　设计步骤 …………………………………………………………………… 89

3.7　圆柱齿轮设计 …………………………………………………………………… 99

3.7.1　设计思路 …………………………………………………………………… 99

3.7.2　设计步骤 …………………………………………………………………… 99

3.8　生成零部件图块 ……………………………………………………………… 106

3.8.1　设计思路 …………………………………………………………………… 106

3.8.2　设计步骤 …………………………………………………………………… 106

3.9　减速器装配图设计 …………………………………………………………… 109

3.9.1　设计思路 …………………………………………………………………… 109

3.9.2　设计步骤 …………………………………………………………………… 109

第 2 篇　CAXA 实体设计 2023 ……………………………………………………… 119

第 4 章　CAXA 实体设计 2023 基础知识 ………………………………………… 120

4.1　软件安装与启动 ……………………………………………………………… 121

4.2　三维设计环境介绍 …………………………………………………………… 122

4.2.1　初识设计环境 …………………………………………………………… 122

4.2.2　设计环境菜单 …………………………………………………………… 123

4.2.3　自定义设计环境 ………………………………………………………… 126

4.2.4　设计环境工具条 ………………………………………………………… 140

4.3　设计元素 ……………………………………………………………………… 143

4.3.1 设计元素库 ·· 143

4.3.2 设计元素的操作方法 ·································· 143

4.3.3 附加设计元素 ·· 143

4.4 标准智能图素 ·· 144

4.4.1 标准智能图素的定位 ·································· 145

4.4.2 智能图素的属性 ······································ 145

4.5 设计环境的视向设置 ·· 153

4.5.1 分割设计环境窗口 ···································· 153

4.5.2 生成新视向 ·· 153

4.5.3 移动和旋转视向 ······································ 155

4.6 设计树、基准面和坐标系 ·································· 155

4.6.1 设计树 ··· 155

4.6.2 基准面 ··· 155

4.6.3 坐标系 ··· 156

第5章 二维截面的生成 ·· 157

5.1 二维截面设计环境设置 ······································ 158

5.2 二维截面工具 ·· 161

5.2.1 "二维绘图"工具条 ···································· 161

5.2.2 "二维约束"工具条 ···································· 164

5.2.3 "二维编辑"工具条 ···································· 164

5.2.4 "二维辅助线"工具条 ·································· 166

5.3 二维图素生成二维截面 ······································ 166

5.3.1 向设计环境添加二维图素 ······························ 167

5.3.2 利用"投影"工具生成二维截面 ························ 167

5.3.3 编辑投影生成的二维截面 ······························ 168

第6章 自定义智能图素的生成 ·································· 170

6.1 拉伸特征 ·· 171

6.1.1 使用"拉伸"工具生成自定义智能图素 ················ 171

6.1.2 编辑拉伸生成的自定义智能图素 ······················ 172

6.2 旋转特征 ·· 174

6.2.1 使用"旋转特征"工具生成自定义智能图素 ············ 174

6.2.2 使用旋转生成自定义智能图素 ························· 175

6.3 扫描特征 ·· 175

6.3.1 使用"扫描特征"工具生成自定义智能图素 ············ 175

6.3.2 编辑扫描生成的自定义智能图素 ······················ 176

6.4 放样特征 ·· 177

6.4.1　使用"放样特征"工具生成自定义智能图素 ……………………………… 177

6.4.2　编辑放样生成的自定义智能图素 ………………………………………… 179

6.4.3　编辑放样特征的截面 ……………………………………………………… 179

6.4.4　放样特征的截面和一面相关联 …………………………………………… 180

6.5　生成三维文字 ………………………………………………………………………… 180

6.5.1　利用"文字向导"添加三维文字图素 ……………………………………… 181

6.5.2　编辑和删除三维文字图素 ………………………………………………… 182

6.5.3　利用包围盒编辑文字尺寸 ………………………………………………… 182

6.5.4　三维文字编辑状态和文字图素属性 ……………………………………… 183

6.5.5　文字格式工具条 …………………………………………………………… 183

第 7 章　零件的定位及装配……………………………………………………………… 185

7.1　智能捕捉与反馈 ……………………………………………………………………… 186

7.2　"无约束装配"工具的使用 ………………………………………………………… 186

7.2.1　激活"无约束装配"工具 ………………………………………………… 186

7.2.2　进行无约束装配 …………………………………………………………… 187

7.3　"定位约束"工具的使用 …………………………………………………………… 189

7.3.1　进行约束装配 ……………………………………………………………… 190

7.3.2　添加过约束和删除约束 …………………………………………………… 191

7.4　三维球 ………………………………………………………………………………… 191

7.4.1　激活三维球 ………………………………………………………………… 192

7.4.2　三维球移动控制 …………………………………………………………… 193

7.4.3　三维球定位控制 …………………………………………………………… 193

7.4.4　利用三维球复制图素和零件（阵列） …………………………………… 194

7.4.5　修改三维球配置选项 ……………………………………………………… 195

7.4.6　重定位操作对象上的三维球 ……………………………………………… 196

7.5　利用智能尺寸定位 …………………………………………………………………… 196

7.5.1　采用智能尺寸定位实体造型 ……………………………………………… 196

7.5.2　编辑智能尺寸的值 ………………………………………………………… 197

7.5.3　利用智能尺寸锁定图素的位置 …………………………………………… 198

7.6　重定位定位锚 ………………………………………………………………………… 198

7.6.1　利用三维球重定位零件的定位锚 ………………………………………… 198

7.6.2　利用"定位锚"属性表重定位图素的定位锚 …………………………… 199

7.6.3　利用"移动定位锚"功能选项重定位图素的定位锚 …………………… 199

7.7　附着点 ………………………………………………………………………………… 199

7.7.1　利用附着点组合图素和零件 ……………………………………………… 199

7.7.2　附着点的重定位和复制 …………………………………………………… 200

7.7.3 删除附着点 ·· 200

7.7.4 附着点属性 ·· 200

7.8 "位置"属性表 ·· 200

第 8 章 减速器实体设计综合实例 ························· 201

8.1 传动轴设计 ·· 202

8.1.1 设计思路 ·· 202

8.1.2 设计步骤 ·· 202

8.1.3 输出工程图 ·· 206

8.2 齿轮轴设计 ·· 210

8.2.1 设计思路 ·· 210

8.2.2 设计步骤 ·· 210

8.3 直齿圆柱大齿轮设计 ·· 214

8.3.1 设计思路 ·· 214

8.3.2 设计步骤 ·· 214

8.4 轴承端盖设计 ·· 219

8.4.1 设计思路 ·· 219

8.4.2 设计步骤 ·· 219

8.5 减速器箱体设计 ·· 221

8.5.1 设计思路 ·· 221

8.5.2 设计步骤 ·· 221

8.5.3 剖视内部结构 ·· 229

8.6 油标尺设计 ·· 230

8.6.1 设计思路 ·· 230

8.6.2 设计步骤 ·· 230

8.7 减速器装配设计 ·· 231

8.7.1 设计思路 ·· 231

8.7.2 设计步骤 ·· 231

8.8 装配体干涉检查 ·· 238

8.9 装配体物性计算及统计 ·· 239

8.9.1 物性计算 ·· 239

8.9.2 零件统计 ·· 240

第 3 篇 CAXA 线切割 2023 ····················· 241

第 9 章 线切割概述 ································· 242

9.1 电火花线切割概述 ··· 243

9.1.1 电火花加工的概念和特点 ···································· 243

9.1.2　电火花线切割的原理、应用范围及特点 ···············243

9.1.3　电火花数控线切割机床的组成、传动及功能简介 ·········244

9.2　CAXA 线切割 2023 概述 ·······························247

9.2.1　CAXA 线切割 2023 的主要功能 ····················247

9.2.2　CAXA 线切割 2023 的运行环境 ····················247

9.2.3　CAXA 线切割 2023 的运行界面 ····················248

第 10 章　轨迹生成 ·······································251

10.1　基本概念与参数设置 ·······························252

10.1.1　基本流程 ···································252

10.1.2　轮廓线 ····································252

10.1.3　有关加工的几个概念 ··························252

10.2　轨迹生成 ······································253

10.3　轨迹跳步 ······································256

10.4　轨迹仿真 ······································257

10.5　线切割加工工艺分析 ·······························258

10.5.1　轨迹计算 ···································258

10.5.2　穿丝孔的确定 ·······························258

10.5.3　切割路线的优化 ·····························259

10.5.4　工件准备 ···································260

10.5.5　其他要求 ···································260

10.6　综合实例 ······································260

第 11 章　代码传输与后置设置 ···························262

11.1　代码基础知识 ···································263

11.1.1　3B 代码格式程序 ·····························263

11.1.2　ISO 代码格式程序 ····························264

11.2　代码生成 ······································265

11.2.1　生成 3B 代码 ·······························265

11.2.2　生成 R3B/4B 代码 ····························268

11.2.3　查看 / 打印代码 ·····························269

11.2.4　粘贴代码 ···································269

11.3　代码传输 ······································271

11.3.1　应答传输 ···································271

11.3.2　同步传输 ···································272

11.3.3　串口传输 ···································273

11.3.4　传输参数设置 ·······························274

11.4　R3B 后置设置 ···································274

第 12 章　图形绘制与线切割加工实例 ············ 275

12.1　手柄轮廓加工实例 ············ 276
12.1.1　绘制手柄轮廓图形 ············ 276
12.1.2　生成加工轨迹 ············ 277
12.1.3　轨迹仿真 ············ 279
12.1.4　生成加工代码 ············ 279
12.1.5　传输代码 ············ 281

12.2　平面凸轮加工实例 ············ 281
12.2.1　图形绘制 ············ 281
12.2.2　生成加工轨迹 ············ 283
12.2.3　轨迹仿真 ············ 285
12.2.4　生成加工代码 ············ 286
12.2.5　传输代码 ············ 287

12.3　齿轮加工实例 ············ 287
12.3.1　图形绘制 ············ 287
12.3.2　生成加工轨迹 ············ 289
12.3.3　轨迹仿真 ············ 289
12.3.4　生成加工代码 ············ 290
12.3.5　传输代码 ············ 290

12.4　线切割文字实例 ············ 291
12.4.1　图形绘制 ············ 291
12.4.2　生成切割轨迹 ············ 292
12.4.3　轨迹仿真 ············ 293
12.4.4　生成加工代码 ············ 294
12.4.5　传输代码 ············ 294

12.5　图案切割实例 ············ 294
12.5.1　绘制图形 ············ 295
12.5.2　生成切割轨迹 ············ 296
12.5.3　轨迹仿真 ············ 297
12.5.4　生成加工代码 ············ 298
12.5.5　传输代码 ············ 298

第 4 篇　CAXA 制造工程师 2023 ············ 299

第 13 章　CAXA 制造工程师 2023 概述 ············ 300

13.1　CAXA 制造工程师 2023 功能特点 ············ 301
13.1.1　实体曲面结合 ············ 301

13.1.2 优质高效的数控加工 ··· 301

13.1.3 最新技术的知识库加工功能 ··· 302

13.1.4 Windows 界面操作 ··· 302

13.1.5 丰富流行的数据接口 ·· 302

13.2 CAXA 制造工程师用户界面 ···303

13.2.1 绘图区 ··· 303

13.2.2 主菜单 ··· 304

13.2.3 命令行 ··· 304

13.2.4 快捷菜单 ·· 304

13.2.5 对话框 ··· 306

13.2.6 当前平面 ·· 306

13.2.7 光标反馈 ·· 306

13.2.8 功能区 ··· 306

第 14 章 曲面造型 ···310

14.1 曲面生成 ···311

14.1.1 直纹面 ··· 311

14.1.2 旋转面 ··· 312

14.1.3 拉伸面 ··· 313

14.1.4 导动面 ··· 313

14.1.5 平面 ·· 315

14.1.6 放样面 ··· 316

14.1.7 网格面 ··· 317

14.1.8 提取曲面 ·· 317

14.2 曲面编辑 ···318

14.2.1 裁剪 ·· 318

14.2.2 曲面过渡 ·· 319

14.2.3 缝合 ·· 321

14.2.4 合并曲面 ·· 322

14.2.5 曲面延伸 ·· 322

14.2.6 实体化 ··· 323

14.2.7 偏移曲面 ·· 323

14.2.8 填充面 ··· 324

14.2.9 还原剪裁表面 ··· 324

第 15 章 实体造型 ···325

15.1 草图 ··326

15.1.1 基准面 ··· 326

15.1.2　草图操作 ··· 326

15.2　特征生成 ··· 327

15.2.1　拉伸 ·· 327

15.2.2　旋转 ·· 328

15.2.3　放样 ·· 329

15.2.4　扫描 ·· 330

15.2.5　加厚 ·· 330

15.2.6　螺纹 ·· 331

15.2.7　自定义孔 ·· 332

15.3　特征处理 ··· 333

15.3.1　圆角过渡 ·· 333

15.3.2　倒角 ·· 333

15.3.3　筋板 ·· 334

15.3.4　抽壳 ·· 335

15.3.5　面拔模 ··· 336

15.3.6　布尔 ·· 336

15.3.7　分割 ·· 337

15.3.8　拉伸零件 / 装配体 ·· 337

15.3.9　删除体 ··· 338

15.3.10　裁剪 ··· 338

15.3.11　偏移 ··· 339

15.3.12　阵列特征 ··· 340

15.3.13　缩放体 ·· 341

15.3.14　镜像特征 ··· 341

第 16 章　数控加工基础 ·· 343

16.1　加工管理 ··· 344

16.1.1　模型 ·· 344

16.1.2　毛坯 ·· 344

16.1.3　刀具库 ··· 345

16.1.4　刀具参数 ·· 346

16.2　通用加工参数设置 ·· 347

16.2.1　几何 ·· 347

16.2.2　速度参数 ·· 348

16.2.3　下刀方式 ·· 348

第 17 章　刀具轨迹生成 ·· 350

17.1　粗加工 ·· 351

17.1.1　平面区域粗加工···351

17.1.2　等高线粗加工···353

17.2　精加工···356

17.2.1　平面轮廓精加工···356

17.2.2　参数线精加工···357

17.2.3　等高线精加工···359

17.2.4　扫描线精加工···359

17.2.5　轮廓导动精加工···360

17.2.6　三维偏置加工···361

17.2.7　笔式清根加工···362

17.2.8　曲线投影加工···363

17.2.9　曲面轮廓精加工···363

17.2.10　曲面区域精加工···364

17.2.11　轨迹投影精加工···365

17.2.12　平面精加工···366

17.2.13　曲线式铣槽加工···366

17.2.14　插铣加工···367

17.3　其他加工···368

17.3.1　孔加工···368

17.3.2　铣圆孔加工···369

17.3.3　铣螺纹加工···370

17.4　知识加工···370

17.4.1　保存模板···370

17.4.2　应用模板···371

17.5　轨迹仿真···371

17.5.1　实体仿真···371

17.5.2　线框仿真···372

17.6　轨迹编辑···372

17.6.1　轨迹裁剪···372

17.6.2　轨迹反向···373

17.6.3　轨迹打断···373

17.6.4　连接轨迹···373

17.7　后置处理···375

17.7.1　后置处理操作···375

17.7.2　反读轨迹···375

17.7.3　后置配置···376

17.7.4　工艺清单···377

第 18 章　制造工程师加工实例 ·· 378

18.1　凸轮的造型与加工 ··· 379

18.1.1　案例预览 ·· 379

18.1.2　设计步骤 ·· 379

18.1.3　实体造型 ·· 381

18.1.4　凸轮加工 ·· 382

18.1.5　生成加工轨迹 ·· 385

18.1.6　轨迹仿真 ·· 389

18.1.7　生成 G 代码 ·· 390

18.1.8　生成加工工艺单 ·· 391

18.2　锻模的造型与加工 ··· 391

18.2.1　案例预览 ·· 391

18.2.2　设计步骤 ·· 391

18.2.3　锻模加工前的准备 ·· 409

18.2.4　锻模加工 ·· 409

18.2.5　轨迹仿真 ·· 413

18.2.6　生成加工 G 代码 ·· 414

第 1 篇

CAXA 电子图板 2023

计算机辅助设计与制造（CAD/CAM）系列

本篇介绍以下主要知识点：

- CAXA 电子图板 2023 基础知识
- 绘图与编辑命令
- 减速器设计综合实例

第1章

CAXA 电子图板 2023 基础知识

　　CAXA 电子图板是功能强大、简单易学的绘图软件。本章介绍了软件的功能特点，系统设置方法、基本的文件和视图操作方法等入门知识。

　　通过学习本章内容，读者可以为以后绘图及编辑命令的具体操作打下基础，同时，熟练掌握本章内容可以大大提高后续操作的工作效率。

重点与难点

- 软件安装与启动
- 初始用户界面
- 系统设置
- 视图操作
- 文件操作

1.1　软件安装与启动

1. 安装程序

在 Windows 10 下安装 CAXA 电子图板 2023，需要确信系统当前没有运行任何其他应用程序。如果计算机中安装了杀毒软件，在开始安装 CAXA 电子图板 2023 前应终止其所有功能的执行（关闭或退出）。CAXA 电子图板安装完成后，可以继续运行杀毒软件和其他应用程序。

> **注意**
>
> 如果计算机上已经安装有以前版本的 CAXA 电子图板，建议先将其卸载，并重新启动计算机，然后安装新版本的 CAXA 电子图板 2023。如果已在 CAXA 电子图板文件夹中创建了文件（如图样文件或子文件夹），需将它们备份到其他文件夹中或磁盘上。安装完成后，可以将那些文件或文件夹重新复制到 CAXA 电子图板当前文件夹中。

2. 卸载程序

在 Windows 10 环境下卸载 CAXA 电子图板 2023 的步骤如下：

1）单击 Windows 任务栏的"开始"菜单。

2）选择"控制面板"，弹出"控制面板"对话框。

3）在"控制面板"对话框中选择"卸载程序"。

4）在"程序和功能"对话框中选择"CAXA CAD 电子图板 2023"，右击"卸载"按钮。

CAXA 电子图板将从计算机中被卸载，所创建或修改的所有文件，以及保存这些文件的目录将被保存。

3. 启动 CAXA 电子图板

启动 CAXA 电子图板与启动 Windows 10 的其他应用程序一样。在 Windows 10 环境下启动 CAXA 电子图板 2023 的步骤如下：

1）在 Windows 任务栏单击"开始"按钮，选择"所有程序"选项。

2）在"所有程序"菜单中选择"CAXA"，弹出一个下拉菜单。

3）在下拉菜单上选择"CAXA CAD 电子图板 2023（x64）"文件夹下的" CAXA CAD 电子图板 2023（x64）"选项。

1.2　初始用户界面

CAXA 电子图板采用全中文界面，极大地方便了用户与计算机之间的交互，用户可以通过界面了解当前的信息状态，准确地判断下一步的操作。CAXA 电子图板 2023 有两种用户显示模式提供给用户进行选择，一种是时尚风格，借鉴了 Office 2007 软件的设计风格，将界面按照各个"功能"分成几个区域，方便查找；另一种属于传统界面模式，对于使用习惯了以前版本的用户，这种方式还是很方便的。两种界面切换的操作方法是：

◆ 按 F9 键，进行双向切换。

◆ 从新风格到传统风格：单击"视图"菜单中"界面操作"功能区中的"切换风格"

CAXA 2023

按钮。

◆ 从传统风格到新风格：选择"工具"菜单中"界面操作"中的"切换"项目。

图 1-1 所示为 CAXA CAD 电子图板 2023 新风格用户界面。

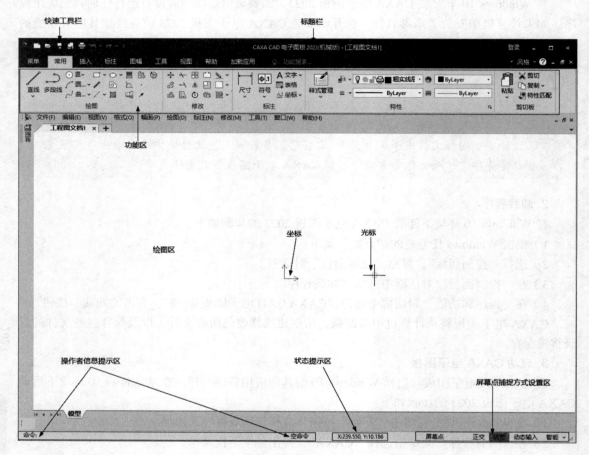

图 1-1　CAXA CAD 电子图板 2023 新风格用户界面

CAXA CAD 电子图板 2023 传统用户界面如图 1-2 所示。

本书除了介绍必要的工具栏时须切换到传统用户界面外，其他均以新风格用户界面为基础来介绍。

1. 工具栏

工具栏是调用命令的一种方式，它包含许多由图标表示的命令按钮。通过工具栏可以直观、快捷地访问一些常用的命令。工具栏包括标准工具栏、颜色图层工具栏、常用工具栏、绘图工具栏及标注工具栏等，如图 1-3 所示。

在任意一个工具栏所在的区域右击，将弹出如图 1-4 所示的快捷菜单。在该菜单中列出了各个工具栏。

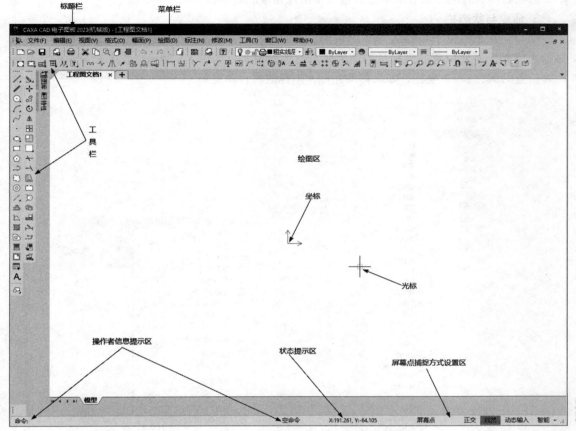

图 1-2　CAXA CAD 电子图板 2023 传统用户界面

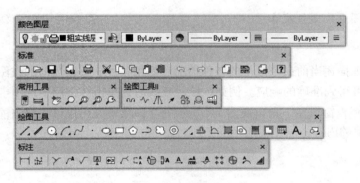

图 1-3　工具栏

2. 菜单栏

CAXA 电子图板的菜单栏中包括"文件""编辑""视图""格式""幅面""绘图""标注""修改""工具""窗口""云空间""帮助""扩展工具"等主菜单，单击任意一个主菜单，将会弹出相应的下拉子菜单。下拉子菜单中的选项右侧有箭头的表示该选项有下一级下拉菜单，选项右侧有省略号的表示单击该选项将出现相应的对话框，如图 1-5 所示。

3. 命令与状态栏

命令与状态栏位于 CAXA 电子图板用户界面的底部，在左侧可以进行命令输入操作，右侧显示当前光标所处位置的坐标及当前屏幕点的捕捉模式，如图 1-6 所示。状态栏显示的是光标所处位置的 X、Y、Z 坐标，如果移动光标，坐标值将自动更新。

图 1-4　快捷菜单

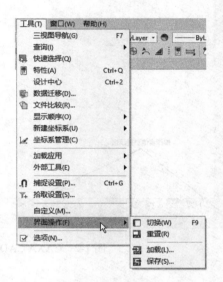

图 1-5　下拉子菜单

4. 立即菜单

立即菜单用来描述当前命令执行的各种情况和使用条件。根据当前的作图要求，正确地选择某一选项，即可得到准确的响应。例如，绘制直线时，单击"常用"选项卡"绘图"面板中的"直线"按钮 ╱，窗口左下角出现图 1-7 所示的立即菜单。用户可根据当前的作图要求，选择适当的立即菜单的内容。

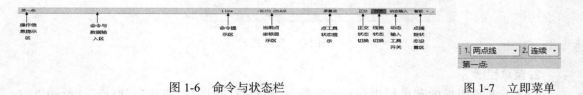

图 1-6　命令与状态栏

图 1-7　立即菜单

5. 工具菜单

工具菜单包括空格键的工具点菜单、右键快捷菜单。在执行某绘图命令时，按下空格键，即可以在屏幕上弹出工具点菜单，如图 1-8 所示。当用鼠标拾取某图形元素时，右击可以弹出右键快捷菜单，如图 1-9 所示。

图 1-8　工具点菜单　　　　　图 1-9　右键快捷菜单

1.3　系统设置

　　系统设置是对系统的初始化环境和条件进行设置。包括"格式设置""用户坐标系设置""屏幕点类型设置""屏幕点捕捉设置""拾取设置""剖面图案设置""三视图导航设置"及"系统配置"等。另外，电子图板的界面风格是完全开放的，用户可以随心所欲地对界面进行订制，使界面的风格更加符合自身的使用习惯。

1.3.1　格式设置

1. 线型设置

在绘制图素时，如果线型不符合要求，可以对线型进行重新设置，即设置新线型。

执行"格式"｜"线型"命令或者单击"常用"选项卡"特性"面板中的"线型"按钮，弹出"线型设置"对话框，如图 1-10 所示。在此对话框中，可以对线型进行设置。

当然，在进行线型设置时，也可以使用属性工具栏进行当前绘图线型设置，如图 1-11 所示。

加载线型即加载所需的新线型。在"线型设置"对话框中单击"加载"按钮，系统弹出"加载线型"对话框，如图 1-12 所示。在该对话框中单击"文件"按钮，弹出"打开线型文件"对话框，如图 1-13 所示。

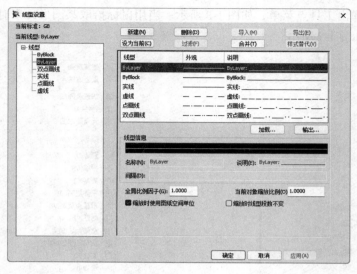

图 1-10 "线型设置"对话框

图 1-11 在"颜色图层"中设置线型

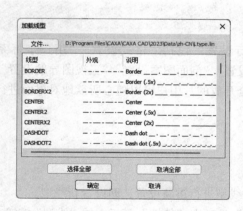

图 1-12 "加载线型"对话框

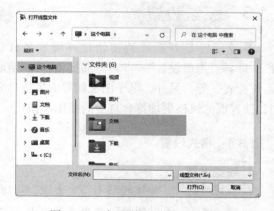

图 1-13 "打开线型文件"对话框

2. 颜色设置

颜色设置的功能是设置基本颜色以外的一种新颜色,用于当前图素的绘制。执行"格式" | "颜色"命令或者单击"常用"选项卡"特性"面板中的"颜色"按钮 ⬤,弹出"颜色选取"对话框,如图 1-14 所示。选取适当的颜色后,单击"确定"按钮,即可完成颜色的设置。

在进行颜色设置时，单击"颜色图层"中的 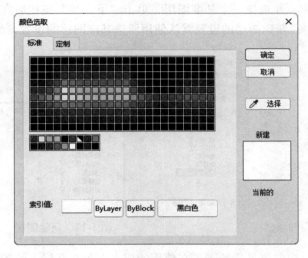 按钮，同样可以弹出"颜色选取"对话框，进行颜色设置。

图 1-14　"颜色选取"对话框

3. 图层控制

在进行绘制图素时，根据作图需要，可以随时通过与对话框交互的方式对相应的图层状态进行修改，可以进行设置当前层、建立新层和修改层状态等操作。执行"格式"｜"图层"命令或者单击"常用"选项卡"特性"面板中的"图层"按钮，弹出"层设置"对话框，如图 1-15 所示。

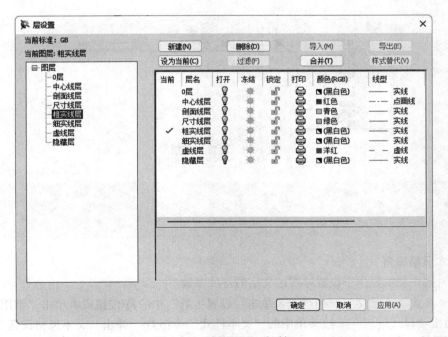

图 1-15　"层设置"对话框

（1）新建图层。在图 1-15 所示的"层设置"对话框中，单击"新建"按钮，弹出"新建风格"对话框，如图 1-16 所示。

输入一个图层名称，并选择一个基准图层，单击"下一步"按钮后在图层列表框的最下边一行可以看到新建图层，新建图层的设置默认使用所选基准图层的设置，如图 1-17 所示。

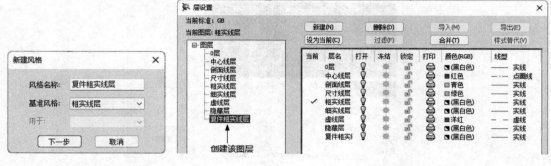

图 1-16 "新建风格"对话框 　　　　　　　　图 1-17 新建图层

（2）设置当前层。当前层是指绘图正在使用的层，要想在某层上绘图，必须首先将该层设置为当前层。将某层设置为当前层，有以下两种方法：

1）单击颜色图层工具栏中的当前层下拉列表右侧的向下箭头，在列表中选取所需图层即可，如图 1-18 所示。

2）在图 1-17 所示的"层设置"对话框中，选取所需的图层，然后单击"设为当前"按钮。

（3）删除图层。在图 1-17 所示的"层设置"对话框中，选取所需的图层，然后单击"删除"按钮，即可删除图层。

图 1-18 设置当前层

> ① 注意
>
> CAXA 电子图板的当前层和 0 层不能被删除。

4. 文本风格设置

文本风格设置主要用于设置绘图区文字的各种参数。

执行"格式"｜"文字"命令或者单击"设置工具"中的 **A** 按钮或者单击"常用"选项卡"特性"面板"样式管理"下拉菜单中的"文本样式"按钮 **A**，弹出"文本风格设置"对话框，如图 1-19 所示。在该对话框中可以对文本参数进行设置，设置结束后，单击"确定"按钮。

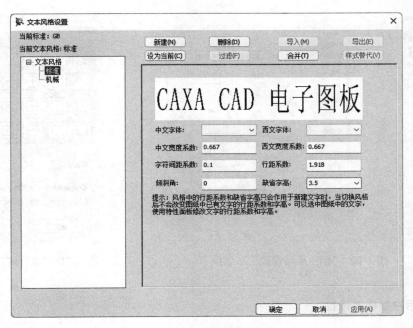

图 1-19　"文本风格设置"对话框

　　在"文本风格设置"对话框中列出了当前文件中所有已定义的字型。如果尚未定义字型，系统预定义了一个"标准"的默认样式，该样式不可删除但可以编辑。在该对话框中可以设置字体、宽度系数、字符间距系数、倾斜角、字高等参数。通过在文本框或下拉列表中选择不同项，可以切换当前字型，随着当前字型的变化，预显框中的显示样式也随之变化。

　　对字型可以进行两种操作：新建、删除。单击"新建"按钮，将弹出对话框以供输入一个新字型名，系统用修改后的字型参数创建一个以输入的名字命名的新字型，并将其设置为当前字型。单击"删除"按钮则删除当前字型。

5. 标注风格设置

　　标注风格设置用于设置绘图区的各种标注参数。

　　执行"格式"｜"尺寸"命令或者单击"设置工具"中的 按钮，或者单击"常用"选项卡"特性"面板"样式管理"下拉菜单中的"尺寸样式"按钮 ，弹出"标注风格设置"对话框，如图 1-20 所示。在该对话框中可以对当前的标注风格进行编辑修改，也可以新建标注风格并设置为当前的标注风格。

　　在"直线和箭头""文本""调整""单位""换算单位""公差"和"尺寸形式"7 个选项卡中可以对新建的标注风格进行编辑、设置。

6. 点样式设置

　　此项设置用于设置绘图区中点的形状和大小。

　　执行"格式"｜"点"命令或者单击"设置工具"中的 按钮，或者单击"工具"选项卡"选项"面板中的"点样式"按钮 ，弹出"点样式"对话框，如图 1-21 所示。在该对话框中可选择 20 种不同风格的点，还可根据不同需求来设置点的大小。其中，"像素大小"指的是像素值，即点相对于屏幕的大小。绝对大小指的是实际点的大小，以毫米为单位。

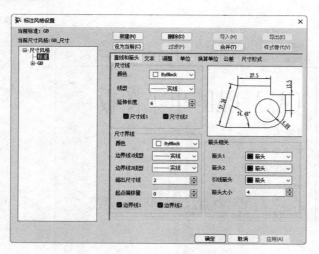

图 1-20 "标注风格设置"对话框

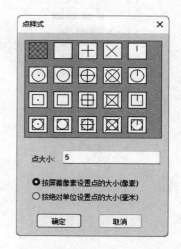

图 1-21 "点样式"对话框

1.3.2 用户坐标系设置

绘制图形时，合理使用用户坐标系可以使得坐标点的输入很方便，从而提高绘图效率。选择"工具"时，弹出的下拉菜单中有两个命令，分别为：新建坐标系和坐标系管理。

1. 新建坐标系

在绘图过程中设置新的用户坐标系。操作步骤如下：

（1）用户坐标系：

1）单击"视图"选项卡"用户坐标系"面板中的"新建原点坐标系"按钮└。

2）按照系统提示输入用户坐标系的原点，然后再根据提示输入坐标系的旋转角，新坐标系即可设置完成。

（2）对象坐标系：

1）单击"视图"选项卡"用户坐标系"面板中的"新建对象坐标系"按钮└。

2）按照系统提示请选择放置坐标系的对象，新坐标系即可设置完成。

> **注意**
>
> CAXA 电子图板只允许设置 16 个坐标系。

2. 管理用户坐标系

单击"视图"选项卡"用户坐标系"面板中的管理用户坐标系按钮，弹出如图 1-22 所示的"坐标系"对话框。原当前坐标系失效，颜色变为非当前坐标系的颜色；新的坐标系生效，坐标系颜色变为当前坐标系的颜色。

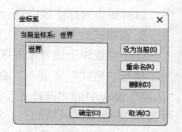

1.3.3 捕捉点设置

执行"工具" ｜ "捕捉设置"命令或者单击"设置工具"中

图 1-22 "坐标系"对话框

的.█按钮，或者单击"工具"选项卡"选项"面板中的"捕捉设置"按钮.█，弹出"智能点工具设置"对话框，如图 1-23 所示。在此对话框中可以进行捕捉点设置。

捕捉点方式说明如下：

◆ 自由点：点的输入完全由光标当前的实际位置来确定。

◆ 栅格点：可以用光标捕捉栅格点并可设置栅格的可见与不可见。

◆ 智能点：光标自动捕捉一些特征点，如圆心、切点、中点等。

◆ 导航点：系统可以通过光标对若干特征点进行导航，如孤立点、线段中点等。

导航点捕捉与智能点捕捉有相似之处，但也有明显的区别。相似之处就是捕捉的特征点相似，包括孤立点、端点、中点、圆心点、象限点等。当选择导航点捕捉时，这些特征点统称为导航点。区别在于智能点捕捉时，十字光标的 X 坐标线和 Y 坐标线都必须距离智能点最近时才可能吸附上，而导航点捕捉时，只需十字光标的 X 坐标线或 Y 坐标线距离导航点最近时就可能吸附上。

既可以通过"智能点工具设置"对话框来设置智能点的捕捉方式，也可以通过单击状态栏中点捕捉状态按钮来转换捕捉方式，如图 1-24 所示。

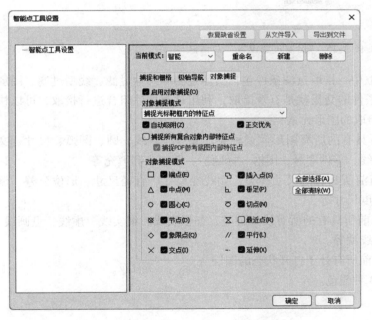

图 1-23　"智能点工具设置"对话框　　　　图 1-24　点捕捉状态按钮

1.3.4　拾取过滤设置

拾取过滤设置用来设置拾取图形元素的过滤条件和拾取盒大小。执行"工具"｜"拾取设置"命令或者单击"设置工具"工具栏中的 ▼+ 按钮或者单击"工具"选项卡"选项"面板中的"拾取设置"按钮 ▼+，弹出"拾取过滤设置"对话框，如图 1-25 所示。通过对该对话框进行操作可以设置拾取图形元素的过滤条件和拾取盒大小。设置完成后单击"确定"按钮。

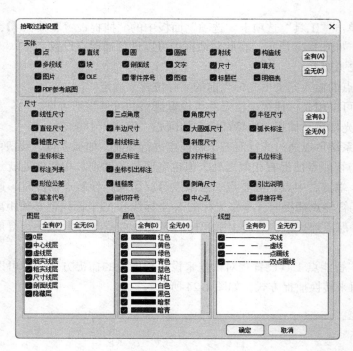

图 1-25 "拾取过滤设置"对话框

在"拾取过滤设置"对话框中,拾取过滤条件包括实体过滤、尺寸过滤、线型过滤、图层过滤、颜色过滤。这 5 种过滤条件的交集就是有效拾取,利用过滤条件组合进行拾取,可以快速、准确地从图中拾取到想要拾取的图形元素。

◆ 实体过滤:包括系统所具有的所有图形元素种类,如点、直线、圆、圆弧、尺寸、文字、多段线、块、剖面线、零件序号、图框、标题栏、明细表和填充等。

◆ 尺寸过滤:包括系统当前所具有的尺寸种类,如线性尺寸、直径尺寸、形位公差、倒角尺寸、半径尺寸、角度尺寸等。

◆ 线型过滤:包括系统当前所具有的所有线型种类,如粗实线、细实线、虚线、点画线、双点画线、用户自定义线型等。

◆ 图层过滤:包括系统当前所有处于打开状态的图层。

◆ 颜色过滤:包括系统 64 种颜色。

📖 1.3.5 系统配置

使用系统配置功能可以配置与系统环境相关的参数,如设计环境的参数设置、颜色设置、文字设置等。

执行"工具"|"选项"命令或者单击"工具"选项卡"选项"面板中的"选项"按钮 ✅ ,系统弹出"选项"对话框,打开"路径"选项卡,如图 1-26 所示,可在该选项卡中对文件路径进行设置。打开"显示"选项卡,如图 1-27 所示,可在该选项卡中对系统颜色和光标进行设置。打开"系统"选项卡,如图 1-28 所示,可在该选项卡中对系统参数进行设置。打开"交互"选项卡,如图 1-29 所示,在该选项卡中设置拾取框和夹点的大小。打开"文字"选项卡,如图 1-30 所示,可在该选项卡中对系统的文字参数进行设置。打开"数据接口"选项卡,

如图 1-31 所示，可在该选项卡中对系统的接口参数进行设置。打开"文件属性"选项卡，如图 1-32 所示，可在该选项卡中设置文件的图形单位。

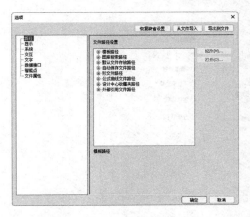

图 1-26　"路径"选项卡

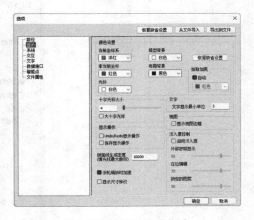

图 1-27　"显示"选项卡

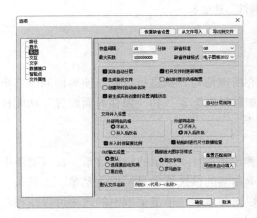

图 1-28　"系统"选项卡

图 1-29　"交互"选项卡

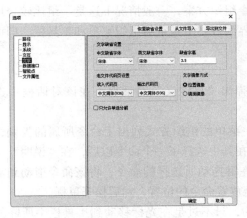

图 1-30　"文字"选项卡

图 1-31　"数据接口"选项卡

CAXA
2023

图 1-32 "文件属性"选项卡

📖 1.3.6 界面订制

电子图板的界面风格是完全开放的,可以随心所欲地对界面进行订制,使界面的风格更加符合用户的使用习惯。还可以通过系统提供的"加载界面配置"和"保存界面配置"功能任意保存、加载自定义的界面风格。

1. 显示 / 隐藏工具栏

将光标移动到任意一个工具栏区域右击,会弹出如图 1-4 所示的快捷菜单。在该菜单中列出了主菜单、工具条、立即菜单和状态条等,菜单左侧的核选框中显示出主菜单、工具条、状态条当前的显示状态,带"√"的表示当前工具栏正在显示,单击菜单中的选项可以使相应的工具栏或其他菜单在显示和隐藏的状态之间进行切换。

2. 重新组织菜单和工具栏

电子图板提供了一组默认的菜单和工具栏命令组织方案,一般情况下这是一组比较合理和易用的组织方案,但是也可以根据需要通过使用界面订制工具重新组织菜单和工具栏,即可以在菜单和工具栏中添加命令和删除命令。

(1)在菜单和工具栏中添加命令的操作步骤:

1)执行"工具"|"自定义"命令,系统弹出"自定义"对话框,在该对话框中选择"命令"选项卡,如图 1-33 所示。

2)在该选项卡的"类别"列表框中,按照主菜单的组织方式列出了命令所属的类别,在"命令"列表框中列出了该类别中所有的命令,当在其中选择了一个命令以后,在"说明"栏中会显示出对该命令的说明。这时,可以使用鼠标左键拖动所选择的命令,将该命令拖动到需要的菜单中。即当菜单显示命令列表时,拖动光标至放置命令的位置,然后松开鼠标。

3)将命令插入到工具栏中的方法也是一样的,只不过是在光标移动到工具栏中所需的位置时再释放左键。

图 1-33 "自定义"对话框

（2）从菜单和工具栏中删除命令的操作步骤：

1）执行"工具" | "自定义"命令，系统弹出"自定义"对话框。

2）单击选择"命令"选项，然后在菜单或工具栏中选中所要删除的命令，使用光标将该命令拖出菜单区域或工具栏区域即可。

3. 快速订制菜单和工具栏

除了在重新组织菜单和工具栏中介绍的方法以外，还可以通过一种快捷的方法订制菜单和工具栏中的内容，就是使用 Alt+ 鼠标拖动。可以使用这种方法进行移动命令、复制命令、删除命令。

（1）移动命令：使用光标在菜单或工具栏中选中需要移动的命令，然后按住 Alt 键，再使用光标将命令拖动到所要移动到的位置，释放左键即可。

（2）复制命令：复制命令和移动命令的操作基本相同，只是在按住 Alt 键的同时还需要按住 Ctrl 键，再进行光标拖动。

（3）删除命令：使用光标在菜单或工具栏中选中需要删除的命令，然后按住 Alt 键，再使用光标将命令拖出菜单区域或工具栏区域外释放左键。

4. 订制工具栏

执行"工具" | "自定义"命令，系统弹出"自定义"对话框，在该对话框中选择"工具栏"选项卡，如图 1-34 所示。

（1）显示 / 隐藏工具栏：在"工具栏"列表框中列出了电子图板中所显示的工具栏，每个工具栏都对应一个复选框，勾选该复选框表示显示对应的工具栏。如果要隐藏某个工具栏，可以取消对相应复选框的勾选即可。

（2）重置工具栏：如果对工具栏中的内容进行修改后还想回到工具栏的初始状态，可以利用重置工具栏功能，方法是在"工具栏"列表框中选择要进行重置的工具栏，然后单击"重新设置"按钮，在弹出的提示对话框中单击"是"按钮即可。

（3）重置所有工具栏：如果需要将所有工具栏恢复到初始的状态，直接单击"全部重新设置"按钮，在弹出的提示对话框中单击"是"按钮即可。

图1-34 "工具栏"选项卡

注意

当工具栏被全部重置以后，所有的自定义界面信息将全部丢失，不可恢复，因此进行全部重置操作应该慎重。

1）新建工具栏：单击"新建"按钮，弹出"工具条名称"对话框，在对话框中输入新建工具栏的名称，单击"确定"按钮就可以新创建一个工具栏。接下来可以按照"重新组织菜单和工具栏"中介绍的方法向工具栏中添加一些按钮，通过这种方法可以将常用的功能进行重新组合。

2）重命名自定义工具栏：首先在"工具栏"列表框中选中要重命名的自定义工具栏，然后单击"重命名"按钮，在弹出的对话框中输入新的工具栏名称，单击"确定"按钮后就可以完成重命名操作。

注意

只能对自己创建的工具栏进行重命名操作，而不能更改电子图板自带工具栏的名称；只能删除自己创建的工具栏，而不能删除电子图板自带的工具栏。

3）删除自定义工具栏：在"工具栏"列表框中选取要删除的自定义工具栏，然后单击"删除"按钮，在弹出的提示对话框中单击"是"按钮后，就可以完成删除操作。

4）在图标下方显示文本：首先在"工具栏"列表框中选中要显示文本的工具栏，然后选中"显示文本"复选框，这时在工具栏按钮图标的下方就会显示出文字说明，如图1-35所示。取消"显示文本"该选框的选中标志后，文字说明也将不再显示。

5. 订制外部工具

在 CAXA 电子图板中，通过外部工具订制功能，可以把一些常用的工具集成到电子图板中，这样使用起来会十分方便。

执行"工具"｜"自定义"命令，系统弹出"自定义"对话框，在对话框中选择"工具"选项卡，如图 1-36 所示。

图 1-35　在图标下方显示文本　　　　　　　　图 1-36　"工具"选项卡

在"菜单目录"列表框中，列出了电子图板中已有的外部工具，每一个列表项中的文字就是这个外部工具在"工具"菜单中显示的文字；列表框上方的几个按钮分别是"新建""删除""上移一层""下移一层"；在列表框下面的"命令"文本框中记录的是当前选中外部工具的执行文件名，在"行变量"编辑框中记录的是程序运行时所需的参数，在"初始目录"编辑框中记录的是执行文件所在的目录。通过这个选项卡，可以进行以下操作：

（1）修改外部工具的菜单内容：在"菜单目录"列表框中双击要改变菜单内容的外部工具，在相应的位置上会出现一个编辑框，在这个编辑框中可以输入新的菜单内容，输入完成以后按 Enter 键确认就可以完成外部工具的更名操作。

（2）修改已有外部工具的执行文件：在"菜单目录"列表框中选中要改变执行文件的外部工具，在"命令"编辑框中会显示出这个外部工具所对应的执行文件，可以在编辑框中输入新的执行文件名，也可以单击编辑框右侧的按钮，弹出"打开"对话框，在该对话框中选择所需的执行文件。

⚠ 注意

如果在"初始目录"编辑框中输入了应用程序所在的目录，那么在"命令"编辑框中只输入执行文件的文件名就可以了，但是如果在"初始目录"编辑框中没有输入目录，那么在"命令"编辑框中就必须输入完整的路径及文件名。

（3）添加新的外部工具：单击新建按钮 ，在"菜单目录"列表框的末尾会自动添加一个编辑框，在编辑框中输入新的外部工具在菜单中显示的文字，按 Enter 键确认。然后，在"命令""行变量"和"初始目录"中输入外部工具的执行文件名、参数和执行文件所在的目录，如果在"命令"编辑框中输入了包含路径的全文件名，"初始目录"也可以不填。

（4）删除外部工具：在"菜单目录"列表框中选择要删除的外部工具，单击 按钮，就可以将所选的外部工具删除掉。

（5）移动外部工具在菜单中的位置：在"菜单目录"列表框中选择要改变位置的外部工具，然后单击 按钮或者 按钮即可调整该项在列表框中的位置。这也是在"工具"菜单中的位置。

6. 订制快捷键

在 CAXA 电子图板中，可以为每一个命令指定一个或多个快捷键，这样对于常用的功能可以通过快捷键来提高操作的速度和效率。

执行"工具" ｜ "自定义"命令，系统弹出"自定义"对话框，在对话框中选择"快捷键"选项卡，如图 1-37 所示。

在"类别"下拉列表框中可以选择命令的类别。命令的分类是根据主菜单的组织方式划分的。在"命令"列表框中列出了在该类别中的所有命令，当选择了一个命令以后，会在右侧的"快捷键"列表框中列出该命令的快捷键。通过这个选项卡可以实现以下功能：

（1）指定新的快捷键：在"命令"列表框中选中要指定快捷键的命令以后，用左键在"请按新快捷键"编辑框中点一下，然后输入要指定的快捷键，如果输入的快捷键已经被其他命令使用了，那么会弹出对话框提示用户重新输入。如果这个快捷键没有被其他命令所使用，单击"指定"按钮就可以将这个快捷键添加到"快捷键"列表框中。关闭"自定义"对话框以后，使用刚才定义的快捷键，就可以执行相应的命令。

> **注意**
>
> 在定义快捷键的时候，最好不要使用单个的字母作为快捷键，而是要加上 Ctrl 键或 Alt 键，因为快捷键的级别比较高，比如定义打开文件的快捷键为 o，则当输入平移的键盘命令 move 时，输入了 o 以后就会激活打开文件命令。

（2）删除已有的快捷键：在"快捷键"列表框中选中要删除的快捷键，然后单击"删除"按钮，就可以删除掉所选的快捷键。

（3）恢复快捷键的初始设置：如果需要将所有快捷键恢复到初始的设置，可以单击"重置所有"按钮，在弹出的提示对话框中单击"是"按钮确认重置即可。

> **注意**
>
> 重置快捷键以后，所有的自定义快捷键设置都将丢失，因此进行重置操作应该慎重。

7. 订制键盘命令

在 CAXA 电子图板中，除了可以为每一个命令指定一个或多个快捷键以外，还可以指定一个键盘命令。键盘命令不同于快捷键，快捷键只能使用一个键（可以同时包含功能键 Ctrl 或

Alt），按快捷键后立即响应，执行命令；而键盘命令可以由多个字符组成，不区分大小写，输入完键盘命令以后需要按"空格"键或 Enter 键，才能执行命令，由于所能定义的快捷键比较少，因此键盘命令是快捷键的补充，两者相辅相成，可以大大提高操作的速度和效率。

执行"工具"｜"自定义"菜单命令，系统弹出"自定义"对话框，在该对话框中选择"键盘命令"选项卡，如图 1-38 所示。

图 1-37 "快捷键"选项卡

图 1-38 "键盘命令"选项卡

在该选项卡的"目录"下拉列表框中可以选择命令的类别，命令的分类是根据主菜单的组织方式划分的。在"命令"列表框中列出了在该类别中的所有命令，当选择了一个命令以后，会在右侧的"键盘命令"列表框中列出该命令。通过这个选项卡可以实现以下功能：

（1）指定新的键盘命令：在"命令"列表框中选中要指定键盘命令的命令以后，用左键在"输入新的键盘命令"编辑框中点一下，然后输入要指定的键盘命令，单击"指定"按钮。如果输入的键盘命令已经被其他命令使用了，那么会弹出对话框提示用户重新输入。如果这个键盘命令没有被其他命令所使用，就可以将这个键盘命令添加到"键盘命令"列表框中。关闭"自定义"对话框以后，使用刚才定义的键盘命令，就可以执行相应的命令。

（2）删除已有的键盘命令：在"键盘命令"列表框中选中要删除的键盘命令，然后单击"删除"按钮，就可以删除掉所选的键盘命令。

（3）恢复键盘命令的初始设置：如果需要将所有键盘命令恢复到初始的设置，单击"重置所有"按钮，在弹出的提示对话框中单击"是"按钮确认重置即可。

📛 **注意**

重置键盘命令以后，所有的自定义键盘命令设置都将丢失，因此进行重置操作应该慎重。

8.其他界面订制选项

执行"工具"｜"自定义"菜单命令，系统弹出"自定义"对话框，在该对话框中选择

"选项"选项卡，如图 1-39 所示。

在这个选项卡中可以设置工具栏的显示效果和个性化菜单。

（1）工具栏显示效果：选项卡的上半部分是 4 个有关工具栏显示效果的选项，可以选择是否"显示关于工具栏的提示""在屏幕提示中显示快捷方式"以及是否将按钮显示成大图标。

（2）个性化菜单：在使用了个性化菜单风格以后，菜单中的内容会根据用户的使用频率而改变，常用的菜单会出现在菜单的前台，而总不使用的菜单将会隐藏到幕后，当用户的光标在菜单上停留片刻或者单击菜单下方的下拉箭头以后会列出整个菜单。

> **注意**
>
> CAXA 电子图板在初始的设置中没有使用个性化菜单，如果需要使用个性化菜单，应该在选项卡中选中"在菜单中显示最近使用的命令"选项。

（3）重置个性化菜单：单击"重新配置用户设置"按钮，会弹出一个对话框，询问用户是否需要重置个性化菜单，如果选择"是"按钮，则个性化菜单会恢复到初始的设置。在初始的设置中提供了一组默认的菜单显示频率，自动将一些使用频率高的菜单放到了前台。

9. 界面重置

执行"工具"｜"界面操作"｜"切换"命令或者单击"视图"选项卡"界面操作"面板中的"切换界面"按钮，可实现新旧界面的切换。

10. 保存界面配置

利用该功能，可以很方便地将自定义的界面进行保存，以便以后加载调用。

执行"工具"｜"界面操作"｜"保存"命令或者单击"视图"选项卡"操作界面"面板中的"保存配置"按钮，将弹出如图 1-40 所示的对话框。在该对话框中键入相应的文件名称，单击"确定"即可。

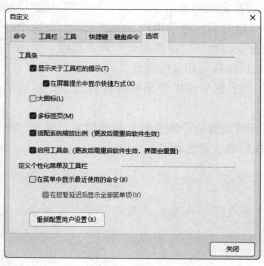

图 1-39　"选项"选项卡

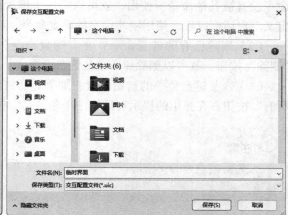

图 1-40　保存界面配置

1.4　视图操作

　　为了便于绘图操作，CAXA 电子图板提供了一些控制图形显示的命令。一般这些命令只能改变图形在屏幕上的显示方式，可以按用户所期望的位置、比例和范围进行显示，以便于观察，但不能使图形产生实质性的改变，既不改变图形的实际尺寸，也不影响实体间的相对关系。换句话说，其作用只是改变了主观的视觉效果，而不会引起图形产生客观的实际变化。

　　尽管如此，这些显示控制命令对绘图操作仍具有重要的作用，在绘图作业中会经常使用。显示控制命令的菜单主要集中在"视图"菜单，如图 1-41 所示。工具栏操作图标主要集中在常用工具栏，如图 1-42 所示。

图 1-41　"视图"菜单

图 1-42　常用工具栏

各个视图的操作命令功能介绍如下：

◆ **重生成**：此功能可以将拾取到的显示失真图形按当前窗口的显示状态进行重新生成。

◆ **全部重生成**：此功能可以将绘图区中所有显示失真的图形按当前窗口的显示状态进行重新生成。

◆ **显示窗口**：提示输入一个窗口的上角点和下角点，系统将两角点所包含的图形充满屏幕绘图区加以显示。

◆ **显示全部**：将当前所绘制的图形全部显示在屏幕绘图区内。

◆ **显示上一步**：取消当前显示，返回到上一次显示变换前的状态。

◆ **显示下一步**：返回到下一次显示变换后的状态，同显示回溯配套使用。

◆ **动态平移**：执行"动态平移"命令后，按住左键拖动可使整个图形跟随鼠标动态平移，右击可以结束动态平移操作。另外，按住 Shift 键的同时按住左键拖动鼠标也可以实现动态平移，而且这种方法更加快捷、方便。

◆ **动态缩放**：执行"动态缩放"命令后，按住左键拖动可使整个图形跟随鼠标动态缩放，鼠标向上移动为放大，向下移动为缩小，右击可以结束动态平移操作。另外，按住

Shift 键的同时按住右键拖动鼠标也可以实现动态缩放，而且这种方法更加快捷、方便。

◆ 显示放大：执行"显示放大"命令后，光标会变成一个放大镜，每单击一次，都可以按固定比例（1.25 倍）放大显示当前图形，右击可以结束放大操作。

◆ 显示缩小：执行"显示缩小"命令以后，光标会变成一个缩小镜，每单击一次，都可以按固定比例（0.8 倍）缩小显示当前图形，右击可以结束缩小操作。

◆ 显示平移：提示输入一个新的显示中心点，系统将以该点为屏幕显示的中心，平移待显示的图形。

◆ 显示比例：按输入的比例系数将图形缩放后重新显示。

◆ 显示复原：恢复初始显示状态，即当前图样大小的显示状态。

1.5 文件操作

CAXA 电子图板为用户提供了功能齐全的文件管理系统，包括文件的新建、打开、保存、并入、检索、绘图输出等功能，另外还提供了 DWG/DXF 文件批转换器、实体设计数据接口，为与其他软件的数据接口提供了极大的便利。文件操作相关命令的菜单主要集中在"文件"菜单，如图 1-43 所示。工具栏操作图标主要集中在"标准"工具栏，如图 1-44 所示。

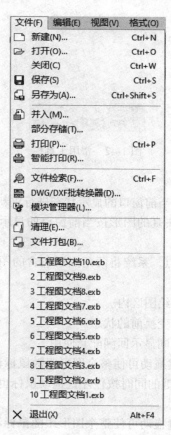

图 1-43　"文件"菜单

图 1-44　"标准"工具栏

1.5.1　新建文件

启动 CAXA 电子图板，执行"文件"｜"新建"命令或者单击"标准"工具栏中的□按钮或者单击"菜单"选项卡"文件"面板中的"新建"选项，弹出"新建"对话框，如图 1-45 所示。该对话框中列出了若干个模板文件，在该对话框中选择"BLANK"图标或其他标准模板，单击"确定"按钮，即可创建新的文件。

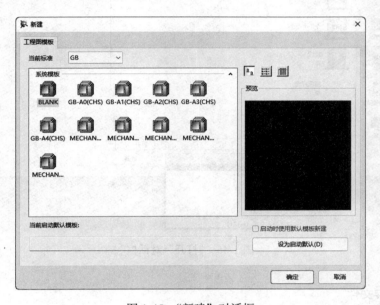

图 1-45　"新建"对话框

1.5.2　打开文件

打开一个 CAXA 电子图板的图形文件。执行"文件"｜"打开"命令或者单击"标准"工具栏中的□按钮或者选择"菜单"选项卡"文件"面板中的"打开"选项，弹出"打开"对话框，如图 1-46 所示。该对话框中列出了所有图形文件夹中的所有文件，选择一个 CAXA 电子图板文件，单击"确定"按钮即可打开该文件。

> **⊘ 注意**
>
> 　　如果希望打开其他格式的数据文件，可以通过文件类型选择所需的文件格式。电子图板支持的文件格式有：DWG/DXF 文件、模板文件、电子图板文件。

DWG/DXF 文件读入：CAXA 电子图板提供了 DWG/DXF 文件的读入功能，可以将 AutoCAD 以及其他 CAD 软件所能识别的 DWG 或 DXF 格式读入到电子图板中进行编辑。电子图板可以读入以下几种格式的 DWG/DXF 文件：AutoCAD 2004 dwg、AutoCAD 2000 dwg、AutoCAD R14 dwg、AutoCAD R14 dxf、AutoCAD R13 dxf、AutoCAD R12 dxf。

目前许多国外的 CAD 软件的 IGES 接口不支持中文，这些软件的图形文件中如果包含中文，则在用它们的 IGES 输出功能输出的 IGES 文件里，中文基本上都变成了问号，电子图板读入这

样的 IGES 文件后，中文自然还是问号，但这不是电子图板的问题，即使用这些软件本身读这种文件，也必然会出现同样的问题。

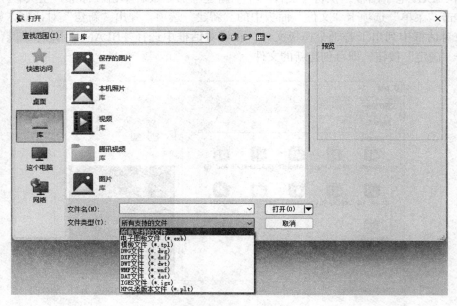

图 1-46 "打开" 对话框

1.5.3 保存文件

保存文件即将当前绘制的图形以文件形式存储到磁盘上。

执行 "文件" ｜ "保存" 命令或者单击 "标准" 工具栏中的 █ 按钮或者选择 "菜单" 选项卡 "文件" 面板中的 "保存" 选项，弹出 "另存文件" 对话框，如图 1-47 所示。在 "文件名" 栏中键入要保存的文件名称，单击 "保存" 按钮即可保存文件。

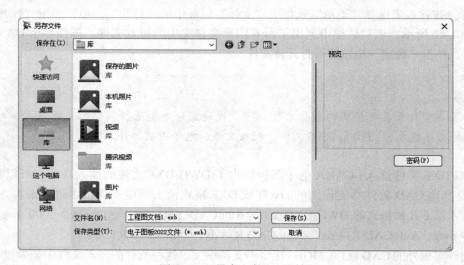

图 1-47 "另存文件" 对话框

📖 1.5.4　并入文件

　　如果一张图样要由多个设计人员来完成，可以让每一位设计人员使用相同的模板进行设计，最后将每位设计人员设计的图样并入到一张图样上，要特别注意的是，在开始设计之前就要定义好一个模板，并在模板中定好这张图样的参数设置，系统配制以及层、线型、颜色的定义和设置，以保证最后并入时每张图样的参数设置及层、线型、颜色的定义都是一致的。

　　执行"文件"｜"并入"命令或者选择"菜单"选项卡"文件"面板中的"并入"选项，弹出"并入文件"对话框，如图 1-48 所示。选择要并入的电子图板文件，单击"打开"按钮，弹出"并入文件"对话框，如图 1-49 所示，勾选"并入到当前图纸"或"作为新图纸并入"。勾选"并入到当前图纸"时，只能选择一张图纸；勾选"作为新图纸并入"时，可以选择一张或多张图纸。如果并入的图纸名称和当前文件的图纸名称相同，系统将提示修改图纸名称。单击"确定"按钮。屏幕左下角出现并入文件立即菜单，如图 1-50 所示，在立即菜单 1 中键入并入文件的比例系数，再根据系统提示，输入图形的定位点即可。

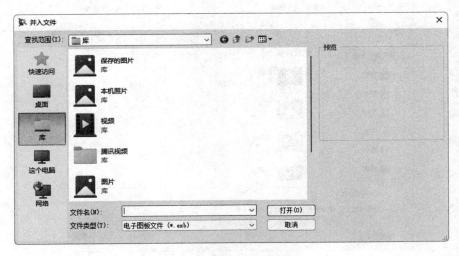

图 1-48　"并入文件"对话框 1

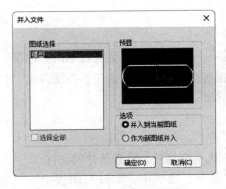

图 1-49　"并入文件"对话框 2

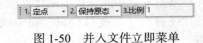

图 1-50　并入文件立即菜单

1.5.5　部分存储

部分存储即将当前绘制的图形中的一部分图形以文件的形式存储到磁盘上。

执行"文件"｜"部分存储"命令或者选择"菜单"选项卡"文件"面板中的"部分存储"选项，根据系统提示拾取要存储的图形，按右键确认，系统弹出"部分存储文件"对话框，如图 1-51 所示。输入文件的名称并单击"保存"按钮即可。

> **注意**
>
> 部分存储只存储了图形的实体数据而没有存储图形的属性数据（系统设置，系统配置及层、线型、颜色的定义和设置），而保存文件则将图形的实体数据和属性数据都存储到文件中。

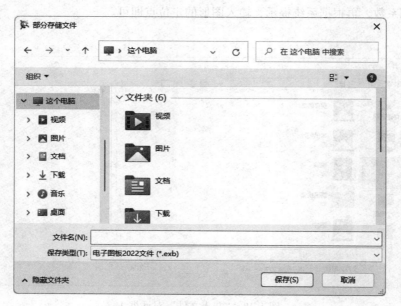

图 1-51　"部分存储文件"对话框

1.5.6　绘图输出

绘图输出即打印当前绘图区的图形。执行"文件"｜"打印"命令或者单击"标准"工具栏中的🖶按钮，或者选择"菜单"选项卡"文件"面板中的"打印"选项，系统弹出"打印对话框"对话框，如图 1-52 所示。设置完成后单击"确定"按钮。

1.5.7　文件检索

文件检索的主要功能是从本地计算机或网络计算机上查找符合检索条件的文件。

执行"文件"｜"文件检索"命令或者选择"菜单"选项卡"文件"面板中的"文件检索"选项，系统弹出"文件检索"对话框，如图 1-53 所示。在"文件检索"对话框中设定检索条件，单击"开始搜索"按钮即可进行文件检索。设定检索条件时，可以指定路径、文件名、电子图板文件标题栏中属性的条件。

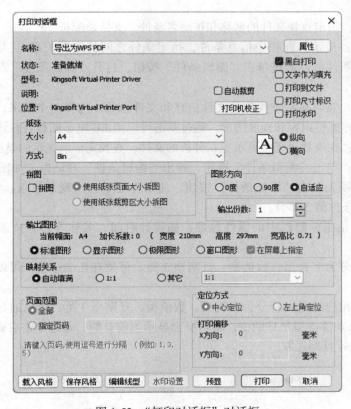

图 1-52 "打印对话框"对话框

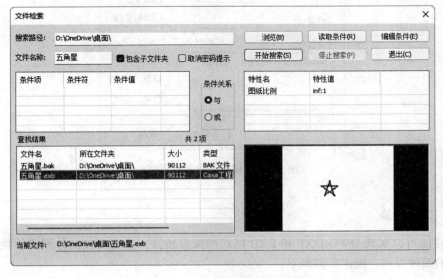

图 1-53 "文件检索"对话框

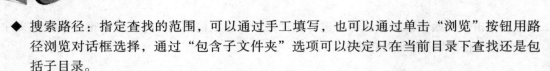

◆ 搜索路径：指定查找的范围，可以通过手工填写，也可以通过单击"浏览"按钮用路径浏览对话框选择，通过"包含子文件夹"选项可以决定只在当前目录下查找还是包括子目录。

◆ 文件名称：指定查找文件的名称和扩展名条件，支持通配符"*"。

◆ 条件关系：显示标题栏中信息条件，指定条件之间的逻辑关系（"与"或"或"）。标题栏信息条件可以通过单击"编辑条件"按钮，打开"编辑条件"对话框对条件进行编辑。

◆ 查找结果：实时显示查找到的文件信息和文件总数。选择一个结果，可以在右面的属性区查看标题栏内容和预显图形，通过双击可以用 EB 电子图板打开该文件。

◆ 当前文件：在查找过程中显示正在分析的文件，查找完毕后显示的是选择的当前文件。

◆ 编辑条件：单击"编辑条件"按钮，弹出"编辑条件"对话框，如图 1-54 所示。要添加条件必须先单击"添加条件"按钮，使条件显示区出现灰色条。条件分为条件项、条件符、条件值 3 部分。

1）条件项：是指标题栏中的属性标题，如设计时间、名称等，下拉条中提供了可选的属性。

2）条件符：分为字符型、数值型、日期型 3 类。每类有几个选项，可以通过条件符的下拉框选择。

3）条件值：相应的逻辑符分为字符型、数值型、日期型 3 类。可以通过条件值后面的编辑框输入值，如果条件类型是日期型，编辑框会显示当前日期，通过单击右面的箭头可以激活日期选取对话框进行日期选取。

图 1-54 "编辑条件"对话框

📖 1.5.8 文件转换

此项功能可以实现 DWG/DXF 和 EXB 格式的批量转换，并支持按文件列表转换和按目录结构转换的两种方式。操作步骤如下：

1）执行"文件"｜"DWG/DXF 批转换器"命令或者选择"菜单"选项卡"文件"面板中

的"DWG/DXF 批转换器"选项，弹出"第一步：设置"对话框，如图 1-55 所示。在该对话框中选择转换方式和文件结构方式，单击"下一步"按钮。

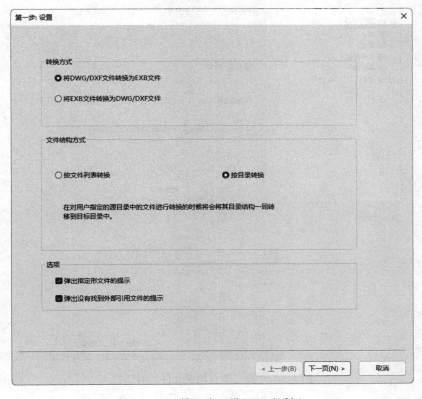

图 1-55 "第一步：设置"对话框

在图 1-55 所示的"第一步：设置"对话框中可以对转换方式进行设置。如果选择的转换方式是"将 EXB 文件转换为 DWG/DXF 文件"，则单击"设置"系统，弹出如图 1-56 所示的"选取 DWG/DXF 文件格式"对话框。在该对话框中可以设置转换后文件的具体格式。

图 1-56 "选取 DWG/DXF 文件格式"对话框

2）此批量转换器支持按文件列表转换和按目录结构转换两种方式。若第 2 步中选择的是"按文件列表转换"方式，则系统弹出"第二步：加载文件"对话框，如图 1-57 所示。

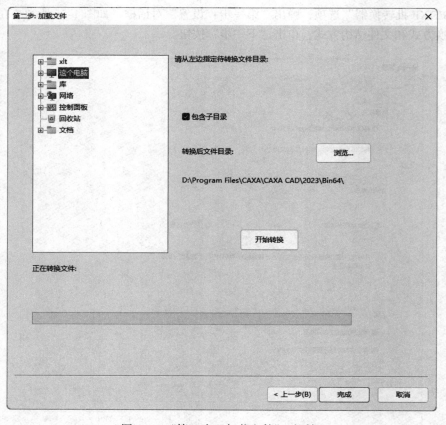

图 1-57 "第二步：加载文件"对话框

3）在"第二步：加载文件"对话框中，单击"浏览"按钮可以选择转换后文件的路径，单击"添加文件"按钮可以加载要转换的文件，单击"添加目录"按钮则可把某一目录中的全部文件添加到列表框中。加载完毕后，单击"开始转换"按钮即开始转换。

第 2 章

绘图与编辑命令

　　本章介绍了 CAXA 电子图板中的基本绘图命令、图形编辑命令、库操作方法及图纸设置方法，详细讲解了在绘图过程中经常用到的命令的操作方法。读者通过对这些基本命令的学习，能够初步绘制简单的二维工程图。

重点与难点

- 基本曲线绘制
- 高级曲线绘制
- 曲线编辑方法
- 库操作
- 图纸设置

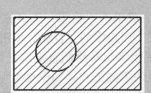

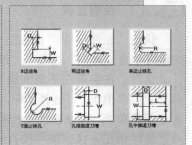

2.1 基本曲线绘制

所谓基本曲线是指那些构成一般图形的基本图形元素。它主要包括"直线""圆""圆弧""样条""点""椭圆""矩形""正多边形""中心线""等距线""公式曲线""剖面线""填充""文字"和"局部放大图"15 种。基本曲线绘制命令集中在"绘图"菜单，如图 2-1 所示。其工具栏是绘图工具栏，如图 2-2 所示。"常用"选项卡中的"绘图"面板，如图 2-3 所示。本节将主要介绍"直线""圆""圆弧""中心线""公式曲线"及"文字"等命令。其他命令可以在以后的实例练习中自己熟悉。

图 2-1 "绘图"菜单

图 2-2 绘图工具栏

图 2-3 "绘图"面板

2.1.1 绘制直线

执行"绘图"｜"直线"命令或单击"绘图"工具栏中的 ╱ 按钮或单击"常用"选项卡"绘图"面板中的"直线"按钮 ╱。

这时，在屏幕左下角的操作提示区出现绘制直线的立即菜单。单击立即菜单 1，可选择绘制直线的不同方式，如图 2-4 所示。单击立即菜单 2，可以选择是连续绘制或单个绘制。"连续"表示每段直线段相互连接，前一段直线段的终点作为下一直线段的起点，

图 2-4 绘制直线的立即菜单

而单个是指每次绘制的直线段相互独立，互不相连。

CAXA 电子图板提供了 5 种绘制直线的方式。

1. 绘制两点线

绘制两点线是指通过确定直线的起点和终点坐标绘制直线。操作步骤如下：

1）单击"常用"选项卡"绘图"面板中的"直线"按钮。

2）在立即菜单 1 中选择"两点线"选项，在立即菜单 2 中选择"连续"选项。

3）按照系统提示，在操作提示区输入第一点坐标（0, 0），按 Enter 键。然后根据系统提示输入第二点坐标（50, 50），按 Enter 键，绘制出相应直线，如图 2-5 所示。

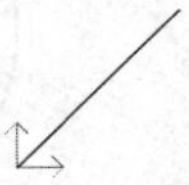

2. 绘制角度线

绘制角度线是指按生成给定长度与给定轴或直线绘制一定角度的直线。操作步骤如下：

1）单击"常用"选项卡"绘图"面板中的"直线"按钮。

2）在立即菜单 1 中选择"角度线"选项，弹出角度线立即菜单，如图 2-6 所示。在立即菜单中输入合适的角度值。

图 2-5　绘制两点直线

图 2-6　角度线立即菜单

3）在系统提示下输入第一点，用光标拖动生成的角度线到合适的长度，单击确定即可。

3. 绘制角等分线

绘制角等分线是指按给定等分份数、给定长度绘制一个角的等分线。

例 2-1：绘制∠AOB 的三等分线，如图 2-7 所示。

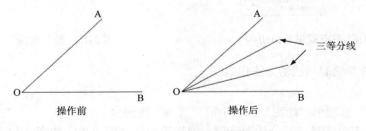

图 2-7　绘制角等分线

1）单击"常用"选项卡"绘图"面板中的"直线"按钮。

2）在立即菜单 1 中选择"角等分线"选项；份数输入 3，长度输入 120，如图 2-8 所示。

图 2-8　角等分线立即菜单

3）根据系统提示，依次单击拾取∠AOB 的两条边，完成∠AOB 三等分线的绘制，如图 2-7 右图所示。

4. 绘制切线 / 法线

绘制切线 / 法线是指绘制过给定点且与给定曲线平行或垂直的直线。

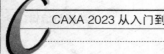
例 2-2：给如图 2-9 所示的圆绘制切线和法线。

1）单击"常用"选项卡"绘图"面板中的"直线"按钮 ∕。

2）在立即菜单 1 中选择"切线 / 法线"选项，其余选项设置如图 2-10 所示。

3）当系统提示拾取曲线时，单击拾取圆。系统提示选择输入点，按"空格"键，弹出工具点菜单，如图 2-11 所示。选择"切点"选项，然后单击圆上某点，系统提示输入第二点或长度，这时单击图中第二点，切线绘制完成，如图 2-12 所示。

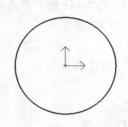

图 2-9　圆

图 2-10　绘制切线的立即菜单

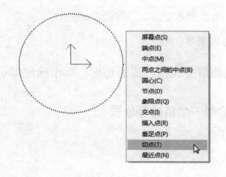

图 2-11　利用工具点菜单选择切点

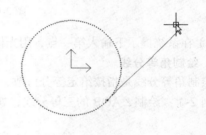

图 2-12　绘制切线

绘制法线的方法与绘制切线的方法相似。

5. 绘制等分线

1）单击"常用"选项卡"绘图"面板中的"直线"按钮 ∕。

2）在立即菜单 1 中选择"等分线"选项，弹出等分线立即菜单，如图 2-13 所示。在立即菜单中输入合适的角度值。

3）当系统提示拾取第一条曲线时，单击图中任意线，当系统提示拾取另一条曲线时，单击图中另外一条直线，等分线绘制完成。图 2-14 右图所示为等分量设置为 5 的等分线。

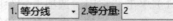

图 2-13　绘制等分线的立即菜单

 注意

　　在进行绘制曲线的过程中，不可避免地要用到立即菜单，所以在绘制曲线过程中要经常选择立即菜单中的选项。

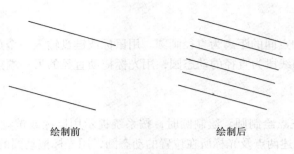

绘制前   绘制后

图 2-14 绘制等分线

2.1.2 绘制平行线

执行"绘图"｜"平行线"命令或单击"绘图"工具栏中的图标 ，或单击"常用"选项卡"绘图"面板中的"平行线"按钮 。进入绘制平行线命令，在屏幕左下角的操作提示区出现绘制平行线的立即菜单，单击立即菜单 1 可以选择绘制平行线的两种方式：偏移方式和两点方式。

1. 采用偏移方式

1）单击"常用"选项卡"绘图"面板中的"平行线"按钮 。

2）在立即菜单 1 中选择"偏移方式"选项，在立即菜单 2 中选择"双向"选项。

3）按照系统提示，单击拾取已知直线，然后在操作提示区输入偏移距离的数值或用鼠标拖动生成的平行线到所需位置，再单击确定即可，如图 2-15 所示。

2. 采用两点方式

1）单击"常用"选项卡"绘图"面板中的"平行线"按钮 。

2）在立即菜单 2 中选择"两点方式"选项，在立即菜单 3 中选择"到点"选项。

3）按照系统提示，单击拾取直线，然后输入平行线起点，拖动直线到需要位置再单击即可。

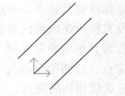

图 2-15 绘制平行线

2.1.3 绘制圆

执行"绘图"｜"圆"命令或单击"绘图"工具栏中的 ⊙ 按钮，或单击"常用"选项卡"绘图"面板中的"圆"按钮 ⊙，可以绘制圆。在绘制圆时同样要用立即菜单（见图 2-16）来选择绘制圆的方式。CAXA 电子图板提供了 4 种绘制圆的方式。

1. 已知圆心 - 半径绘制圆

该方式是通过给定圆心和半径或圆上一点画圆。用鼠标或键盘输入圆的圆心后，屏幕上会生成一段圆心固定、半径由光标拖动改变的动态圆，半径大小为圆心与光标之间的距离，拖动圆的半径到合适的长度，单击确定，或输入圆的半径即可。在输入圆心以后，可连续输入半径或圆上点作出同心圆。右击即可结束输入。

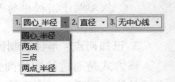

图 2-16 绘制圆的立即菜单

2. 绘制两点圆

该方式是以两已知点间的距离为直径画圆。用鼠标或键盘输入一个点，屏幕上会生成一个以光标点与已知点间的线段为直径的动态圆，用光标拖动直径的另一端点到合适的位置单击确定即可。

3. 绘制三点圆

该方式是过已知三点绘制圆。绘制圆时，按系统提示用鼠标或键盘输入第一点和第二点，屏幕上会生成一段过上述两点及光标所在位置的动态圆，用光标拖动圆的第三点到合适的位置，单击确定即可。由于各点均可为切点，故在绘制过程中可以利用工具点菜单作出过三给定点、过两给定点与一曲线相切、过一给定点与两曲线相切、与三曲线相切的圆。

4. 已知两点-半径绘制圆

该方式是过两个已知点及给定半径画圆。执行"圆"命令后，按系统提示用鼠标或键盘输入圆的两个点，屏幕上会生成一段过两个已知点和光标的动态圆，用光标拖动圆的第三点到合适的位置，单击确定，或用键盘输入圆的半径即可。

📖 2.1.4　绘制圆弧

执行"绘图"｜"圆弧"命令或者单击"绘图"工具栏中的 ⌒ 按钮或者单击"常用"选项卡"绘图"面板中的"圆弧"按钮 ⌒，可以绘制圆弧。绘制圆弧的立即菜单如图 2-17 所示。CAXA 电子图板提供了 6 种绘制圆弧的方式。

1. 通过三点绘制圆弧

该方式是通过给定三点绘制圆弧。绘制圆弧时，按系统提示用鼠标或键盘输入第一点和第二点，屏幕上会生成一段过上述两点及光标所在位置的动态圆弧，用光标拖动圆弧的第三点到合适的位置，单击确定即可。由于各点均可为切点，故可以作出过三给定点、过两给定点与一曲线相切；过一给定点与两曲线相切、与三曲线相切的圆弧。

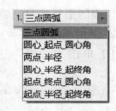

图 2-17　绘制圆弧的立即菜单

2. 已知圆心-起点-圆心角绘制圆弧

该方式是通过已知圆心、起点及圆心角画圆弧。绘制圆弧时，按系统提示的要求用鼠标或键盘输入圆弧的圆心和起点，屏幕上会生成一段圆心和起点固定、终点由光标拖动的动态圆弧，用光标拖动圆弧的终点到合适的位置，单击确定（终点位于过圆心和光标的直线上），或用键盘输入圆弧的圆心角即可。

🚫 注意

CAXA 电子图板中的圆弧以逆时针方向为正。

---

3. 已知两点-半径绘制圆弧

该方式是通过已知的圆弧起点、终点及圆弧半径画圆弧。绘制圆弧时，按系统提示用鼠标或键盘输入圆弧的起点和终点，屏幕上会生成一段起点和终点固定、半径由光标拖动改变的动态圆弧，用光标拖动圆弧的半径到合适的长度，单击确定，或用键盘输入圆弧的半径即可。

4. 已知圆心 - 半径 - 起终角绘制圆弧

该方式是通过已知的圆心、半径、起终角绘制圆弧。绘制圆弧时，输入上述条件后会生成一段符合以上条件的圆弧，用光标拖动圆弧的圆心到合适的位置后，单击确定即可。

5. 已知起点 - 终点 - 圆心角绘制圆弧

该方式是通过已知的起点、终点、圆心角绘制圆弧。绘制圆弧时，用鼠标或键盘输入圆弧的起点，屏幕上会生成一段起点和圆心角都固定的圆弧，用光标拖动圆弧的终点到合适的位置，单击确定即可。

6. 已知起点 - 半径 - 起终角绘制圆弧

该方式是通过已知的起点、半径、起终角绘制圆弧。绘制圆弧时，输入上述条件后会生成一段符合以上条件的圆弧，用光标拖动圆弧的起点到合适的位置，单击确定即可。

2.1.5　绘制多段线

绘制多段线是指绘制由直线和圆弧构成的首尾相接或不相接的一条轮廓线。执行"绘图"｜"多段线"命令或者单击"绘图"工具栏的 按钮或者单击"常用"选项卡"绘图"面板中的"多段线"按钮 ，系统弹出绘制轮廓线的立即菜单。单击立即菜单 1 可以选择轮廓为直线或轮廓为圆弧。

在绘制过程中两种方式可交替进行，生成由直线和圆弧构成的轮廓线。在绘制过程中可以选择轮廓的封闭与否。如果选择封闭，则轮廓线的最后一点可省略（不输入），直接右击结束操作，系统将自动使最后一点回到第一点，使轮廓图形封闭（正交封闭轮廓的最后一段直线不保证正交）。

2.1.6　绘制中心线

绘制中心线是指孔、轴或圆、圆弧的中心线。

执行"绘图"｜"中心线"或者单击"绘图"工具栏按钮 或者单击"常用"选项卡"绘图"面板中的"中心线"按钮 ，在屏幕左下角出现绘制正中心线的立即菜单，在立即菜单 1 可输入中心线的延伸长度。

可在系统提示下拾取相应的几何元素绘制中心线。如果拾取的是直线，则提示拾取另一条直线，以生成孔或轴的中心线。如果拾取的是圆、圆弧或椭圆，则生成一对相互正交且按当前坐标系方向的中心线，如图 2-18 所示。

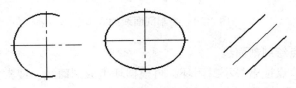

图 2-18　绘制中心线

2.1.7　绘制公式曲线

绘制数学表达式的曲线图形，也就是根据数学公式（或参数表达式）绘制出相应的数学曲线。公式既可以是直角坐标形式的，也可以是极坐标形式的。

执行"绘图"｜"公式曲线"命令或者单击"绘图"工具栏按钮 ∟ 或者单击"常用"选项卡"绘图"面板中的"公式曲线"按钮 ∟，系统弹出"公式曲线"对话框，如图 2-19 所示。在该对话框中，既可以选择系统公式也可以输入曲线公式。单击"确定"按钮，公式曲线将出现在屏幕上，系统提示输入曲线的定位点，输入坐标点并按 Enter 键，或者拖动光标到合适位置，单击即可。输入的曲线公式可以存储在 CAXA 电子图板的系统中，供以后使用，但是存储的公式数目不能多于 80 个。

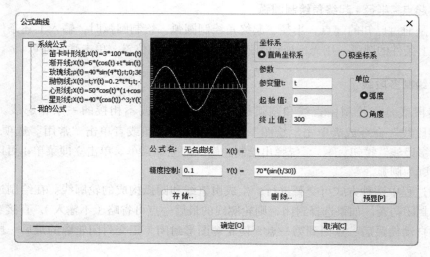

图 2-19 "公式曲线"对话框

2.1.8 绘制剖面线

执行"绘图"｜"剖面线"命令或者单击"绘图"工具栏按钮 ▊ 或者单击"常用"选项卡"绘图"面板中的"剖面线"按钮 ▊，在屏幕左下角出现绘制剖面线的立即菜单，如图 2-20 所示。单击立即菜单 1 可选择绘制剖面线的方式。系统提供了两种绘制剖面线的方式：通过拾取环内点绘制剖面线；通过拾取封闭环的边界绘制剖面线。在立即菜单 5 和 6 中输入合适的角度值和间距错开数值。

| 1. 拾取点 ▾ | 2. 不选择剖面图案 ▾ | 3. 非独立 ▾ | 4.比例: 3 | 5.角度 45 | 6.间距错开: 0 | 7.允许的间隙公差 0.0035 |

图 2-20 绘制剖面线的立即菜单

1. 通过拾取环内点绘制剖面线

该方式是根据拾取点搜索最小封闭环，再根据环生成剖面线。搜索方向为从拾取点向左的方向，如果拾取点在环外，则操作无效。单击封闭环内的任意点，可以同时拾取多个封闭环。如果所拾取的环相互包容，则在两环之间生成剖面线。

例 2-3：用"拾取点"方式在图 2-21 的基础上绘制图 2-22 所示的剖面线。操作步骤如下：

1）单击"常用"选项卡"绘图"面板中的"剖面线"按钮 ▊。

2）在立即菜单 1 中选择"拾取点"选项，在立即菜单 2 中选择"不选择剖面图案"选项，在立即菜单3中输入剖面线的间距，在立即菜单4中输入剖面线的比例，在立即菜单5中输入剖面线的倾斜角度，在立即菜单6中输入开始绘制处距边界的距离（一般均取0），如图2-20所示。

3）系统提示拾取环内点。单击图2-21中矩形内且在圆的左侧的任意一点，则图2-22a所示的剖面线自动生成。

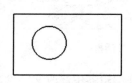

图2-21 绘制剖面线前的图形

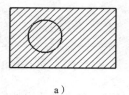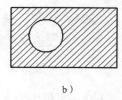

a)   b)

图2-22 绘制剖面线后的图形

4）图2-22b所示的剖面线的绘制步骤与1）～3）步相同，只是在第3）步中系统提示拾取环内点时，单击图2-21中矩形内且在圆的左侧的任意一点后，再单击圆内任意一点，使得矩形和圆均成为绘制剖面线区域的边界线。

> **注意**
> 如果拾取环内点时存在孤岛，请尽量将拾取点放置在封闭环左侧区域。

2. 通过拾取封闭环的边界绘制剖面线

该方法是以拾取边界的方式生成剖面线，即根据拾取到的曲线搜索封闭环，然后根据封闭环生成剖面线。如果拾取到的曲线不能够生成互不相交的封闭环，则操作无效。

> **注意**
> 系统总是在拾取点亮的所有线条（也就是边界）内部绘制剖面线，所以在拾取环内点或拾取边界以后，读者一定要仔细观察哪些线条被点亮了。通过调整被点亮的边界线，就可以调整剖面线的形成区域。

2.1.9 文字标注

文字标注用于在图形中标注文字。文字可以是多行，可以横写或竖写，并可以根据指定的宽度进行自动换行。

执行"绘图"｜"文字"命令或单击"绘图"工具栏按钮 **A** 或单击"常用"选项卡"标注"面板中的"文字"按钮 **A**，在屏幕左下角出现标注文字的立即菜单，单击立即菜单1可选择标注文字的区域。系统提供了两种选择标注文字区域的方式。

1. 在指定两点的矩形区域内标注文字

在指定两点的矩形区域中标注文字的操作步骤如下：

1）单击"常用"选项卡"标注"面板中的"文字"按钮 **A**。

2）在立即菜单1中选择"指定两点"选项，如图2-23所示。

3）根据系统提示依次指定标注文字的矩形区域的第一角点和第二角点后，系统弹出"文本编辑器 - 多行文字"对话框，如图2-24所示。

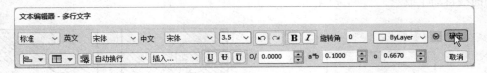

图2-23　标注文字的立即菜单

图2-24　"文本编辑器 - 多行文字"对话框

4）在编辑框中输入文字。如果需要设置字参数，可以在编辑器中修改文字参数。

在标注文字时，文字中可以包含偏差、上下标、分数、上划线、中间线、下划线以及 ϕ、°、± 等常用符号。

5）完成了输入和设置后，单击"确定"按钮，系统生成相应的文字并插入到指定的位置。单击"取消"按钮则取消操作。

2. 在指定的矩形内部标注文字

在指定的矩形边界内部标注文字，其操作方法与上述相似，只是在立即菜单1中选择"搜索边界"选项，如图2-25所示，在立即菜单2中输入"边界缩进系数"；根据系统提示指定矩形边界内一点，在弹出的文字编辑器中输入相应文字即可。

3. 在曲线上标注文字

在立即菜单1中选择"曲线文字"选项，拾取曲线，指定文字标注方向并指定文字的起点和终点位置，弹出"曲线文字参数"对话框，如图2-26所示，输入相应文字即可。

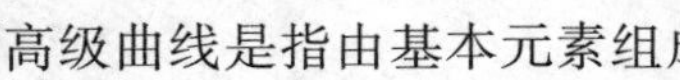

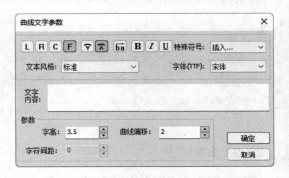

图2-25　标注文字的立即菜单

图2-26　"曲线文字参数"对话框

2.2 高级曲线绘制

所谓高级曲线是指由基本元素组成的一些特定的图形或特定的曲线。它主要包括轮廓线、波浪线、双折线、箭头、齿形、圆弧拟合样条和孔/轴等类型。高级曲线绘制命令集中在"绘图"菜单的下半部，如图2-27所示。其工具栏是绘图工具Ⅱ，如图2-28所示。

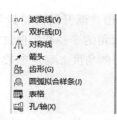

图 2-27　高级曲线绘制命令

图 2-28　绘图工具 Ⅱ

2.2.1　绘制波浪线

绘制波浪线是指按给定方式生成波浪曲线。此功能常用于绘制剖面线的边界线，一般用细实线。执行"绘图"｜"波浪线"命令或者单击绘图工具 Ⅱ 中的 ∿ 按钮或者单击"常用"选项卡"绘图"面板中的"波浪线"按钮 ∿，系统弹出绘制波浪线立即菜单。在立即菜单 1 中可以输入波浪线的波峰高度（即波峰到平衡位置的垂直距离）。

2.2.2　绘制双折线

基于图幅的限制，有些图形元素无法按比例画出，此时可以用双折线表示。可通过两点画出双折线，也可以直接拾取一条现有的直线将其改为双折线。

执行"绘图"｜"双折线"命令或者单击绘图工具栏 Ⅱ 中的 ∿ 按钮或者单击"常用"选项卡"绘图"面板中的"双折线"按钮 ∿，系统弹出绘制双折线立即菜单。单击立即菜单 1 可以选择"折点个数"或"折点距离"方式。

2.2.3　绘制箭头

此功能用于绘制单个的实心箭头或给圆弧、直线增加实心箭头。执行"绘图"｜"箭头"命令或者单击绘图工具 Ⅱ 中的 ⬈ 按钮或者单击"常用"选项卡"绘图"面板中的"箭头"按钮 ⬈，系统弹出绘制箭头立即菜单。单击立即菜单 1 可以选择"正向"或"反向"方式。

> **ℹ 注意**
>
> 为圆弧和直线添加箭头时，箭头方向定义如下：直线是以坐标系的 X、Y 方向的正方向作为箭头的正方向，X、Y 方向的负方向作为箭头的反方向；圆弧是以逆时针方向为箭头的正方向，顺时针方向为箭头的反方向。

2.2.4　绘制齿形

此功能用于按给定的参数生成整个齿轮或生成给定个数的齿形。执行"绘图"｜"齿形"命令或者单击绘图工具 Ⅱ 中的 ⚙ 按钮或者单击"常用"选项卡"绘图"面板中的"齿形"按钮 ⚙，系统弹出"渐开线齿轮齿形参数"对话框，如图 2-29 所示。在此对话框中可以设置齿轮的齿数、模数、压力角、变位系数等，还可改变齿轮的齿顶高系数和齿顶隙系数来改变齿轮的齿顶圆半径和齿根圆半径，也可直接指定齿轮的齿顶圆直径和齿根圆直径。

确定完齿轮的参数后，单击"下一步"按钮，系统将弹出"渐开线齿轮齿形预显"对话框，如图 2-30 所示。在此对话框中，可设置齿形的齿顶过渡圆角的半径和齿根过渡圆角半径及齿形的精度，并可确定要生成的齿数和起始齿相对于齿轮圆心的角度。确定参数后可单击"预显"按钮观察生成的齿形。

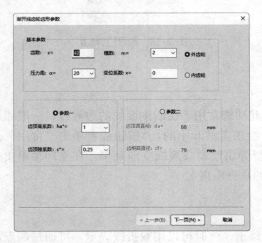

图 2-29   "渐开线齿轮齿形参数"对话框

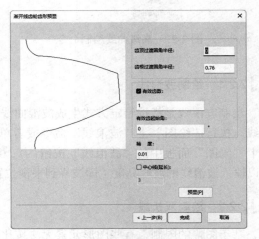

图 2-30   "渐开线齿轮齿形预显"对话框

> **注意**
>
> 该功能生成的齿轮要求模数大于 0.1mm、小于 50mm，齿数大于等于 5、小于 1000。

2.2.5   圆弧拟合样条

此功能主要用来处理线切割加工图形。经上述处理后的样条曲线可以使图形加工结果更光滑，生成的加工代码更简单。

执行"绘图"｜"圆弧拟合样条"命令或者单击绘图工具 Ⅱ 中的 按钮或者单击"常用"选项卡"绘图"面板中的"圆弧拟合样条"按钮 。系统弹出圆弧拟合立即菜单，如图 2-31 所示。

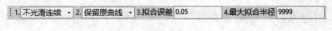

图 2-31   圆弧拟合立即菜单

单击立即菜单 1 可以选取"不光滑连续"或"光滑连续"方式，单击立即菜单 2 可选取"保留原曲线"或"不保留原曲线"，在立即菜单 3 中可输入拟合误差，在立即菜单 4 中可输入最大拟合半径。根据系统提示拾取需要拟合的样条曲线，即可拟合完成。

2.2.6   绘制孔 / 轴

此功能用于在给定位置画出带有中心线的孔和轴或画出带有中心线的圆锥孔或圆锥轴。执行"绘图"｜"孔 / 轴"命令或者单击绘图工具 Ⅱ 中的 按钮或者单击"常用"选项卡"绘图"面板中的"孔 / 轴"按钮，系统弹出绘制轴 / 孔立即菜单。单击立即菜单 1 可以选择绘制"孔"或"轴"，单击立即菜单 2 可以选择"直接给出角度"或"两点确定角度"。

2.3　曲线编辑方法

为提高作图效率以及删除在作图过程中产生的多余线条，CAXA 电子图板提供了曲线编辑功能。它包括裁剪、过渡、延伸、打断、拉伸、平移、平移复制、旋转、镜像、缩放、阵列 11 个选项。

曲线编辑命令的菜单操作主要集中在"修改"菜单，如图 2-32 所示。工具栏操作主要集中在编辑工具栏，如图 2-33 所示。选项卡操作主要集中在"常用"选项卡的"修改"面板中，如图 2-34 所示。

2.3.1　裁剪

此功能用于对给定曲线 (一般称为被裁剪线) 进行修整，删除不需要的部分，得到新的曲线。执行"修改"｜"裁剪"命令或者单击编辑工具栏中的 按钮，或者单击"常用"选项卡"修改"面板中的"裁剪"按钮 ，在屏幕左下角的操作提示区出现裁剪的立即菜单。单击立即菜单 1 可选择裁剪的不同方式，如图 2-35 所示。

图 2-32　"修改"菜单　　图 2-33　编辑工具栏　　图 2-34　"修改"面板　　图 2-35　裁剪立即菜单

1. 快速裁剪

单击被裁剪的曲线，系统将自动判断边界并做出裁剪响应。系统视裁剪边界为与该曲线相交的曲线。快速裁剪一般用于比较简单的边界情况（如一条线段只与两条以下的线段相交）。

> **注意**
>
> 对于与其他曲线不相交的一条单独的曲线不能使用裁剪命令，只能用删除命令将其去掉。

2. 拾取边界

以一条或多条曲线作为剪刀线，可对一系列被裁剪的曲线进行裁剪。用光标拾取一条或多条曲线作为剪刀线，右击确认，再根据屏幕提示选取要裁剪的曲线，单击确认，点取的曲线段至边界部分即可被裁剪，而边界另一侧的部分被保留。

3. 批量裁剪

当曲线较多时，可以对曲线或曲线组用批量裁剪。根据系统提示单击拾取剪刀链（剪刀链可以是一条曲线，也可以是首尾相连的多条曲线），系统提示拾取要裁剪的曲线，单击依次拾取要裁剪的曲线（用窗口方式拾取也可），右击确认，然后选择要裁减的方向，即可完成裁剪。

📖 2.3.2 过渡

过渡功能包含了一般 CAD 软件所具有的圆角、尖角、倒角等功能。执行"修改"｜"过渡"命令或者单击编辑工具栏中的▢按钮或者单击"常用"选项卡"修改"面板中的"过渡"按钮▢，在屏幕左下角的操作提示区出现过渡的立即菜单。单击立即菜单 1 可选择不同的过渡方式，如图 2-36 所示。

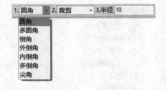

图 2-36 过渡立即菜单

1. 圆角过渡

该方式用于对两曲线（直线、圆弧、圆）进行圆弧光滑过渡。曲线可以被裁剪或往角的方向延伸。

> **注意**
>
> 选取的曲线位置不同，会得到不同的结果。

2. 多圆角过渡

该方式用于对多条首尾相连的直线进行圆弧光滑过渡。调用过渡操作命令，可从立即菜单 1 中选取"多圆角"过渡方式，在立即菜单 2 中输入过渡圆角的半径，然后根据系统提示拾取要进行过渡的首尾相连的直线即可。

3. 倒角过渡

该方式用于两直线之间进行倒角过渡。直线可以被裁剪或往角的方向延伸。

4. 外倒角过渡

该方式用于对轴端等有 3 条两两垂直的直线进行倒角过渡。

5. 内倒角过渡

该方式用于对孔端等有3条两两垂直的直线进行倒角过渡。

6. 多倒角过渡

该方式用于对多条首尾相连的直线进行倒角过渡。

7. 尖角过渡

该方式用于在第一条曲线与第二条曲线（直线、圆弧、圆）的交点处形成尖角过渡。曲线在尖角处可被裁剪或往角的方向延伸。

2.3.3　延伸

延伸即以一条曲线为边界对一系列曲线进行裁剪或延伸。执行"修改"｜"延伸"命令或者单击编辑工具栏中的--\按钮或者单击"常用"选项卡"修改"面板中的"延伸"按钮--\，根据屏幕提示选取一条曲线作为边界，然后选取一系列曲线进行编辑修改。如果选取的曲线与边界曲线有交点，则系统按"裁剪"命令进行操作，即系统将裁剪所拾取的曲线至边界位置。如果被裁剪的曲线与边界曲线没有交点，那么系统将把曲线延伸至边界（圆或圆弧可能会有例外，因为它们无法向无穷远处延伸，它们的延伸范围是有限的）。

2.3.4　打断

打断是将一条曲线在指定点处打断成两条曲线，以便于分别操作。执行"修改"｜"打断"命令或者单击编辑工具栏中的◻按钮或者单击"常用"选项卡"修改"面板中的"打断"按钮◻，根据系统提示选取一条待打断的曲线，然后仔细地选取打断点（为作图准确，可充分利用工具点菜单）。此时屏幕上的曲线与打断前并没有什么两样，但实际上原来的曲线已经变成了两条互不相干的曲线，各自成了一个独立的实体。

2.3.5　拉伸

拉伸即对曲线或曲线组进行拉伸操作。执行"修改"｜"拉伸"命令或者单击编辑工具栏中的▙按钮或者单击"常用"选项卡"修改"面板中的"拉伸"按钮▙，在屏幕左下角的操作提示区出现拉伸立即菜单。单击立即菜单1可选择不同的拉伸方式。

1. 单条曲线拉伸

该方式可拾取单个直线、圆、圆弧或样条进行拉伸。当拾取了直线时，有轴向拉伸和任意拉伸两种拉伸方式。

1）轴向拉伸即保持直线的方向不变，改变靠近拾取点的直线端点的位置。轴向拉伸又分点方式和长度方式。采用点方式时拉伸后的端点位置是光标位置在直线方向上的垂足；采用长度方式时需要输入拉伸长度，直线将延伸指定的长度，如果输入的是负值，则直线将反向延伸。

2）任意拉伸时，靠近拾取点的直线端点位置完全由光标位置决定。

3）当拾取了圆时，可以在保持圆心不变的情况下改变圆的半径；当拾取了圆弧时，可以选择拉伸弧长或拉伸半径。

4）当拾取了样条时，系统提示"拾取插值点"，此时样条上的所有插值点显示为绿色，拾取合适的插值点，移动光标，样条的形状将随之改变，再次单击时该插值点将固定在新位置上。可以接着拾取其他插值点进行拉伸，最后对样条的形状满意时，右击或按 Esc 键结束操作。

2. 曲线组拉伸

该方式可移动窗口内图形的指定部分，即将窗口内的图形一起拉伸。如果选择给定偏移，那么进行窗口选取后可以给出移动图形在 X 和 Y 方向上的偏移量。

如果选择给定两点，那么进行窗口选取后可以给出两个参考点，系统将根据这两个点的位置关系自动计算图形的偏移。

2.3.6　平移

平移即对拾取到的实体进行平移操作。执行"修改"｜"平移"命令或者单击编辑工具栏中的✛按钮或者单击"常用"选项卡"修改"面板中的"平移"按钮✛。在屏幕左下角的操作提示区出现平移立即菜单。单击立即菜单 1 可选择不同的平移方式，即给定偏移或给定两点。

1. 给定偏移

给定偏移用给定偏移量的方式平移实体。

2. 给定两点

给定两点即用指定的两点作为平移的位置依据，可以在任意位置输入两点，系统将以两点间的距离作为偏移量进行平移操作。

2.3.7　平移复制

平移复制是指对拾取到的实体进行平移复制。执行"修改"｜"平移复制"命令或者单击编辑工具栏中的🔀按钮或者单击"常用"选项卡"修改"面板中的"平移复制"按钮🔀，在屏幕左下角的操作提示区出现平移复制立即菜单。单击立即菜单 1 可选择不同的平移复制方式。

1. 给定两点

该方式是指通过两点的定位方式完成图形元素的平移复制。

2. 给定偏移

该方式是指用给定偏移量的方式进行图形的平移复制。

2.3.8　旋转

旋转用于对拾取到的实体进行旋转操作。执行"修改"｜"旋转"命令或者单击编辑工具栏中的⊙按钮或者单击"常用"选项卡"修改"面板中的"旋转"按钮⊙，在屏幕左下角的操作提示区出现旋转立即菜单。单击立即菜单 1 可选择不同的旋转方式，旋转分为给定旋转角旋转和指定起始点和终止点旋转两种。

1. 给定旋转角旋转图形

该方式是以给定的基准点和角度将图形进行旋转。

2. 指定起始点和终止点旋转图形

该方式是根据给定的两点和基准点之间的角度将图形进行旋转。

2.3.9　镜像

镜像用于对拾取到的图形元素进行镜像复制或镜像位置移动。镜像的轴可利用图上已有的直线，也可由用户交互给出的两点连线作为镜像用的轴。执行"修改"｜"镜像"命令或者单击编辑工具栏中的⚠按钮或者单击"常用"选项卡"修改"面板中的"镜像"按钮⚠。在屏幕左下角的操作提示区出现镜像立即菜单。单击立即菜单 1 可选择不同的镜像方式，即拾取轴线或拾取两点。

1. 拾取轴线

该方式是以拾取的直线为镜像轴生成镜像图形。

2. 拾取两点

该方式是以拾取的两点的连线为镜像轴生成镜像图形。

2.3.10　缩放

缩放用于对拾取到的实体按给定比例进行缩小或放大，也可以在屏幕上直接拖动比例进行缩放，系统会动态显示被缩放的图素。当用户认为满意时，单击确认即可。

执行"修改"｜"缩放"命令或者单击编辑工具栏中的 ⊡ 按钮或者单击"常用"选项卡"修改"面板中的"缩放"按钮 ⊡，在立即菜单 1 中选择"平移"（删除原来图形）或"复制"（保留原来图形），在立即菜单 2 中选择"比例因子"（按提示输入比例系数）或"参考方式"（选择参照物作为缩放的依据），在立即菜单 3 中选择"尺寸值变化"（尺寸数值按输入的比例系数变化）或"尺寸值不变"（尺寸数值不随比例系数的改变而变化），在立即菜单 4 中选择"比例变化"（除尺寸数值外的标注参数随输入的比例系数变化）或"比例不变"（除尺寸数值外的标注参数不随比例系数的改变而变化），如图 2-37 所示。

根据系统提示选择图形缩放的基准点，系统提示输入比例系数，这时输入要缩放的比例系数并按 Enter 键或者在屏幕上直接拖动比例缩放，大小合适时单击确认。

| 1. 平移 ▾ | 2. 比例因子 ▾ | 3. 尺寸值变化 ▾ | 4. 比例变化 ▾ |

图 2-37　缩放的立即菜单

2.3.11　阵列

阵列的目的是通过一次操作可同时生成若干个相同的图形，以提高作图速度。阵列的方式有圆形阵列和矩形阵列。执行"修改"｜"阵列"命令或者单击编辑工具栏中的 ⊞ 按钮或者单击"常用"选项卡"修改"面板中的"阵列"按钮 ⊞。在屏幕左下角的操作提示区出现阵列立即菜单。单击立即菜单 1 可选择"圆形阵列""矩形阵列"和"曲线阵列"方式。

1. 圆形阵列

该方式是以指定点为圆心，以指定点到实体图形的距离为半径，将拾取到的图形在圆周上进行阵列复制。

2. 矩形阵列

该方式是将拾取到的图形按矩形阵列的方式进行阵列复制。

3. 曲线阵列

该方式可在一条或多条首尾相连的曲线上生成均布的图形。

2.4　库操作

CAXA 电子图板已经定义了用户在设计时经常要用到的各种标准件和常用的图形符号，如螺栓、螺母、轴承、垫圈、电气符号等，在设计绘图时可以直接提取这些图形插入图中，避免

CAXA 2023

不必要的重复劳动，提高绘图效率。还可以自行定义自己要用到的其他标准件或图形符号，即对图库进行扩充。

CAXA 电子图板图库中的标准件和图形符号统称为图符。图符分为参量图符和固定图符。CAXA 电子图板为用户提供了对图库的编辑和管理功能。此外，对于已经插入图中的参量图符，还可以通过尺寸驱动功能修改其尺寸规格。对图库可以进行的操作有插入图符、定义图符、驱动图符、图库管理、图库转换等。

库操作命令集中在"绘图"｜"图库"菜单中，如图 2-38 所示。工具栏按钮操作集中在库操作工具栏，如图 2-39 所示。选项卡操作集中在"图库"面板，如图 2-40 所示。

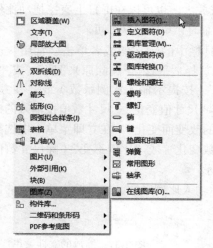

图 2-38 "图库"菜单

图 2-39 库操作工具栏

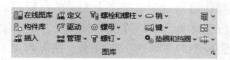

图 2-40 "图库"面板

2.4.1 插入图符

插入图符就是从图库中选择合适的图符（如果是参量图符还要选择其尺寸规格），并将其插入到图中合适的位置。执行"绘图"｜"图库"｜"插入图符"命令或者单击图库工具栏中的 按钮，或者单击"插入"选项卡"图库"面板中的"插入图符"按钮 。弹出"插入图符"对话框，如图 2-41 所示。在该对话框中选定要提取的图符，单击"下一步"按钮。

1. 选定要插入的图符

利用"插入图符"对话框来选定要插入的图符。在"插入图符"对话框中选择需要的文件夹，此时"图符列表"框中列出了当前文件夹中包含的所有图符。

单击任一图符名或用键盘方向键将高亮色棒移到任一图符名上，则该图符成为当前图符，预显框中会显示出该图符的图形。如果想要查看图符的属性信息，可单击"属性"标签。单击"图形"标签则恢复图形显示。

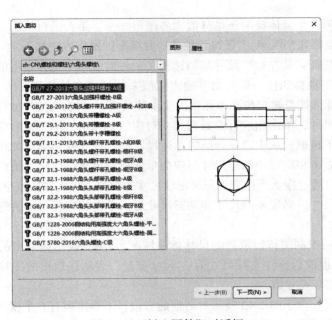

图 2-41　"插入图符"对话框

选定要提取的图符后，单击"下一步"按钮。如果选定的是固定图符，则直接开始插入图符。如果选定的是参量图符，则进入"图符预处理"对话框，如图 2-42 所示，开始进行图符预处理。

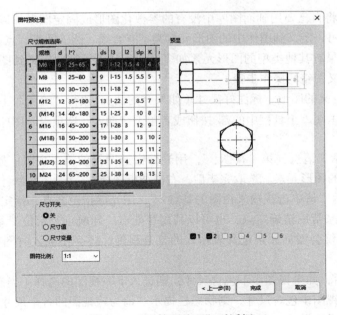

图 2-42　"图符预处理"对话框

2. 图符预处理

在"图符预处理"对话框中可以对已选定的参量图符进行尺寸规格的选择，设置图符中尺寸标注的形式是作为一个整体提取还是打散为各图形元素，是否进行消隐，对于有多个视图的图符还可以选择提取哪几个视图。"图符预处理"对话框的操作方法如下：

（1）尺寸规格选择：从左边"尺寸规格选择"一栏的表格中选择合适的规格尺寸。可以用鼠标或键盘将插入图符移到任一单元格并输入数值来替换原有的数值。按 F2 键，则当前单元格进入编辑状态且插入图符被定位在单元格内文本的最后。 列表头的尺寸变量名后如果有星号说明该尺寸是系列尺寸，单击相应行中系列尺寸对应的单元格，单元格右端将出现一按钮，单击此按钮弹出一个下拉框，从中选择合适的系列尺寸值；尺寸变量名后如果有问号说明该尺寸是动态尺寸，如果右击相应行中动态尺寸对应的单元格，单元格内尺寸值后将出现一问号，这样在插入图符时可以通过拖动光标来动态决定该尺寸的数值。再次右击该单元格，则问号消失，插入时不作为动态尺寸。确定系列尺寸和动态尺寸后，单击相应行左端的选择区选择一组合适的规格尺寸。

（2）尺寸开关：控制图符提取后的尺寸标注情况。"关"表示提取出的图符不标注任何尺寸；"尺寸值"表示提取后标注实际尺寸值；"尺寸变量"表示提取出的图符里的尺寸文本是尺寸变量名，而不是实际尺寸值。

（3）图符预显区：位于图 2-42 所示对话框的右边，下面排列有 6 个视图控制开关，单击可打开或关闭任意一个视图，被关闭的视图将不被提取出来。

在设置完各个选项并选取了一组规格尺寸后，单击"确定"按钮，进入插入图符的交互过程。根据系统提示，将图符定位于绘图区域中。

2.4.2　定义图符

定义图符就是将自己要用到而图库中没有的参数化图形或固定图形加以定义，存储到图库中，供以后调用。可以定义到图库中的图形元素类型有直线、圆、圆弧、点、尺寸、块、文字、剖面线、填充。如果有其他类型的图形元素如多义线、样条等需要定义到图库中，可以将其做成块。下面介绍定义图符的操作步骤：

1）绘制好要定义的图形、标注好尺寸（如果有的话）。执行"绘图"｜"图库"｜"定义图符"命令或者单击图库工具栏中的 ■ 按钮或者单击"插入"选项卡"图库"面板中的"定义图符"按钮 ■。

2）状态栏提示"请选择第 1 视图："，用光标窗选图符的第 1 视图，如果一次没有选全，可以接着选取遗漏的图形元素。选取完毕后，右击结束选择。

3）状态栏提示"请单击或输入视图的基点："，用光标指定基点，指定基点时可以用空格键弹出工具点菜单来帮助精确定点，也可以利用智能点、导航点等定位。基点的选择很重要，如果选择不当，不仅会增加元素定义表达式的复杂程度，还会使插入时图符的插入定位很不方便。

4）指定基点后，如果视图中不包含尺寸，则进入下一视图的选择（当有多个视图时），操作方法同上；如果视图中包含尺寸，则状态栏提示"请为该视图的各个尺寸变量指定变量名"，单击当前视图中的任一尺寸，在弹出的输入框中输入给该尺寸起的名字（尺寸名应与标准中采用的尺寸名或被普遍接受的习惯相一致）。为当前视图中的所有尺寸指定变量名。可以再次选中已经指定过变量名的尺寸为其指定新名字。指定完变量名后，右击结束对当前视图的操作。根据提示对其余各视图进行同样的操作。

5）指定完所有的视图后，如果是固定图符，则直接进入"图符入库"对话框，相应的操作见该对话框。

> **注意**
> 如果软件安装时选择了不覆盖图库文件，那么此时的图库文件版本可能不是当前系统默认的版本(提取图符时会有提示)，则需要先进行"图库转换"。否则新定义的图符无法保存到旧版本的文件中。

2.4.3　图库管理

图库管理为用户提供了对图库文件及图库中的各个图符进行编辑修改的功能。执行"绘图"｜"图库"｜"图库管理"命令或者单击图库工具栏中的 ▦ 按钮或者单击"插入"选项卡"图库"面板中的"图库管理"按钮 ▦ ，弹出"图库管理"对话框，如图2-43所示。在此对话框中可进行图符浏览、预显放大、检索，设置当前图符的方法与"插入图符"对话框完全相同。

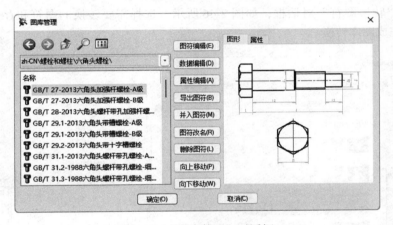

图2-43　"图库管理"对话框

2.4.4　驱动图符

驱动图符就是将已经插入到图中的参量图符的某个视图的尺寸规格进行修改。执行"绘图"｜"图库"｜"驱动图符"命令或者单击图库工具栏中的 按钮或者单击"插入"选项卡"图库"面板中的"驱动图符"按钮 ，系统提示选择想要变更的图符。选取要驱动的图符，弹出"图符预处理"对话框。在这个对话框中可修改该图符的尺寸及各选项的设置。操作方法与图符预处理相同。单击"确定"按钮，被驱动的图符将在原来的位置以原来的旋转角被按新尺寸生成的图符所取代。

2.4.5　图库转换

图库转换用来将用户在低版本电子图板中的图库（可以是自定义图库）转换为当前版本电子图板的图库格式，以继承用户的劳动成果。操作步骤如下：

1）执行"绘图"｜"图库"｜"图库转换"命令或者单击图库工具栏中的 按钮，或者单击"插入"选项卡"图库"面板中的"图库转换"按钮，系统弹出"图库转换"对话框，如图 2-44 所示。单击"下一步"按钮。

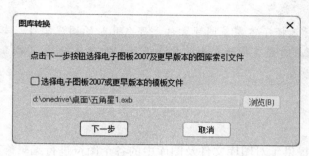

图 2-44　"图库转换"对话框

2）系统弹出"打开旧版本主索引或小类索引文件"对话框，如图 2-45 所示。在该对话框中选择要转换的图库的索引文件，单击"确定"按钮。

3）弹出"转换图符"对话框，如图 2-46 所示。选择需要转换的图符和存储的类，单击"转换"按钮完成图库转换。

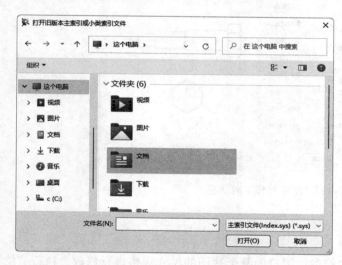

图 2-45　"打开旧版本主索引或小类索引文件"对话框

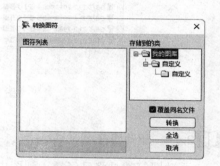

图 2-46　"转换图符"对话框

2.4.6　构件库

构件库是一种新的二次开发模块的应用形式。执行"绘图"｜"构件库"命令或者单击"插入"选项卡"图库"面板中的"构件库"按钮 ，弹出如图 2-47 所示的"构件库"对话框。

在"构件库"下拉列表中可以选择不同的构件库，在"选择构件"选项组中以图标按钮的形式列出了所选构件库中的所有构件，单击某一构件后在"功能说明"面板中列出了所选构件的功能说明，单击"确定"按钮，根据系统提示相交边，即可产生相应的槽。

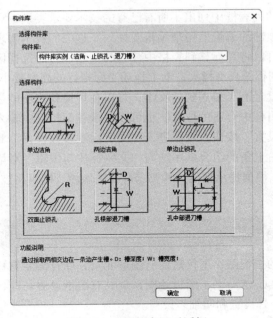

图 2-47 "构件库"对话框

2.4.7 技术要求库

技术要求库用数据库文件分类记录了常用的技术要求文本项,可以辅助生成技术要求文本插入工程图,也可以对技术要求库中的类别和文本进行添加、删除和修改,即进行技术要求库管理。执行"标注" | "技术要求"命令或者单击库操作工具栏中的 按钮,或者单击"标注"选项卡"文字"面板中的"技术要求"按钮 ,系统弹出"技术要求库"对话框,如图 2-48 所示。

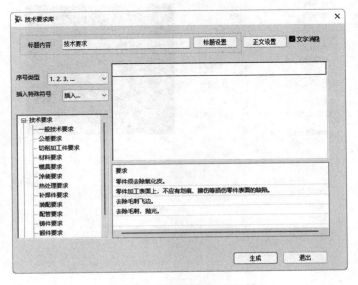

图 2-48 "技术要求库"对话框

在该对话框左下角的列表框中列出了所有已有的技术要求类别，右下角的表格中列出了当前类别的所有文本项。顶部的编辑框用来编辑要插入工程图的技术要求文本。如果某个文本项内容较多、显示不全，可以将光标移到表格中任意两个相邻行的选择区之间，此时光标形状发生变化，向下拖动光标则行的高度增大，向上拖动光标则行的高度减小。

如果技术要求库中已经有了要用到的文本，可以在切换到相应的类别后用光标直接将文本从表格中拖到上面的编辑框中合适的位置。也可以直接在编辑框中输入和编辑文本。单击"标题设置"按钮或"正文设置"按钮，可以进入"文字标注参数设置"对话框，修改技术要求文本要采用的文字参数。右上角的组合框用法与"文字标注与编辑"对话框中的一样。完成编辑后，单击"生成"按钮，根据提示指定技术要求所在的区域，即可将技术要求文本插入工程图。

2.5　图纸设置

一张符合国家标准的工程图，不仅需要有图形元素，而且需要有标准的图框、标题栏、零件编号和明细表等元素。CAXA 电子图板绘图系统具有图纸设置功能，包括幅面设置、图框设置、标题栏设置、零件序号设置和明细表设置。

📖 2.5.1　幅面设置

在图纸幅面设置功能中，根据图纸幅面的规格不同，CAXA 电子图板设置了 A0～A4 共 5种标准图纸幅面供调用，并可设置图纸方向及图纸比例。其操作步骤如下：

1）执行"幅面"｜"图幅设置"命令或者单击图幅操作工具栏中的▢按钮，或者单击"图幅"选项卡"图幅"面板中的"图幅设置"按钮▢。系统弹出"图幅设置"对话框，如图 2-49 所示。

图 2-49　"图幅设置"对话框

2）在该对话框中，可以对图纸的幅面、比例、方向进行相应的设置。

3）单击"调入图框"或"调入标题栏"的下拉按钮，在列表中选择需要的图框和标题栏，系统会在右侧的预览框中显示相应的图框和标题栏。

2.5.2 图框设置

在进行图框设置时，其操作包括3个关于图框设置的选项。

1. 调入图框

调入图框用于调入与当前绘图幅面一致的标准图框。执行"幅面"｜"图框"｜"调入"命令或者单击图幅工具栏中的 按钮，或者单击"图幅"选项卡"图框"面板中的"调入图框"按钮 ，系统弹出"读入图框文件"对话框，如图2-50所示。在此对话框中的图框列表中列出了与当前幅面一致的图框名称。选取所需图框，单击"确定"按钮，即可将该图框插入到当前图纸中。

2. 定义图框

定义图框用于将绘制的图形定义成图框。执行"幅面"｜"图框"｜"定义"命令或者单击图幅操作工具栏中的 按钮，或者单击"图幅"选项卡"图框"面板中的"定义图框"按钮 ，根据系统提示拾取要作为图框的表格后，弹出"选择图框文件的幅面"对话框，如图2-51所示。单击"取系统值"按钮或"取定义值"按钮，系统弹出"另存为"对话框，输入自定义图框的名称，单击"确定"按钮。

图2-50 "读入图框文件"对话框

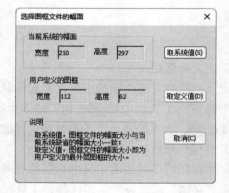

图2-51 "选择图框文件的幅面"对话框

3. 存储图框

存储图框可将当前界面中的图框存储到文件中以供以后使用。执行"幅面"｜"图框"｜"存储"命令或者单击图幅操作工具栏中的 按钮，或者单击"图幅"选项卡"图框"面板中的"存储图框"按钮 ，系统弹出"存储图框文件"对话框，输入保存图框的名称，单击"确定"按钮。

2.5.3　标题栏设置

在 CAXA 电子图板系统中具有为用户设计的多种标题栏，使用这些标题栏会大大提高绘图的效率。同时，CAXA 电子图板也允许自定义标题栏，并将自定义的标题栏以文件的形式保存起来。标题栏的设置有以下几项。

1. 调入标题栏

调入标题栏用于在 CAXA 电子图板中选取所需标题栏并将其插入到当前图纸中。执行"幅面"｜"标题栏"｜"调入"命令或者单击标题栏工具栏的 按钮，或者单击"图幅"选项卡"标题栏"面板中的"调入标题栏"按钮 ，系统弹出"读入标题栏文件"对话框，如图 2-52所示。在此对话框中的标题栏列表中列出了标题栏名称，选取所需标题栏，单击"确定"按钮。

图 2-52　"读入标题栏文件"对话框

2. 定义标题栏

定义标题栏可将绘制的图形定义成标题栏。执行"幅面"｜"标题栏"｜"定义"命令或者单击标题栏工具栏中的 按钮，或者单击"图幅"选项卡"标题栏"面板中的"定义标题栏"按钮 ，在系统提示下拾取欲组成标题栏的实体，右击即可。

3. 存储标题栏

存储标题栏可将当前定义的标题栏存储到文件中，以供以后使用。执行"幅面"｜"标题栏"｜"存储"命令或者单击标题栏工具栏中的 按钮或者单击"图幅"选项卡"标题栏"面板中的"存储标题栏"按钮 ，弹出"存储标题栏"对话框。在该对话框中输入文件名，单击"确定"按钮。

4. 填写标题栏

填写标题栏用于填写系统提供的标题栏，如果此时的标题栏不是系统所提供的或没有标题栏，则无法用此功能。执行"幅面"｜"标题栏"｜"填写"命令或者单击标题栏工具栏中的 按钮，或者单击"图幅"选项卡"标题栏"面板中的"填写标题栏"按钮 。系统弹出"填写标题栏"对话框，如图 2-53 所示。在该对话框中填入相关内容后，单击"确定"按钮即可。

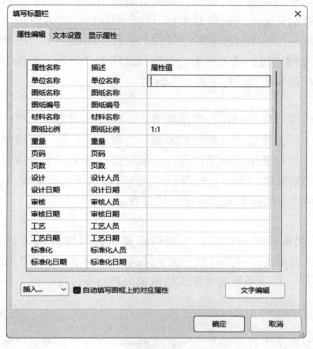

图 2-53 "填写标题栏"对话框

CAXA 2023

注意

如果此时的标题栏不是系统所提供的或没有标题栏，则无法用此功能。

2.5.4 零件序号设置

零件序号和明细表是绘制装配图不可缺少的内容。电子图板设置了序号生成和插入功能，并且与明细表联动，在生成和插入零件序号的同时，允许填写或不填写明细表中的各表项，而且对从图库中提取的标准件或含属性的块，在零件序号生成时，能自动将其属性填入明细表中。

单击幅面菜单，弹出相应的选项分别为生成序号、删除序号、编辑序号和交换序号。

1. 生成序号

生成序号用于生成零件序号或插入零件序号与明细表联动。可以在生成或插入时填写明细表。执行"幅面"｜"序号"｜"生成"命令或者单击序号工具栏的 ￼ 按钮，或者单击"图幅"选项卡"序号"面板中的"生成序号"按钮￼，弹出零件序号立即菜单，如图 2-54 所示。填写或选择立即菜单的各项内容，再根据系统提示选取序号引线的引出点和转折点即可。

图 2-54 零件序号立即菜单

2. 删除序号

删除序号用于删除不需要的零件序号。如果所要删除的序号没有重名的序号，同时删除明细表中相应的表项，否则只删除所拾取的序号。如果删除的序号为中间项，则系统会自动将该项以后的序号值顺序减一，以保持序号的连续性。执行"幅面"｜"序号"｜"删除"命令或者单击序号工具栏中的 按钮，或者单击"图幅"选项卡"序号"面板中的"删除序号"按钮 ，按照系统提示依次拾取要删除的零件序号即可。

3. 编辑序号

编辑序号用于编辑零件序号的位置和排列方式。执行"幅面"｜"序号"｜"编辑"命令或者单击序号工具栏中的 按钮或者单击"图幅"选项卡"序号"面板中的"编辑序号"按钮 ，按照系统提示依次拾取要编辑的零件序号。如果拾取的是序号的指引线，此时可移动鼠标编辑引出点的位置；如果拾取的是序号的指引线中，可以利用立即菜单，系统提示输入转折点，此时移动鼠标可以编辑序号的排列方式和序号的位置。

4. 交换序号

交换序号功能是交换序号的位置，并根据需要交换明细表内容。执行"幅面"｜"序号"｜"交换"命令或者单击序号工具栏中的 按钮或者单击"图幅"选项卡"序号"面板中的中的"交换"按钮 ，按照系统提示依次拾取要交换的零件序号两个序号马上交换位置。

> **注意**
>
> 在一张图样上零件序号的形式应统一，所以如果图样中已标注了零件序号，就不能再改变零件序号的设置。

2.5.5 明细表设置

CAXA 电子图板的明细表与零件序号是联动的，可以随零件序号的插入和删除产生相应的变化。除此之外，明细表本身还有定制明细表、删除表项、表格折行、填写明细表、插入空行、输出数据和读入数据等操作。

1. 删除表项

用于删除明细表的表项及序号。中兴"幅面"｜"明细表"｜"删除表项"命令或者单击明细表工具栏中的 按钮或者单击"图幅"选项卡"明细表"面板中的"删除表项"按钮 。根据系统提示，拾取所要删除的明细表表项，如果拾取无误则删除该表项及所对应的所有序号，同时该序号以后的序号将自动重新排列。当需要删除所有明细表表项时，可以直接拾取明细表表头，此时弹出对话框，在得到用户的最终确认后，将删除所有的明细表表项及序号。

2. 表格折行

表格折行是拾取某一待折行的表项，系统将按照立即菜单中的选项进行左折或右折。执行"幅面"｜"明细表"｜"表格折行"命令或者单击明细表工具栏中的 按钮，或者单击"图幅"选项卡"明细表"面板中的"表格折行"按钮 ，然后根据系统提示，拾取某一待折行的表项，系统将按照立即菜单中的选项进行左折或右折。

3. 填写明细表

在明细表中填写或修改各项的内容可执行"幅面"｜"明细表"｜"填写"命令或者单击

明细表工具栏中的按钮或者单击"图幅"选项卡"明细表"面板中的"表格折行"按钮，然后根据系统提示，拾取需要填写或修改的明细表表项后右击，弹出"填写明细表"对话框（见图 2-55）。即可进行填写或修改。单击"确定"按钮，所填项目将自动添加到明细表当中。

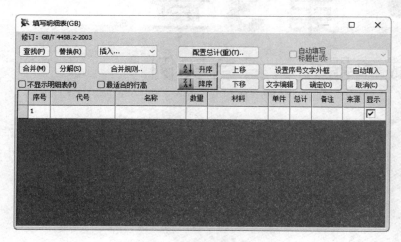

图 2-55　"填写明细表"对话框

4. 插入空行

插入空行用于在明细表中插入空行。执行"幅面"｜"明细表"｜"插入空行"命令或者单击明细表工具栏中的按钮或者单击"图幅"选项卡"明细表"面板中的"插入空行"按钮。系统将把一空白行插入到明细表中，如图 2-56 所示。

8	HG4-333-76	O型密封圈25X24	1	耐油橡胶			
7	MDB-51-1-10	阀体	1	HT20-40			
5	MDB-51-1-103	盖板	1	HT15-33			
4	MDB-51-1-102	拨叉	1	HT15-33			
3	MDB-51-1-101	滑阀	1	40Cr			
2	GB119-76	销3X10	1	45			
1	GB70-76	螺钉M6X12	4	A3			
序号	代号	名称	数量	材料	单件 总计 重量	备注

图 2-56　在明细表中插入空行

5. 输出数据

输出数据可将明细表中的内容输出为文本文件、MDB 文件或 DBF 文件。操作过程为执行"幅面"｜"明细表"｜"输出"命令或者单击明细表工具栏中的按钮，或者单击"图幅"选项卡"明细表"面板中的"输出明细表"按钮。

第3章

减速器设计综合实例

减速器由若干个零部件组成。其装配图主要反映了减速器的工作原理及各个零部件的相互位置和装配关系。装配图图形复杂，绘制过程中需要经常对图形进行修改。

重点与难点

- 定距环、平键、销的设计
- 轴承端盖、减速箱、传动轴、圆柱齿轮的设计
- 生成零部件图块
- 减速器装配图设计

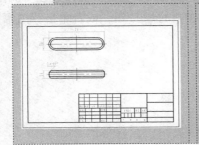

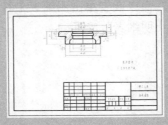

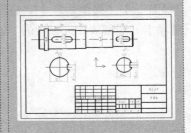

3.1　定距环设计

3.1.1　设计思路

　　定距环是机械零件中的一种典型的辅助轴向定位零件，绘制比较简单。如图 3-1 所示定距环只需要主视图与左视图两个视图即可表达清楚。

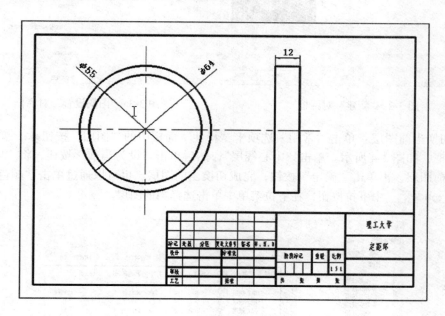

图 3-1　定距环

3.1.2　设计步骤

1. 配置绘图环境

　　（1）建立新文件。执行"文件"｜"新建"命令，系统弹出"新建"对话框，如图 3-2 所示。在"新建"对话框中提供了若干种图幅样板，可以根据需要选择使用。也可以采用"无样板打开"即"BLANK"样板创建空白文档，在绘图过程中通过"幅面"菜单重新进行图幅设置。本节将采用"BLANK"样板创建空白文档。

　　（2）图幅设置。单击"图幅"选项卡"图幅"面板中的"图幅设置"按钮，系统弹出"图幅设置"对话框，如图 3-3 所示。根据定距环的实际尺寸，在"图幅设置"对话框中将"图纸幅面"设置为 A4，"图纸比例"设置为 1.5∶1，"图纸方向"设置为"横放"，选择调入相应的图框与标题栏，单击"确定"按钮。这样，就设置完成了绘制定距环的基本绘图环境，可以进行定距环的绘制了。

2. 绘制定距环

　　（1）绘制中心线。

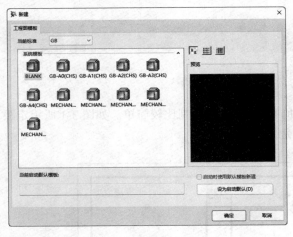

图 3-2　"新建"对话框

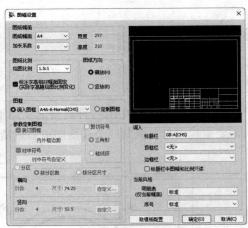

图 3-3　"图幅设置"对话框

1）切换当前图层：单击"常用"选项卡"特性"面板中的"图层"按钮，弹出"层设置"对话框，如图 3-4 所示。单击"中心线层"，然后单击"设为当前"按钮，将"中心线层"设置为当前图层，再单击"确定"按钮，完成切换当前图层。也可以通过单击"颜色图层"工具栏中下拉按钮，在下拉菜单中单击选择当前图层。

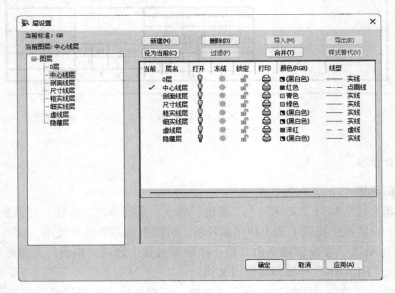

图 3-4　"层设置"对话框

2）绘制中心线：执行"绘图"｜"直线"命令或者单击绘图工具栏中的／按钮，或者单击"常用"选项卡"绘图"面板中的"直线"按钮／，这时在操作界面下方将出现立即菜单，如图 3-5 所示。在立即菜单 1 中选择"两点线"，在立即菜单 2 中选择"单根"。单击绘图区域，拾取两点，则第一条直线绘制完成。右击取消当前命令。为了准确地作出直线，可以在命令行输入两点坐标。同理，绘出另外一条中心线，并使其与第一条中心线正交，如图 3-6 所示。

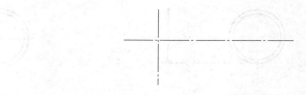

图 3-5　绘制直线立即菜单　　　　　　　　　图 3-6　绘制中心线

（2）绘制主视图。

1）将当前图层从"中心线层"切换到"0层"。为了准确地捕捉中心点，需要进行屏幕点捕捉方式设置：执行"工具"｜"捕捉设置"命令，弹出"智能点工具设置"对话框，如图 3-7 所示。将屏幕点方式设置为"智能"，单击"确定"按钮。

屏幕点捕捉方式设置也可以通过用户界面右下角的立即菜单进行设置，如图 3-8 所示。

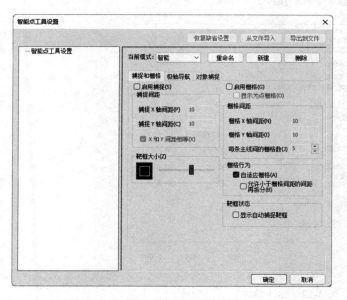

图 3-7　"智能点工具设置"对话框　　　　　　图 3-8　屏幕点设置立即菜单

2）单击"常用"选项卡"绘图"面板中的"圆"按钮⊙，在立即菜单 2 中选择"直径"，将光标移动到中心线交点处，系统将自动捕捉圆心，输入 55，按 Enter 键；再输入 64，按 Enter 键。右击取消当前命令。这时在绘图区域将出现两个同心圆（即主视图），如图 3-9 所示。

（3）绘制左视图。

1）单击"常用"选项卡"绘图"面板中的"直线"按钮✏，在导航点捕捉方式下，用光标捕捉圆与中心线交点作为直线的端点，绘制第一条直线，如图 3-10 所示。

2）单击"常用"选项卡"修改"面板中的"平移复制"按钮⚒，在立即菜单 1 中选择"给定偏移"，单击直线，右击确认将其拾取，输入 12，按 Enter 键，右击取消当前命令。得到结果如图 3-11 所示。最后使用"直线"命令，将左视图绘制完成。

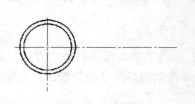

图 3-9　绘制主视图

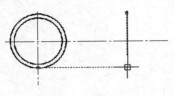

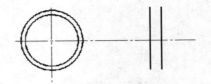

图 3-10　绘制直线　　　　　　　　　　图 3-11　直线平移复制

3. 标注定距环。

1）单击"常用"选项卡"特性"面板中的"尺寸样式"按钮，弹出"标注风格设置"对话框，选择"文本"选项卡，对标注参数进行设置。将"文字字高"设置为7，其他设置不变，如图 3-12 所示。单击"确定"按钮。

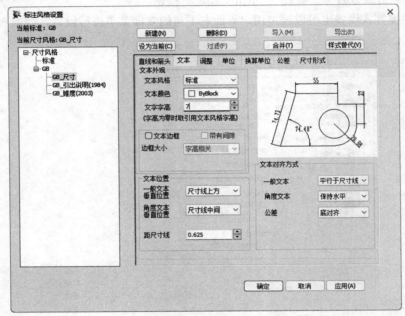

图 3-12　标注参数

2）单击"常用"选项卡"标注"面板中的"尺寸标注"按钮，再单击标注对象"圆"进行拾取，在立即菜单 3 中选择"直径"，其他设置如图 3-13 所示。移动鼠标，摆放好尺寸线位置后单击。这样，即可对 $\phi 64$ 和 $\phi 55$ 两个直径尺寸进行标注。

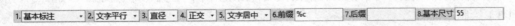

图 3-13　直径尺寸标注立即菜单

3）单击标注对象"直线"进行拾取，设置立即菜单如图 3-14 所示，进行长度尺寸标注。单击摆放好尺寸线位置，右击取消当前命令，结果如图 3-15 所示。

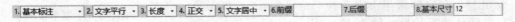

图 3-14　长度尺寸标注立即菜单

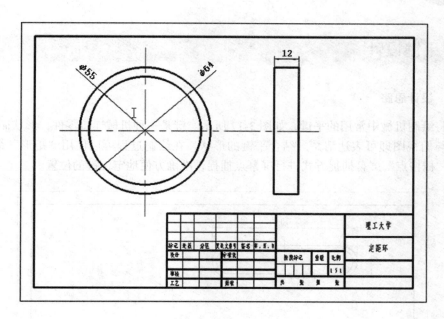

图 3-15　尺寸标注

4. 填写标题栏

单击"图幅"选项卡"标题栏"面板中的"填写标题栏"按钮，弹出"填写标题栏"对话框，输入相应文字，单击"确定"按钮，结果如图 3-16 所示。

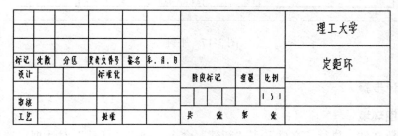

图 3-16　标题栏

5. 保存文件

保存文件的方法和其他 Windows 应用程序一样。执行"文件"｜"保存"或者"另存为"命令，弹出"另存文件"对话框，选择保存路径，填写文件名称，如"定距环"，单击"确定"按钮完成保存。也可以单击"标准"工具栏 按钮进行文件保存。

> ⓘ **注意**
>
> 在绘制圆或直线时，可以通过不同的屏幕点方式捕捉圆心和端点，也可以通过键盘输入圆心或端点的坐标值，准确定位点的位置。

3.2 平键设计

3.2.1 设计思路

本节将绘制机械中常用的平键，如图 3-17 所示。键是一种机械连接零件，形状简单，只需要主视图与俯视图即可表达清楚。结合平键的形状，在绘制过程可以使用"矩形"命令绘制，同时使用"栅格点"屏幕捕捉方式进行屏幕点捕捉，准确方便地定位键的位置。

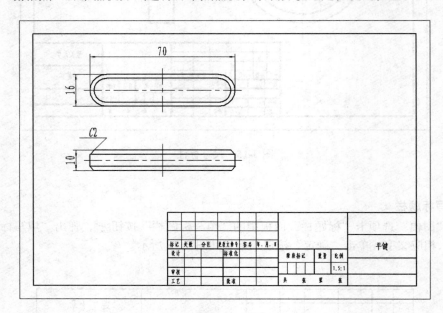

图 3-17 平键

3.2.2 设计步骤

1. 配置绘图环境

（1）建立新文件。执行"文件"｜"新建"命令，弹出"新建"对话框，选择"BLANK"样板创建空白文档，进入用户界面。

（2）图幅设置。单击"图幅"选项卡"图幅"面板中的"图幅设置"按钮，弹出"图幅设置"对话框，根据平键的实际尺寸在"图幅设置"对话框中将"图纸幅面"设置为A4，"图纸比例"设置为 1.5:1，"图纸方向"设置为"横放"，选择调入相应的图框与标题栏，单击"确定"按钮。

（3）开启"栅格"屏幕点捕捉方式。执行"工具"｜"捕捉设置"命令，弹出"智能点工具设置"对话框，将屏幕点方式设置为"栅格"，栅格间距设置为 5，单击"确定"按钮。

2. 绘制平键

（1）绘制平键主视图。

1）绘制轮廓草图。单击"常用"选项卡"绘图"面板中的"矩形"按钮。在弹出的立即菜单1中选择"长度和宽度",在立即菜单2中选择"中心定位",在立即菜单3中输入0,在立即菜单4中输入70,在立即菜单5中输入16,在立即菜单6中选择"有中心线",在立即菜单7中输入3,移动光标,将矩形定位到合适的位置单击。改变矩形的长度与宽度分别为66、12,绘制第二个矩形,使两矩形同心。结果如图3-18所示。

2)显示放大。为了便于绘制图形,需要放大图形。单击"视图"选项卡"显示"面板中的"显示窗口"按钮🔍。单击选择一个角点,移动光标出现一个选取框,将被放大对象选入框内,再单击选择另一个角点即可以对图形进行部分放大。单击"视图"选项卡"显示"面板中的"显示全部"按钮🔍,将会显示全部图形。

3)倒圆。将屏幕点捕捉方式由"栅格"改为"导航"。单击"常用"选项卡"修改"面板中的"过渡"按钮▢。在立即菜单1中选择"圆角",在立即菜单2中选择"裁剪",在立即菜单3中输入8。选取大矩形,右击对轮廓线进行倒圆。使用"过渡"命令,将"圆角半径"设置为6,对小矩形进行倒圆。使用"显示全部"命令显示全部图形,结果如图3-19所示。

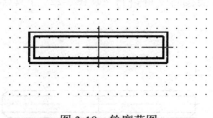

图 3-18　轮廓草图

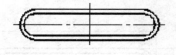

图 3-19　倒圆

（2）绘制平键俯视图。

1)绘制轮廓草图。首先,将屏幕点捕捉方式改为"栅格"方式。使用"矩形"命令绘制长70mm、宽10mm矩形(即俯视图轮廓草图),利用栅格点进行准确定位,如图3-20所示。

2)外倒角。使用"过渡"命令,在立即菜单1中选择"外倒角","长度"为2,"倒角"为45°。依次单击需外倒角的边线,即可以进行外倒角绘制,如图3-21所示。

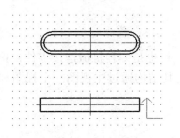

图 3-20　俯视图轮廓草图

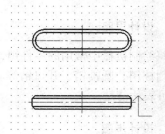

图 3-21　俯视图外倒角

（3）标注平键。

1)标注参数设置。单击"常用"选项卡"特性"面板中的"尺寸样式"按钮,弹出"标注风格设置"对话框,将标注参数中"文字字高"设置为7,其他参数不变。

2)标注尺寸。单击"常用"选项卡"标注"面板中的"尺寸标注"按钮,单击选取平键的上下两条边线,在立即菜单3中选择"长度",移动光标,摆放好尺寸线位置单击,标注出

平键宽度尺寸为 16。延续"尺寸标注"命令，标注平键长度尺寸为 70。为了准确捕捉平键与中心线的交点，可以使用"工具点菜单"。"工具点菜单"的使用方法是：当系统提示"拾取标注元素"时，按下空格键弹出"工具点菜单"，如图 3-22 所示，选择"交点"项，然后单击一个交点。当系统提示"拾取另一个标注元素"时，同样使用"工具点菜单"，单击拾取另一个交点，标注出平键长度尺寸为 70，如图 3-23 所示。

再次使用"尺寸标注"命令，标注平键的厚度尺寸为 10。

单击"标注"选项卡"符号"面板中的"倒角标注"按钮Y，在立即菜单 2 中选择"轴线方向为 X 轴方向"，单击拾取倒角线，再次单击标注出倒角尺寸，结果如图 3-24 所示。

（4）填写标题栏。单击"图幅"选项卡"标题栏"面板中的"填写标题栏"按钮，填写标题栏。

（5）保存文件。使用"保存"或者"另存文件"命令将文件进行保存，输入文件名为"平键"。

| 屏幕点(S) |
| 端点(E) |
| 中点(M) |
| 两点之间的中点(B) |
| 圆心(C) |
| 节点(D) |
| 象限点(Q) |
| 交点(I) |
| 插入点(R) |
| 垂足点(P) |
| 切点(T) |
| 最近点(N) |

图 3-22 工具点菜单

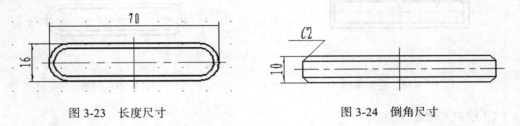

图 3-23 长度尺寸   图 3-24 倒角尺寸

倒角标注的字母为正体，这里需要用分解命令将倒角尺寸分解，然后将字母改成斜体。

3.3 销的设计

3.3.1 设计思路

本节将绘制机械中常用的零件销，如图 3-25 所示。销也是一种机械连接零件，根据形式的不同分为圆柱销、圆锥销、开口销等。销形似圆锥体，其结构通过主视图一个视图和适当的尺寸标注即可表达清楚。

3.3.2 设计步骤

1. 配置绘图环境

（1）建立新文件。启动 CAXA 电子图板 2023，选择"BLANK"样板创建空白文档，进入用户界面。

（2）图幅设置。单击"图幅"选项卡"图幅"面板中的"图幅设置"按钮，根据销的实际尺寸在"图幅设置"对话框中将"图纸幅面"设置为 A4，"图纸比例"设置为 4∶1，"图纸方向"设置为"横放"，选择调入相应的图框与标题栏，单击"确定"按钮。

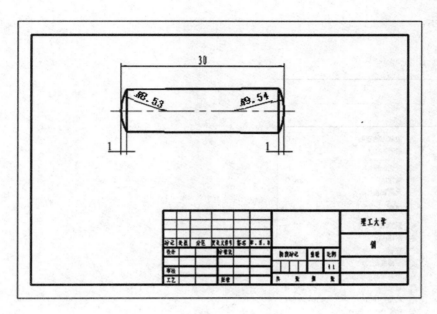

图 3-25　销

（3）开启"导航"屏幕点捕捉方式。执行"工具"｜"捕捉设置"命令，将屏幕点方式设置为"导航"，单击"确定"按钮。

2. 绘制销

（1）绘制中心线。

1）切换当前图层。在"颜色图层"工具栏中将"中心线层"设置为当前图层。

2）绘制中心线。使用"直线"命令，在绘图区域的适当位置绘制一条直线，作为销的中心线，结果如图 3-26 所示。

（2）绘制销。

1）切换当前图层。在"颜色图层"工具栏中将"0 层"设置为当前图层

2）绘制平行线。单击"常用"选项卡"绘图"面板中的"平行线"按钮⫽，在立即菜单 1 中选择"偏移方式"，在立即菜单 2 中选择"双向"，如图 3-27 所示。系统提示"拾取直线"，单击中心线，并且输入距离值 4，按 Enter 键，结果如图 3-28 所示。

1. 偏移方式 ▾ 2. 双向 ▾

图 3-26　绘制中心线　　　　　　　　　　图 3-27　绘制平行线立即菜单

图 3-28　绘制平行线

3）绘制销轮廓线。使用"直线"命令，在立即菜单 1 中选择"两点线"，绘制一条垂直直线，然后单击拾取此直线，右击弹出编辑菜单，选择"平移复制"选项，如图 3-29 所示。在立即菜单 1 中选择"给定偏移"，分别输入 1、29、30 三个数值，右击取消当前命令，绘制结果如

图 3-30 所示。

图 3-29 选择"平移复制"选项

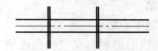

图 3-30 销轮廓线

4）绘制角度线。使用"直线"命令，在立即菜单 1 中选择"角度线"，在立即菜单 2 中选择"X 轴夹角"，使用"显示窗口"命令将绘图区域放大，按空格键弹出工具点菜单，如图 3-31 所示。选择"交点"选项，将光标移动到交点附近单击，如图 3-32 所示。

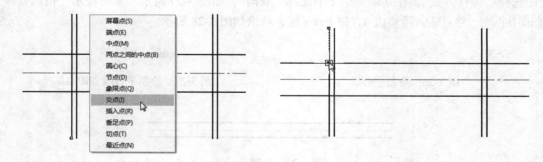

图 3-31 工具点菜单

图 3-32 拾取交点

在立即菜单角度输入项中输入 0.5，移动光标拉伸直线，得到合适的长度，如图 3-33 所示。右击取消此命令，结果如图 3-34 所示。

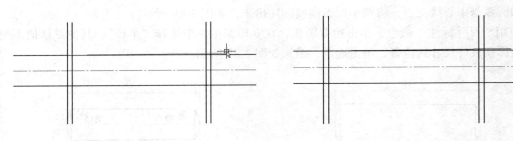

图 3-33 移动光标拉伸直线   图 3-34 绘制角度线

5）镜像直线。单击"常用"选项卡"修改"面板中的"镜像"按钮，在立即菜单1中选择"选择轴线"，在立即菜单2中选择"拷贝"，系统提示"拾取添加"，单击拾取角度线，然后右击，系统提示"拾取轴线"，再单击拾取中心线，这时角度线被镜像复制，结果如图3-35所示。

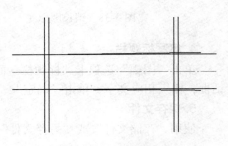

6）绘制圆弧。使用"圆"命令，在立即菜单1中选择"三点"，根据系统提示，分别单击拾取3个交点，如图3-36所示，绘制销左端圆弧。采用同样的方法，绘制销右端圆弧，结果如图3-36所示。

图 3-35 镜像角度线

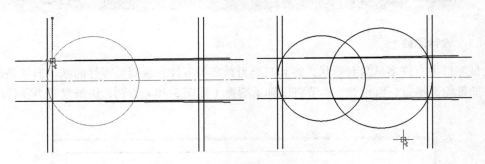

图 3-36 三点绘制圆弧

7）裁剪与删除。单击"常用"选项卡"修改"面板中的"裁剪"按钮，系统提示"拾取要裁剪的曲线"，单击需要裁剪的曲线，将多余线条裁剪（不能被裁剪的线条可以使用"删除"命令进行删除）。单击"常用"选项卡"修改"面板中的"删除"按钮，单击拾取相应线条，右击确认，结果如图3-37所示。

3. 标注销

（1）标注参数设置。单击"常用"选项卡"特性"面板中的"尺寸样式"按钮，弹出"标注风格设置"对话框，将标注参数中"文字字高"设置改为7，其他参数不变。

图 3-37 销草图

（2）标注尺寸。使用"显示窗口"命令，放大销主视图，易于标注尺寸；单击"常用"选项卡"标注"面板中的"尺寸标注"按钮，按下空格键，弹出工具点菜单，选择"交点"；采用同样的方法选择另一个交点，进行销长度标注；延续"尺寸标注"命令，单击拾取圆弧端直线和圆弧与中心线交点，将两个圆弧高度标注出来，如图 3-38 所示。

使用"尺寸标注"命令，单击拾取圆弧，在立即菜单 1 中选择"半径"，其他默认值不变，移动光标摆放好尺寸线位置，单击确定，结果如图 3-39 所示。

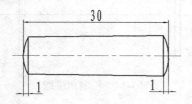

图 3-38　销长度标注

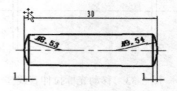

图 3-39　销尺寸标注

4. 填写标题栏

单击"图幅"选项卡"标题栏"面板中的"填写标题栏"按钮，弹出"填写标题栏"对话框，输入相应文字，单击"确定"。

5. 保存文件

使用"存储文件"或"另存文件"命令将文件进行保存，输入文件名为"销"。

3.4　轴承端盖设计

3.4.1　设计思路

机械零件中有许多呈盘套形状，将其归类为盘套类零件。盘套类零件的基本形状是回转体结构，如带轮、端盖、齿轮等。本节将以轴承端盖（见图 3-40）为例，讲解盘套类零件的设计过程。

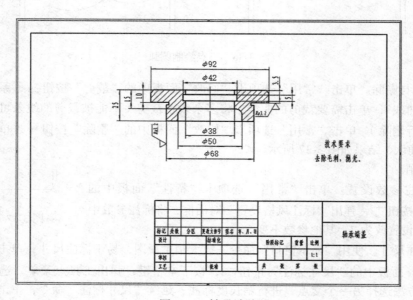

图 3-40　轴承端盖

轴承端盖结构简单，一般来说，盘套类零件用全剖的主视图来表达即可。

3.4.2　设计步骤

1. 配置绘图环境

（1）建立新文件。启动 CAXA 电子图板 2023，选择"BLANK"样板创建空白文档，进入用户界面。

（2）图幅设置。单击"图幅"选项卡"图幅"面板中的"图幅设置"按钮，根据轴承端盖的实际尺寸在"图幅设置"对话框中将"图样幅面"设置为 A4，"图样比例"设置为 1:1，"图样方向"设置为"横放"，选择调入相应的图框与标题栏，单击"确定"按钮。

2. 绘制轴承端盖

绘制轴承端盖轮廓。

1）切换当前图层。将"0 层"设置为当前图层。

2）绘制轴承端盖大端。单击"常用"选项卡"绘图"面板中的"孔 / 轴"按钮。系统提示：选择插入点，在操作界面下方出现立即菜单，如图 3-41 所示。在立即菜单 1 中选择"轴"，在立即菜单 2 中选择"直接给出角度"，在立即菜单 3 中输入 90。移动光标到绘图区域的合适位置单击，立即菜单切换为如图 3-42 所示。在立即菜单 2 中输入 92，在立即菜单 3 中输入 92，系统提示轴上一点或轴的长度，输入数值 10，按 Enter 键，右击取消此命令，绘图结果如图 3-43 所示。

| 1. 轴 ▾ | 2. 直接给出角度 | 3. 中心线角度 90 |

图 3-41　绘制孔 / 轴立即菜单

| 1. 轴 ▾ | 2. 起始直径 92 | 3. 终止直径 92 | 4. 有中心线 ▾ | 5. 中心线延伸长度 3 |

图 3-42　绘制孔 / 立即菜单

3）绘制轴承端盖小端。单击拾取图 3-43 中下方直线，然后右击，在弹出的快捷菜单中选择"平移复制"命令，将直线向下平移，距离为 15，结果如图 3-44 所示。

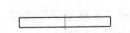

图 3-43　绘制轴承端盖大端

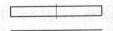

图 3-44　平移轴承端盖轮廓

单击"常用"选项卡"绘图"面板中的"平行线"按钮，绘制图 3-44 所示中心线的平行线。首先拾取中心线，如图 3-45 所示，在立即菜单 2 中选择"双向"，输入距离 34，按 Enter 键，取消当前命令，结果如图 3-46 所示。

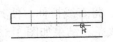

图 3-45　拾取中心线

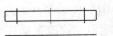

图 3-46　绘制平行线

单击"常用"选项卡"修改"面板中的"拉伸"按钮 ，将两条竖直线拉伸，使其与下面的直线相交。然后单击"常用"选项卡"修改"面板中的"裁剪"按钮 ，将多余线条裁剪，结果如图 3-47 所示。

4）绘制轴承端盖内孔。单击"常用"选项卡"绘图"面板中的"孔/轴"按钮 ，在立即菜单 1 中选择"孔"，在立即菜单 2 中选择"直接给出角度"，在立即菜单 3 中输入 90。设置"起始直径"和"终止直径"均为 38，"孔长度"为 15，绘制内孔。这时，不取消此命令，将"起始直径"和"终止直径"均改为 50，"孔长度"改为 10，绘制孔，结果如图 3-48 所示。单击"常用"选项卡"修改"面板中的"拉伸"按钮 ，将直线拉伸，如图 3-49 所示。

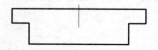

图 3-47　裁剪结果

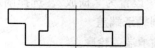

图 3-48　绘制内孔轮廓

5）绘制内环槽。单击"常用"选项卡"绘图"面板中的"平行线"按钮 ，在立即菜单 2 中选择"单向"。拾取端盖上直线，绘制距离分别为 3.5、8.5 的两条水平直线，如图 3-50 所示。

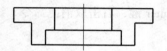

图 3-49　拉伸直线

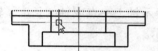

图 3-50　绘制水平平行线

同理，绘制中心线的两条竖直平行线，距离为 21，如图 3-51 所示。单击"常用"选项卡"修改"面板中的"裁剪"按钮 ，将多余线条裁剪，结果如图 3-52 所示。

图 3-51　绘制竖直平行线

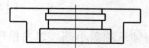

图 3-52　绘制内环槽

6）绘制退刀槽。单击"常用"选项卡"修改"面板中的"平移复制"按钮 ，如图 3-53 所示复制竖直直线，距离为 2。复制水平直线，距离为 2，如图 3-54 所示。

图 3-53　平移竖直直线

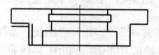

图 3-54　平移水平直线

单击"常用"选项卡"修改"面板中的"拉伸"按钮 ，将直线拉伸，使其相交，然后单击"常用"选项卡"修改"面板中的"裁剪"按钮 ，裁剪线条，结果如图 3-55 所示。重复上述操作，绘制右边的退刀槽截面，结果如图 3-56 所示。

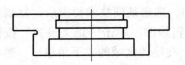
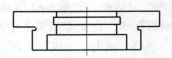

图 3-55　绘制左边退刀槽截面　　　　　图 3-56　绘制右边退刀槽截面

7）绘制圆角和倒角。单击"常用"选项卡"修改"面板中的"过渡"按钮▢，绘制半径为 5mm 的圆角，如图 3-57 所示。绘制 2×45° 的倒角，如图 3-58 所示。

8）绘制剖面线。单击"常用"选项卡"绘图"面板中的"剖面线"按钮▨，绘制轴承端盖的剖面线，如图 3-59 所示。

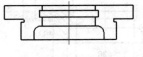
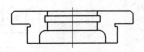
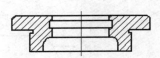

图 3-57　绘制圆角　　　　　　图 3-58　绘制倒角　　　　　　图 3-59　绘制剖面线

3. 标注轴承端盖

（1）标注尺寸。单击"常用"选项卡"特性"面板中的"尺寸"按钮，将标注文本字高设置为 5。单击"常用"选项卡"标注"面板中的"尺寸标注"按钮，标注轴承端盖的尺寸，结果如图 3-60 所示。

（2）标注表面粗糙度。单击"常用"选项卡"标注"面板中的"粗糙度"按钮√，弹出标注表面粗糙度的立即菜单，如图 3-61 所示。

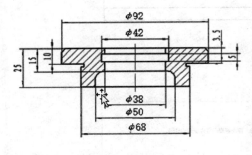

| 1. 简单标注 ▾ | 2. 默认方式 ▾ | 3. 去除材料 ▾ | 4.数值 3.2 | 5. ▾ |

图 3-60　标注尺寸　　　　　　　　图 3-61　标注表面粗糙度的立即菜单

在立即菜单 1 中可以选择简单标注或者标准标注。如果选择标准标注，则弹出"表面粗糙度"对话框，如图 3-62 所示，在此对话框中可以选择表面粗糙度符号、纹理方向、数值及输入说明等操作。

在本例中，立即菜单 1 选择"标准标注"，立即菜单 2 选择"默认方式"。在系统提示下，移动鼠标，确定标注定位点后单击，移动鼠标，确定表面粗糙度符号位置后再次单击，结果如图 3-63 所示。

表面粗糙度符号标注的字母为正体，在这里需要用分解命令将表面粗糙度符号分解，然后将字母改成斜体。

（3）标注技术要求。单击"标注"选项卡"文字"面板中的"技术要求"按钮，弹出

"技术要求库"对话框，如图 3-64 所示。在此对话框中，选定某项技术要求后，复制粘贴到上方的文本编辑框中，在文本编辑框中可以对其进行编辑修改。单击"正文设置"按钮，设置"文本字高"为 5，单击"生成"按钮。根据系统提示，在绘图区域的右下角单击，然后拖动光标，选择另一角点单击，技术要求即可被标注于绘图区域，结果如图 3-40 所示。

图 3-62　"表面粗糙度"对话框

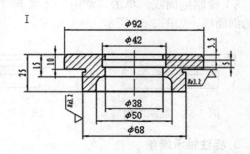

图 3-63　标注表面粗糙度

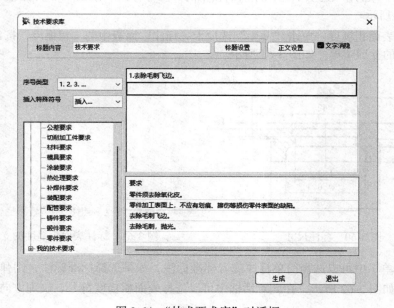

图 3-64　"技术要求库"对话框

4. 填写标题栏

单击"图幅"选项卡"标题栏"面板中的"填写标题栏"按钮 ，填写标题栏，结果如图 3-40 所示。

5. 保存文件

将轴承端盖图样进行保存，输入文件名为"轴承端盖"。

3.5 减速箱设计

3.5.1 设计思路

减速箱是一种典型的箱体类零件，其结构比较复杂，标注的尺寸多，如图 3-65 所示。绘制减速箱将用到大量的绘图命令，是使用 CAXA 电子图板绘图功能的综合实例。

通过对减速箱的结构分析，可以首先绘制减速箱的俯视图，通过俯视图可以清楚地了解减速箱轴孔的位置关系。然后利用屏幕点的"导航"捕捉功能，绘制减速箱的主视图和左视图，绘制过程中要注意不同视图的投影关系。为了更好地表达减速箱的结构，还可以在减速箱的局部进行剖视图的绘制。

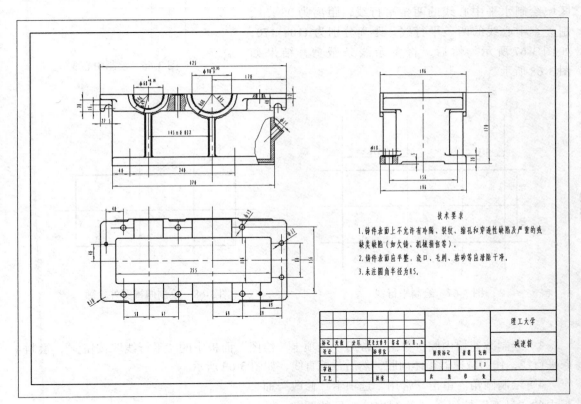

图 3-65 减速箱

3.5.2 设计步骤

1. 配置绘图环境

（1）建立新文件。启动 CAXA 电子图板 2023，选择"BLANK"样板创建空白文档，进入用户界面。

（2）图幅设置。单击"图幅"选项卡"图幅"面板中的"图幅设置"按钮 ，根据减速器

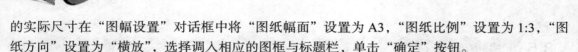

的实际尺寸在"图幅设置"对话框中将"图纸幅面"设置为 A3，"图纸比例"设置为 1:3，"图纸方向"设置为"横放"，选择调入相应的图框与标题栏，单击"确定"按钮。

2. 绘制减速器

（1）绘制中心线。首先，将当前图层切换为"中心线层"。然后，使用"直线"命令和"平行线"命令，在绘图区域绘制两条间距为 145 的两条竖直中心线（轴承孔中心线）、一条减速器左视图竖直中心线和一条减速器俯视图水平中心线，如图 3-66 所示。

（2）绘制减速器俯视图。

1）切换图层，将当前图层切换为"0 层"。

2）绘制减速器俯视图外轮廓。单击"常用"选项卡"绘图"面板中的"平行线"按钮，在俯视图区域绘制水平中心线的两条平行线，距离为 98；绘制竖直中心线的两条平行线，距离分别为 110、170，如图 3-67 所示。然后，将多余线条裁剪，结果如图 3-68 所示。

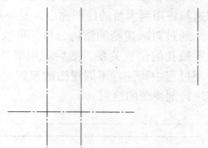

图 3-66　绘制中心线

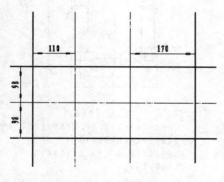

图 3-67　绘制平行线

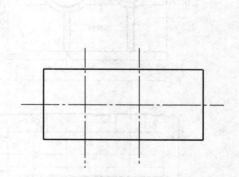

图 3-68　绘制俯视图外轮廓

3）绘制减速器内腔。单击"常用"选项卡"绘图"面板中的"平行线"按钮，绘制 4 条平行线，作为减速器箱体内腔，然后裁剪直线，如图 3-69 所示。

4）绘制圆角。单击"常用"选项卡"修改"面板中的"过渡"按钮，绘制内腔矩形的圆角，圆角半径为 5mm。

5）绘制平行线。单击"常用"选项卡"绘图"面板中的"平行线"按钮，绘制外轮廓边线的两条平行线，距离为 5，如图 3-70 所示。

6）绘制轴孔。单击"常用"选项卡"绘图"面板中的"孔 / 轴"按钮，绘制两对轴承孔，直径分别为 68、90，结果如图 3-71 所示。

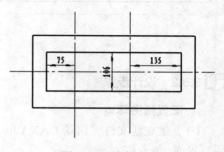

图 3-69　绘制内腔

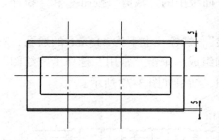

图 3-70　绘制边线平行线

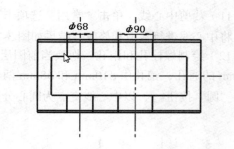

图 3-71　绘制轴孔

7）绘制减速器侧面凸台。单击"常用"选项卡"绘图"面板中的"平行线"按钮 ∕，绘制轴承孔的平行线，距离分别为 12、15。然后单击"常用"选项卡"修改"面板中的"镜像"按钮 ▲，将其以水平线为轴进行镜像，如图 3-72 所示。

8）绘制圆角。单击"常用"选项卡"修改"面板中的"过渡"按钮 ，进行圆角过渡。设置四周圆角半径为 10mm，其余圆角半径为 5mm。然后单击"常用"选项卡"修改"面板中的"裁剪"按钮 ，删除多余的线条，结果如图 3-73 所示。

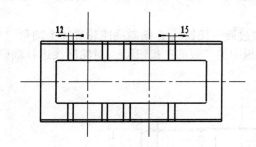

图 3-72　绘制轴承孔平行线

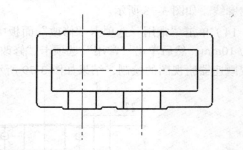

图 3-73　绘制圆角

9）单击"常用"选项卡"修改"面板中的"过渡"按钮 ，在立即菜单 1 中选择"内倒角"，"长度"为 2，"角度"为 45，绘制轴孔端面内倒角，结果如图 3-74 所示。

10）绘制螺栓孔及定位销孔中心线。首先切换当前图层为"中心线层"，然后单击"常用"选项卡"绘图"面板中的"平行线"按钮 ∕，绘制螺栓孔和定位销孔中心线，如图 3-75 所示。

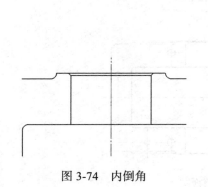

图 3-74　内倒角

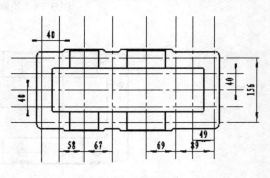

图 3-75　绘制螺栓孔和定位销孔中心线

11）裁剪中心线。单击"常用"选项卡"修改"面板中的"裁剪"按钮 ，和"拉伸"按钮 ，将中心线进行裁剪和修改，结果如图 3-76 所示。

12）绘制螺栓孔和销孔。切换当前图层为"0 层"。螺栓孔上下为 $\phi13mm$ 的通孔，右侧为 $\phi11mm$ 的通孔；销孔由 $\phi10mm$ 和 $\phi8mm$ 两个投影圆组成。单击"常用"选项卡"绘图"面板中的"圆"按钮 ，以中心线交点为圆心分别绘制圆，结果如图 3-77 所示。

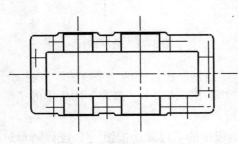

图 3-76　裁剪修改中心线

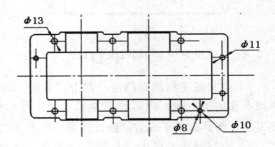

图 3-77　绘制螺栓孔和销孔

13）绘制底座轮廓线。单击"常用"选项卡"绘图"面板中的"平行线"按钮 ，绘制底座轮廓线，如图 3-78 所示。

14）单击"常用"选项卡"修改"面板中的"过渡"按钮 ，绘制底座轮廓 4 个圆角，半径为 10mm。然后单击"常用"选项卡"修改"面板中的"裁剪"按钮 ，对轮廓线进行裁剪，完成减速器俯视图的绘制，结果如图 3-79 所示。

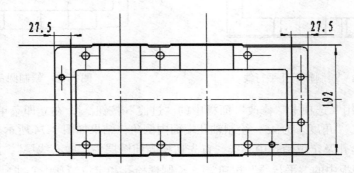

图 3-78　绘制底座轮廓线

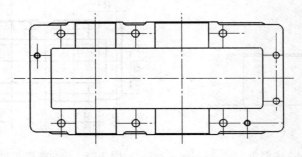

图 3-79　减速器俯视图

（3）绘制减速器主视图。

1）切换当前图层。将"0层"设置为当前图层。

2）绘制减速器主视图轮廓。单击"常用"选项卡"绘图"面板中的"直线"按钮 ✏ 和"修改"面板中的"平移复制"按钮 ♣，绘制两条间距为170mm的水平直线，作为减速器的上、下底面，如图 3-80 所示。使用"屏幕设置"命令，设置屏幕点方式为"导航"，结合俯视图，绘制左右侧面边线，如图 3-81 所示。

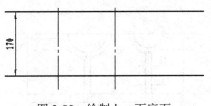

图 3-80　绘制上、下底面

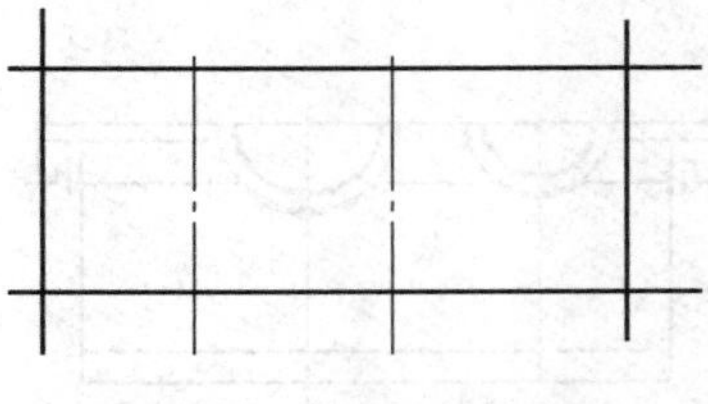

图 3-81　绘制侧面边线

3）绘制平行线。单击"常用"选项卡"绘图"面板中的"平行线"按钮 ✏，绘制 3 条水平平行线和两条竖直平行线，其距离分别如图 3-82 所示。

4）裁剪。单击"常用"选项卡"修改"面板中的"裁剪"按钮 ✂，裁剪图 3-80 中的线条，得到主视图轮廓，如图 3-83 所示。

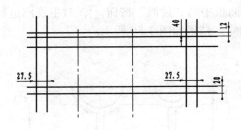

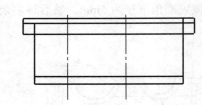

图 3-82　绘制平行线

图 3-83　主视图轮廓

5）绘制轴孔和端面安装面。单击"常用"选项卡"绘图"面板中的"圆"按钮 ⊙，以两条竖直中心线与顶面线交点为圆心，分别绘制同心圆，左侧一组直径分别为68mm、72mm、92mm 和 98mm；右侧一组，直径分别为 90mm、94mm、114mm 和 120mm。进行修剪后的结果如图 3-84 所示。

6）绘制左、右耳片圆弧中心线。切换当前图层为"中心线层"，单击"常用"选项卡"绘图"面板中的"平行线"按钮 ✏，绘制左、右两侧中心线，其位置尺寸如图 3-85 所示。

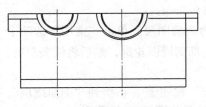

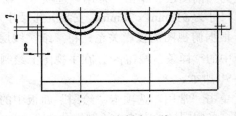

图 3-84　绘制轴孔和端面安装面

图 3-85　绘制中心线

7）绘制圆弧。切换当前图层为"0层"，单击"常用"选项卡"绘图"面板中的"圆"按钮⊙，绘制耳片圆弧，直径为18mm，单击"常用"选项卡"绘图"面板中的"直线"按钮／，在圆弧的象限点处绘制竖直线，裁剪后的结果如图 3-86 所示。

8）绘制肋板。单击"常用"选项卡"绘图"面板中的"平行线"按钮／，绘制竖直中心线的平行线，设置肋板宽度为12mm，与箱体相交宽度为16mm。对图形进行裁剪，结果如图 3-87 所示。

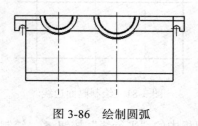

图 3-86　绘制圆弧

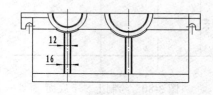

图 3-87　绘制肋板

9）绘制铸造圆角位置线。单击"常用"选项卡"绘图"面板中的"平行线"按钮／，绘制如图 3-88 所示的位置直线，用于下一步绘制铸造圆角。

10）绘制圆角。单击"常用"选项卡"修改"面板中的"过渡"按钮囗，对主视图进行圆角操作，设置圆角半径为5mm，然后将多余线条删除，结果如图 3-89 所示。

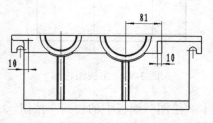

图 3-88　绘制铸造圆角位置线

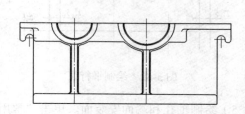

图 3-89　绘制圆角

11）绘制螺栓孔和销孔局部剖视图。将"中心线层"设置为当前图层，单击"常用"选项卡"绘图"面板中的"直线"按钮／，根据俯视图的投影关系做螺栓孔的中心线。将"0层"设置为当前图层，单击"常用"选项卡"绘图"面板中的"孔/轴"按钮，绘制螺栓孔，螺栓孔尺寸为$\phi 13mm \times 38mm$，安装沉孔尺寸为$\phi 24mm \times 2mm$。

根据俯视图的投影关系，将"细实线层"设置为当前图层。单击"常用"选项卡"绘图"面板中的"样条"按钮，在主视图上绘制螺栓孔局部剖视图轮廓，然后将线条裁剪，结果如图 3-90 所示。

单击"常用"选项卡"绘图"面板中的"剖面线"按钮，切换到"剖面线层"，绘制剖面线。采用同样的方法，绘制销孔$\phi 10mm \times 12mm$，结果如图 3-91 所示。

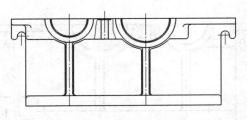

图 3-90　绘制螺栓孔局部剖视图轮廓

图 3-91　绘制销孔局部剖视轮廓

12）绘制油标尺安装孔。切换到"0 层"，单击"常用"选项卡"绘图"面板中的"平行线"按钮，绘制箱体底边线的平行线，距离为 100mm。单击"常用"选项卡"绘图"面板中的"直线"按钮，过平行线与箱体侧面交点绘制两条平行角度线，距离为 30mm，同时绘制其中心线，如图 3-92 所示。

单击"插入"选项卡"图库"面板中的"插入图符"按钮，在如图 3-93 所示的"插入图符"对话框中选择"常用图形"\"孔"，在图符列表框中选择"六角螺钉沉孔"，单击"下一步"按钮。在如图 3-94 所示的"图符预处理"对话框中选择 M12 尺寸规格螺钉孔，单击完成。从零件库中提取图符，在系统提示下，移动光标，选择如图 3-95 所示的交点作为图符定位点，输入旋转角度为 −45°。右击图符，在弹出的快捷菜单中选择"分解"命令，将图符块打散。

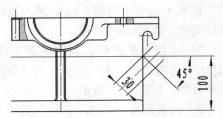

图 3-92　绘制油标尺安装孔轮廓

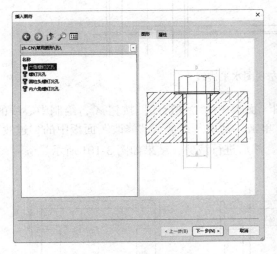

图 3-93　"插入图符"对话框

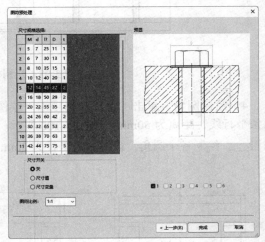

图 3-94　"图符预处理"对话框

绘制减速器的内壁边线和样条线，然后进行裁剪，绘制剖面线，得到油标尺安装孔的剖视图，如图 3-96 所示。

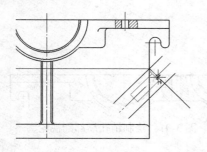

图 3-95 选择图符定位点

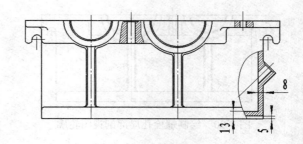

图 3-96 油标尺安装孔剖视图

（4）绘制减速器左视图。

1）绘制箱体左视图侧面边线。单击"常用"选项卡"绘图"面板中的"平行线"按钮，绘制一系列直线，构成减速器的侧面，如图 3-97 所示。

2）绘制水平边线。利用屏幕点捕捉"导航"方式，单击"常用"选项卡"绘图"面板中的"直线"按钮，绘制一系列水平直线，如图 3-98 所示。

3）裁剪图形。单击"常用"选项卡"修改"面板中的"裁剪"按钮，将左视图裁剪，得到如图 3-99 所示图形。

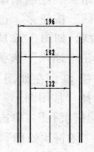

图 3-97 绘制左视图侧面边线

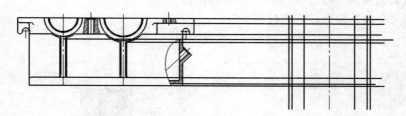

图 3-98 绘制左视图水平边线

4）绘制圆角。单击"常用"选项卡"绘图"面板中的"平行线"按钮，绘制中心线的两条平行线，距离为 50mm，如图 3-100 所示。单击"常用"选项卡"修改"面板中的"过渡"按钮，绘制各个圆角，设置圆角半径为 5mm，然后进行裁剪，结果如图 3-101 所示。

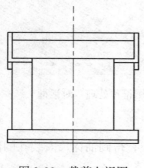

图 3-99 裁剪左视图

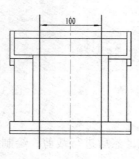

图 3-100 绘制平行线

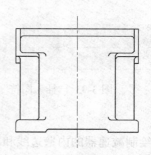

图 3-101 绘制圆角

5）绘制底座螺栓孔。首先将中心线向右侧进行"平移复制"，距离为 78mm，然后进行镜像。然后选择"插入图符"命令，从图库中提取螺栓孔，尺寸为 M16，长度为 20mm，将图幅定位于图 3-102 所示的位置。最后绘制样条线和剖面线。减速器箱体绘制完毕。

3. 标注减速器

（1）标注主视图。

1）进行无公差尺寸标注。首先，单击"常用"选项卡"特性"面板中的"尺寸样式"按钮，将标注"文字字高"设置为 3。然后，单击"常用"选项卡"标注"面板中的"尺寸标注"按钮，进行无公差尺寸的标注，如图 3-103 所示。

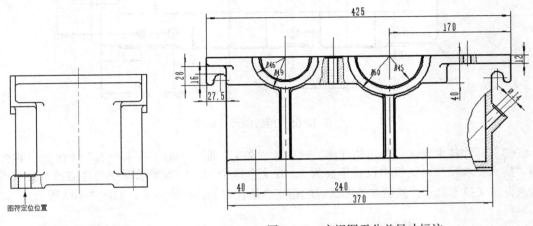

图 3-102　图幅定位

图 3-103　主视图无公差尺寸标注

2）进行公差尺寸标注。单击"常用"选项卡"标注"面板中的"尺寸标注"按钮，选择需要标注尺寸的对象，然后右击，在弹出的对话框中输入合适的公差值，进行公差尺寸标注，如图 3-104 所示。

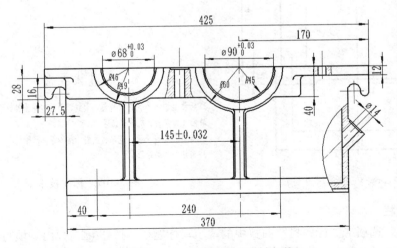

图 3-104　主视图公差尺寸标注

（2）标注俯视图和左视图。重复上述标注尺寸的方法，在俯视图和左视图上进行尺寸标注，结果如图 3-105 和图 3-106 所示。

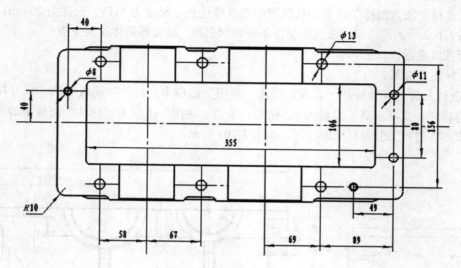

图 3-105　俯视图尺寸标注

（3）标注技术要求。单击"标注"选项卡"文字"面板中的"技术要求"按钮🅰，在弹出的"技术要求库"对话框中设置字高为 5，在文本框中调入技术要求库中的合适技术要求或者输入自定义技术要求，然后在绘图区域的指定合适位置标注技术要求，如图 3-107 所示。

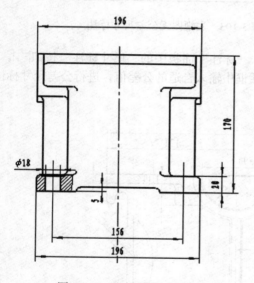

图 3-106　左视图尺寸标注

技 术 要 求

1. 铸件表面上不允许有冷隔、裂纹、缩孔和穿透性缺陷及严重的残缺类缺陷（如欠铸、机械损伤等）。
2. 铸件表面应平整，浇口、毛刺、粘砂等应清除干净。
3. 未注圆角半径 R5。

图 3-107　标注技术要求

4. 填写标题栏

单击"图幅"选项卡"标题栏"面板中的"填写标题栏"按钮🗐，弹出"填写标题栏"对话框，输入相应文字，单击"确定"按钮。

5. 保存文件

将减速箱图样进行保存，输入文件名为"减速箱"。

3.6 **传动轴设计**

3.6.1 设计思路

传动轴是机械零件中用于传动的轴类零件，绘制比较简单。如图 3-108 所示的传动轴只需要主视图与两个键槽位置的剖视图即可表达清楚。在绘制过程中重点学习"尺寸公差"与"形位公差"的标注方法。

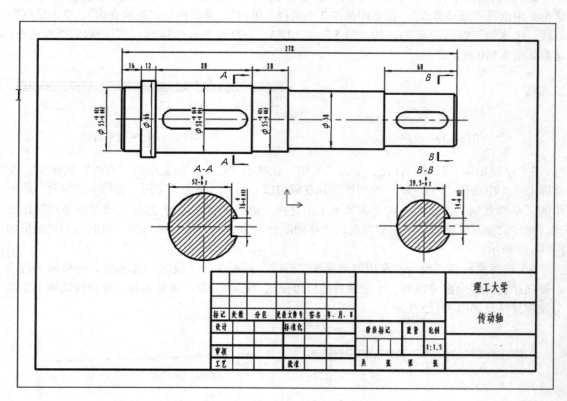

图 3-108 传动轴

3.6.2 设计步骤

1. 配置绘图环境

（1）建立新文件。启动 CAXA 电子图板 2023，选择"BLANK"样板创建空白文档，进入用户界面。

（2）保存文件。选择保存路径，填写文件名称"传动轴"，单击"保存"按钮完成保存。

（3）图幅设置。单击"图幅"选项卡"图幅"面板中的"图幅设置"按钮 ，根据传动轴的实际尺寸在"图幅设置"对话框中将"图纸幅面"设置为 A4，"图纸比例"设置为 1:1.5，"图纸方向"设置为"横放"，选择调入相应的图框与标题栏，单击"确定"按钮。

2. 绘制传动轴

（1）绘制中心线。

1）切换当前图层。使用"层控制"命令将"中心线层"设置为当前图层。

2）绘制中心线。单击"常用"选项卡"绘图"面板中的"直线"按钮 ∕，在绘图区域的适当位置绘制一条直线，作为传动轴的中心线，结果如图 3-109 所示。

（2）绘制传动轴主视图。

1）切换当前图层。将"0 层"设置为当前图层。

2）绘制横向平行线。单击"常用"选项卡"绘图"面板中的"平行线"按钮 ∕，在立即菜单 1 中选择"偏移方式"，在立即菜单 2 中选择"单向"。系统提示"拾取直线"，单击拾取中心线，依次输入偏移距离 33、29、27.5、25、22.5，分别按 Enter 键确定，右击取消当前命令，结果如图 3-110 所示。

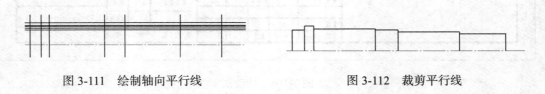

图 3-109　绘制中心线　　　　　　　　图 3-110　绘制横向平行线

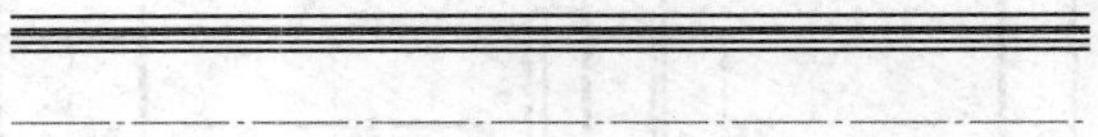

3）绘制轴向平行线。首先，单击"常用"选项卡"绘图"面板中的"直线"按钮 ∕，在立即菜单 1 中选择"两点线"，绘制传动轴左端边线。然后，单击"常用"选项卡"修改"面板中的"平移复制"按钮 ⚏，在立即菜单 1 中选择"给定偏移方式"，其他立即菜单采用默认方式。将传动轴左端边线依次向右复制，平移间距分别为 16、28、108、138、218、278，结果如图 3-111 所示。

4）裁剪平行线。单击"常用"选项卡"修改"面板中的"裁剪"按钮 ⅄，将横向平行线与轴向平行线多余部分裁剪，不能裁剪的可以使用"删除"命令将其删除，得到传动轴上半部分轮廓，结果如图 3-112 所示。

图 3-111　绘制轴向平行线　　　　　　图 3-112　裁剪平行线

5）绘制键槽轮廓线。单击"常用"选项卡"绘图"面板中的"平行线"按钮 ∕，绘制键槽的轮廓线，再单击"常用"选项卡"修改"面板中的"裁剪"按钮 ⅄，将多余线条裁剪，结果如图 3-113 所示。

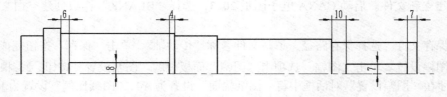

图 3-113　绘制键槽轮廓线

6）端面倒角。单击"常用"选项卡"修改"面板中的"过渡"按钮□，在立即菜单 1 中选择"倒角"，在立即菜单 3 中选择"裁剪"，倒角长度为 2，角度为 45，按照系统提示，单击拾取相应直线，将端面进行倒角后，右击取消当前命令，结果如图 3-114 所示。

7）台阶面倒圆。单击"常用"选项卡"修改"面板中的"过渡"按钮□，在立即菜单 1 中选择"圆角"，立即菜单 2 中选择"裁剪始边"，圆角半径为 1.5，按照系统提示，单击拾取相应直线，将台阶面倒圆，结果如图 3-115 所示。

图 3-114　端面倒角　　　　　　　　　　图 3-115　台阶面倒圆

> ⚠ **注意**
>
> 在进行倒圆时，要注意光标拾取位置，拾取位置不同，圆角方向亦不同，如果拾取不方便可以用绘图区域局部方法进行拾取。

8）键槽倒圆。同样方法，单击"常用"选项卡"修改"面板中的"过渡"按钮□，在立即菜单 1 中选择"圆角"，在立即菜单 2 中选择"裁剪"，圆角半径分别为 8 和 7，将键槽倒圆，结果如图 3-116 所示。

9）镜像现有图形。单击"常用"选项卡"修改"面板中的"镜像"按钮▲，在系统提示"拾取添加"状态下，在绘图区域左上角单击，移动光标拉出拾取框，拾取需镜像的对象，右击确定。系统提示"拾取轴线"，单击拾取中心线，完成图形的镜像，右击取消当前命令，结果如图 3-117 所示。

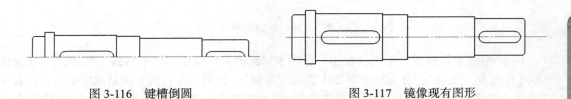

图 3-116　键槽倒圆　　　　　　　　　　图 3-117　镜像现有图形

10）补全端面线。单击"常用"选项卡"绘图"面板中的"直线"按钮／，利用"工具点菜单"捕捉交点，补全左右两端的端面线，结果如图 3-118 所示。至此，传动轴主视图绘制完毕。

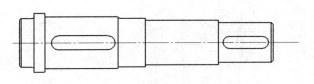

图 3-118　补全端面线

（3）绘制键槽剖视图。

1）切换当前图层。使用"层控制"命令将"中心线层"设置为当前图层。

2）绘制剖视图中心线。单击"常用"选项卡"绘图"面板中的"直线"按钮 ，在绘图区域分别绘制两个剖视图的中心线，如图 3-119 所示。

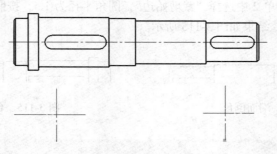

图 3-119　绘制剖视图中心线

3）绘制剖面圆。将当前图层设置为"0 层"，单击"常用"选项卡"绘图"面板中的"圆"按钮⊙，可以使用按下空格键弹出的"工具点菜单"捕捉交点作为圆心，绘制两个剖面圆，半径分别为 29 和 22.5，结果如图 3-120 所示。

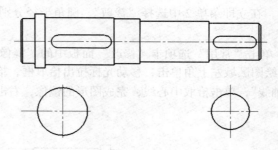

图 3-120　绘制剖面圆

4）绘制键槽轮廓线。单击"常用"选项卡"绘图"面板中的"平行线"按钮 ，在立即菜单 1 中选择"偏移"，在立即菜单 2 中选择"单向"，分别在左右两个圆拾取中心线，绘制中心线的平行线，设置左侧圆上、下偏移量为 8，水平偏移量为 23；右侧圆上、下偏移量为 7，水平偏移量为 17。结果如图 3-121 所示。

5）绘制键槽。单击"常用"选项卡"修改"面板中的"裁剪"按钮 ，通过裁剪 3 条偏移直线形成键槽，如图 3-122 所示。

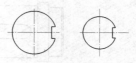

图 3-121　绘制键槽轮廓线　　　　　　图 3-122　裁剪形成键槽

6）绘制剖面线。单击"常用"选项卡"绘图"面板中的"剖面线"按钮▉，在立即菜单1 中选择"拾取点"，其他设置可以不变，单击依次拾取封闭环内任意点，然后右击确认，如图 3-123 所示。剖面线绘制完成，结果如图 3-124 所示。

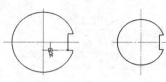

图 3-123　选择剖面线区域　　　　　　　　图 3-124　绘制剖面线

注意

在进行剖面线绘制时，绘制区域必须是封闭环。系统的默认剖面图案是机械制图标准规定的机械零件图案，如果绘制其他剖面图案，可以通过"格式"主菜单中的"剖面图案"命令进行设置。

---

3. 标注传动轴

（1）无公差尺寸标注。首先单击"常用"选项卡"特性"面板中的"尺寸样式"按钮▉，进行标注参数设置，将"文字字高"设置为 5。单击"常用"选项卡"标注"面板中的"尺寸标注"按钮▉，标注出传动轴主视图的无公差尺寸，在标注过程中注意在立即菜单中选择正确的设置，正确区分长度尺寸和直径尺寸，结果如图 3-125 所示。

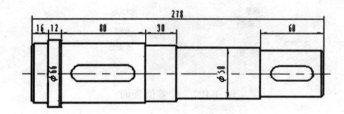

图 3-125　无公差尺寸标注

（2）带公差尺寸标注。

1）公差尺寸标注方法。单击"常用"选项卡"标注"面板中的"尺寸标注"按钮▉，拾取所要标注的对象（线、圆），移动光标确定尺寸线位置后，同时右击，即弹出"尺寸标注属性设置"对话框，如图 3-126 所示。在此对话框内，系统自动给出图素的基本尺寸及相应的上、下偏差，但是用户可以任意改变它们的值，并根据需要填写公差代号和尺寸前后缀。用户还能改变公差的输入输出形式（代号、数值），以满足不同的标注需求。

在此对话框中对所标注尺寸的公差及配合进行设置、查询及修改的方法如下：

① 自动查询上、下偏差：选择"输入形式"为"代号"，输入基本尺寸和公差代号后按Enter 键，系统自动查询上、下偏差，并将结果显示在上、下偏差编辑框中，如图 3-127 所示。

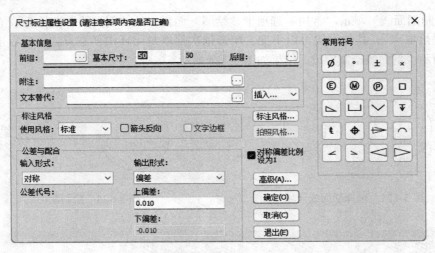

图 3-126 "尺寸标注属性设置"对话框

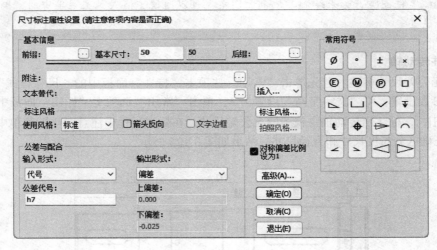

图 3-127 公差值查询

② 自己输入上、下偏差：选择"输入形式"为"偏差"，然后在上、下偏差编辑框中输入上、下偏差值。

③ 标注配合尺寸：选择"输入形式"为"配合"，在对话框中弹出配合尺寸标注设置选项，如图 3-128 所示。正确进行"输入形式""配合制""公差带""配合方式"等选项的设置，单击确定。

④ 对话框中的"输出形式"控制公差的标注形式。

a. 当选择"代号"时，只标注公差代号。

b. 当选择"偏差"时，只标注上、下偏差。

c. 当选择"（偏差）"时，将偏差用括号括起来。

d. 当选择"代号（偏差）"时，同时标注公差代号及上、下偏差。

e. 例外情况：当输入形式为"配合"时，标注形式不受输出形式的控制。

图 3-128　配合尺寸标注设置选项

2）传动轴公差尺寸标注。首先使用"常用"工具栏中的显示命令或"视图"中的显示命令，将显示窗口放大，以便于进行尺寸标注。

单击"常用"选项卡"标注"面板中的"尺寸标注"按钮┞┐，再单击拾取传动轴左端直径的两条边线，弹出尺寸标注立即菜单，在立即菜单3中选择"直径"，移动光标摆放好尺寸线位置，右击弹出"尺寸标注属性设置"对话框（见图3-126）。选择"输入形式"为"偏差"，"输出形式"为"偏差"，在"上偏差"输入框中输入0.021，在"下偏差"输入框中输入0.002，单击确定，左边轴端直径公差尺寸标注完成，如图3-129所示。

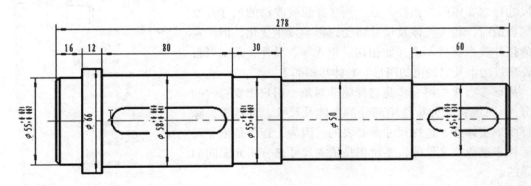

图 3-129　直径公差尺寸标注

单击"常用"选项卡"标注"面板中的"尺寸标注"按钮┞┐，拾取较大键槽的两条边线，进行键槽宽度尺寸标注。拾取标注元素，在立即菜单3中选择"长度"，移动光标确定好尺寸线位置后，右击，在弹出的对话框中选择"输入形式"为"偏差"，"输出形式"为"偏差"，在公差值输入框中分别输入0、−0.043，结果如图3-130所示。

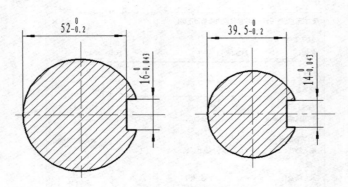

图 3-130　长度公差尺寸标注

（3）标注编辑方法。在标注尺寸的过程中，经常需要对已标注尺寸进行编辑修改。标注编辑方法如下：

单击"标注"选项卡"修改"面板中的"标注编辑"按钮，系统提示"拾取要编辑的标注"，单击拾取标注尺寸，弹出立即菜单，如图 3-131 所示。在立即菜单中进行相应修改，再次单击将标注尺寸固定。

| 1.尺寸线位置 ▼ | 2.文字平行 ▼ | 3.文字居中 ▼ | 4.界限角度 | 360 | 5.前缀 | %c | 6.后缀 | | 7.基本尺寸 | 156 |

图 3-131　标注编辑立即菜单

在进行标注修改时，也可以先单击拾取需修改的标注尺寸，然后右击，弹出的快捷菜单如图 3-132 所示。在该菜单中选择"标注编辑"命令，同样可以弹出立即菜单，可以对标注尺寸进行修改。

（4）尺寸驱动方法。尺寸驱动是系统提供的一套局部参数化功能。用户在选择一部分实体及相关尺寸后，系统将根据尺寸建立实体间的拓扑关系。当选择想要改动的尺寸并改变其数值时，相关实体及尺寸将受到影响发生变化，但元素间的拓扑关系保持不变，如相切、相连等。另外，系统可自动处理过约束及欠约束的图形。具体步骤如下：

局部参数化的第一步是选择驱动对象（用户想要修改的部分），系统将只分析选中部分的实体及尺寸。在这里，除选择图形实体外，选择尺寸是必要的，因为工程图是依靠尺寸标注来避免二义性的，系统正是依靠尺寸来分析元素间的关系的。

如同旋转和拉伸需要基准点一样，驱动图形也需要基准点，这是由于任一尺寸表示的均是两个（或两个以上）对象的相关约束关系，如果驱动该尺寸，必然存在着一端固定，移动另一端的问题，系统将根据被驱动尺寸与基准点的位置关系来判断哪一端该固定，从而驱动另一端。

在前两步的基础上，最后驱动某一尺寸。选择被驱动的

图 3-132　标注编辑右键菜单

尺寸，而后输入新的尺寸值，则被选中的实体部分将被驱动，在不退出该状态（该部分驱动对象）的情况下，用户可以连续驱动其他的尺寸。

例如，如果需要将传动轴长度尺寸80驱动，单击"标注"选项卡"修改"面板中的"尺寸驱动"按钮 ，根据系统提示选择驱动对象，如图3-133所示，右击确定，系统提示"请给出图形的基准点"，移动光标选择传动轴尺寸值为80左端中心点为基准点，如图3-134所示。

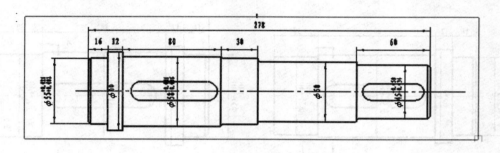

图 3-133　尺寸驱动选择驱动对象

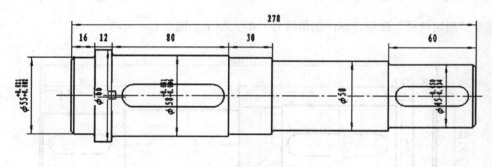

图 3-134　选择图形基准点

系统提示"请拾取驱动尺寸"，单击拾取尺寸值278，系统提示输入新的尺寸值，输入值100后确定，尺寸被驱动，结果如图3-135所示。单击标准工具栏中的"取消操作"命令。

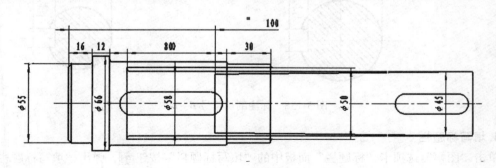

图 3-135　尺寸驱动

标注剖切符号。单击"标注"选项卡"符号"面板中的"剖切符号"按钮 ，在弹出的立即菜单采用默认设置，按左键确定画剖面的轨迹，按右键结束画剖面。此时，命令行提示"拾取所需方向"，在屏幕上出现左右箭头提示，如图 3-136 所示，按住左键向右移动，以确定剖切方向。

在弹出的立即菜单 1 中输入剖切符号"A"，系统提示"指定剖面名称标注点"提示，并出现剖面名称文字框。按左键确定剖面名称的标注点位置，按右键结束标注，结果如图 3-137 所示。

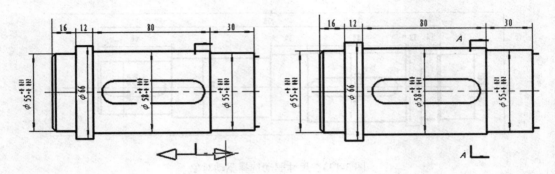

图 3-136　选择剖切方向　　　　　　　　　　　图 3-137　标注剖切符号 A—A

重复"剖切符号"命令，标注剖切符号"B"，结果如图 3-138 所示。

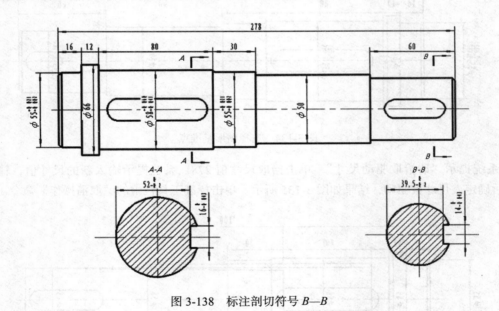

图 3-138　标注剖切符号 B—B

4. 填写标题栏

单击"图幅"选项卡"标题栏"面板中的"填写标题栏"按钮 ，弹出"填写标题栏"对话框，输入相应文字，单击"确定"按钮。

5. 保存文件

使用"保存"或者"另存文件"命令将文件进行保存，输入文件名为"传动轴"。传动轴绘制完成，结果如图 3-108 所示。

3.7 圆柱齿轮设计

3.7.1 设计思路

齿轮是机械设备中广泛应用的一种重要的传动零件。图 3-139 所示的圆柱齿轮是标准结构。齿轮属结构对称的盘类零件，一般采用两个视图表达其结构形状。

3.7.2 设计步骤

1. 配置绘图环境

（1）建立新文件。启动 CAXA 电子图板 2023，选择 "BLANK" 样板创建空白文档，进入用户界面。

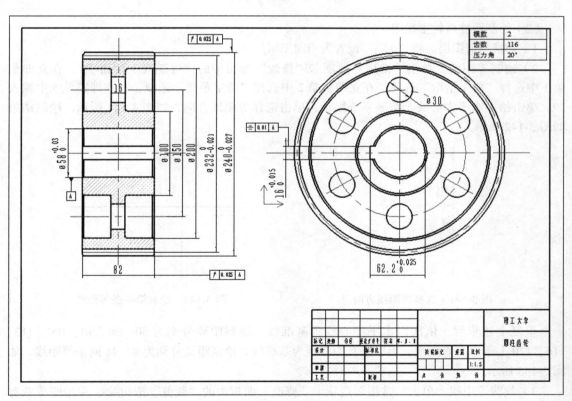

图 3-139 圆柱齿轮

（2）图幅设置。单击"图幅"选项卡"图幅"面板中的"图幅设置"按钮，根据圆柱齿轮的实际尺寸在"图幅设置"对话框中将"图纸幅面"设置为 A3，"图纸比例"设置为 1:1.5，"图纸方向"设置为"横放"，选择调入相应的图框与标题栏，单击"确定"按钮。

2. 绘制圆柱齿轮

（1）绘制中心线。

1）切换当前图层。将"中心线层"设置为当前图层。

2）绘制中心线。单击"常用"选项卡"绘图"面板中的"直线"按钮✏，在绘图区域的适当位置绘制两条垂直直线，作为圆柱齿轮主视图的中心线，结果如图3-140所示。

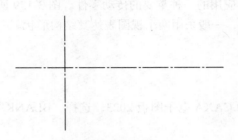

图 3-140　绘制中心线

（2）绘制圆柱齿轮主视图。

1）切换当前图层。将"0层"设置为当前图层。

2）绘制等距线。单击"常用"选项卡"修改"面板中的"等距线"按钮⬚，在立即菜单1中选择"单个拾取"选项，在立即菜单2中选择"指定距离"选项，在立即菜单5中输入29。单击拾取水平中心线，按照系统提示，单击选择等距线方向，如图3-141所示。绘制结果如图3-142所示。

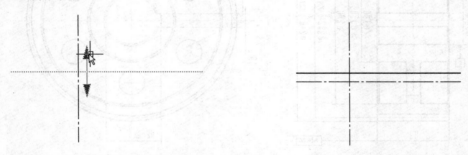

图 3-141　选择等距线方向　　　　　　　图 3-142　绘制第一条等距线

重复上述步骤，依次以水平中心线为基准线，绘制距离分别为50、60、90、100、112、116、120七条水平等距线，再以垂直中心线为基准线，绘制距离分别为8、41两条等距线，如图3-143所示。

3）裁剪等距线。单击"常用"选项卡"修改"面板中的"裁剪"按钮✂，单击需要裁剪的线段，将多余部分裁剪，结果如图3-144所示。

4）倒角和过渡圆角。单击"常用"选项卡"修改"面板中的"过渡"按钮▢，在立即菜单1中选择"倒角"选项，输入倒角长度2和角度45，单击需要倒角的线段；单击"常用"选项卡"修改"面板中的"过渡"按钮▢，在立即菜单2中选择"圆角"选项，分别在立即菜单2中使用"裁剪"和"裁剪始边"选项，输入圆角半径2，单击需要圆角的线段，补充绘制倒圆轮廓线。

图 3-143　绘制等距线　　　　　　　　　　　图 3-144　裁剪等距线

同时，选取上方第二条水平线直线，右击，选择"特性"命令，在弹出的"属性"对话框中将其线型属性改为"点画线"，颜色属性改为"红色"，结果如图 3-145 所示。

5）绘制键槽。再次单击"常用"选项卡"修改"面板中的"等距线"按钮🔲，以水平中心线为基准线，绘制距离为 8 的等距线，然后进行裁剪，结果如图 3-146 所示。

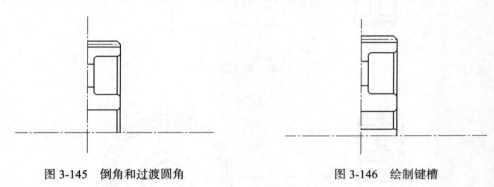

图 3-145　倒角和过渡圆角　　　　　　　　　　图 3-146　绘制键槽

6）镜像现有图形。单击"常用"选项卡"修改"面板中的"镜像"按钮⚠，分别以两条中心线为轴线进行镜像，补充绘制减重圆孔中心线，结果如图 3-147 所示。

7）绘制剖面线。单击"常用"选项卡"绘图"面板中的"剖面线"按钮▨，依次拾取需绘制剖面线的封闭环内任意点，然后右击确认，绘制剖面线。主视图绘制完成，如图 3-148 所示。

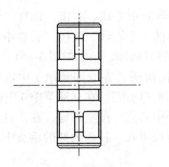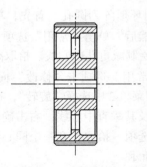

图 3-147　镜像图形　　　　　　　　　　　图 3-148　圆柱齿轮主视图

（3）绘制圆柱齿轮左视图。

1）绘制左视图垂直中心线。拾取主视图垂直中心线，右击，单击"常用"选项卡"修改"面板中的"平移复制"按钮🔁，在立即菜单 1 中选择"给定两点"选项，平移此中心线到绘图

区域右侧相应位置，得到左视图垂直中心线。

2）绘制同心圆。单击"常用"选项卡"绘图"面板中的"圆"按钮⊙，以左视图中心线交点为圆心，以主视图为基准，绘制齿轮的齿顶圆，如图 3-149 所示。重复此步骤，绘制出其他的同心圆和其中的一个减重圆孔（减重圆孔的分布圆环属于"中心线层"），结果如 3-150 所示。

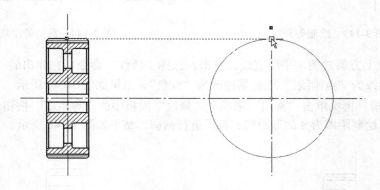

图 3-149　绘制齿顶圆

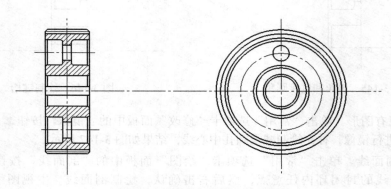

图 3-150　绘制同心圆和减重圆孔

3）绘制环形阵列圆孔。首先，单击拾取左视图的垂直中心线，右击，选择"删除"命令将其删除。然后，单击"常用"选项卡"绘图"面板中的"中心线"按钮╱，在中心线层中单击减重孔，绘制减重孔中心线。拾取减重孔水平中心线将其删除，结果如图 3-151 所示。

单击"常用"选项卡"修改"面板中的"阵列"按钮⊞，在立即菜单 1 中选择"圆形阵列"，在立即菜单 2 中选择"旋转"，在立即菜单 3 中选择"均布"，在立即菜单 4 中份数输入 6。拾取减重孔及其垂直中心线，右击确认，系统提示选择中心点。按空格键，在工具点菜单中选择"圆心"选项，拾取任意一个同心圆绘出齿轮的所有减重孔。补画大圆的垂直中心线，结果如图 3-152 所示。

4）绘制键槽。单击"常用"选项卡"修改"面板中的"等距线"按钮⚒，在立即菜单 3 中选择"双向"选项，输入等距线距离为 8，以左视图水平中心线为基准线，绘制两条等距线。重复使用"等距线"命令，将立即菜单 3 改为"单项"，输入等距线距离为 33.2，以左视图垂直中心线为基准线，在垂直中心线左侧绘制一条等距线，如图 3-153 所示。

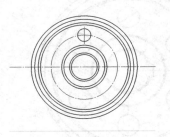

图 3-151　绘制减重孔中心线

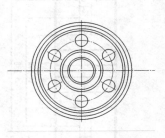

图 3-152　阵列减重孔

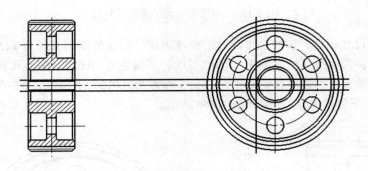

图 3-153　绘制键槽等距线

5）裁剪图形。使用"裁剪"命令和"删除"命令对左视图进行修剪，得到圆柱齿轮左视图，如图 3-154 所示。

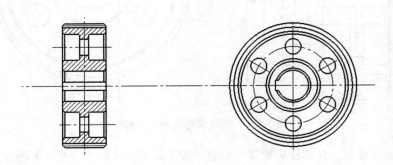

图 3-154　圆柱齿轮左视图

3. 标注圆柱齿轮

（1）无公差尺寸标注。单击"常用"选项卡"标注"面板中的"尺寸标注"按钮⊢¬，标注出圆柱齿轮的无公差尺寸，如图 3-155 所示。在标注过程中注意区分长度尺寸和直径尺寸，通过单击"常用"选项卡"特性"面板中的"尺寸样式"按钮⊢↗，对标注参数进行设置，"文字字高"为 7，其他设置参数为默认值。

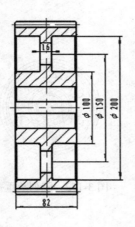
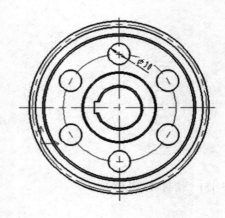

图 3-155　圆柱齿轮无公差尺寸标注

（2）带公差尺寸标注。按照公差尺寸的标注方法，标注分度圆直径为 $\phi232$，上偏差为 0，下偏差为 -0.021；齿顶圆直径为 240，上偏差为 0，下偏差为 -0.027；中心孔直径为 $\phi58$，上偏差为 0.03，下偏差为 0；键槽宽度尺寸为 16，上偏差为 0.015，下偏差为 0；深度尺寸为 62.2，上偏差为 0.025，下偏差为 0。结果如图 3-156 所示。

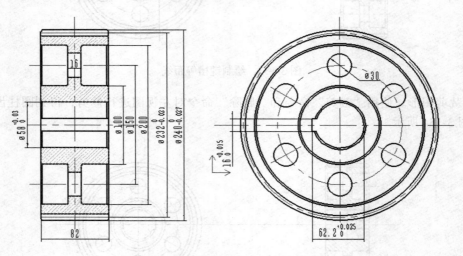

图 3-156　圆柱齿轮公差尺寸标注

（3）形位公差标注。在圆柱齿轮零件绘制过程中需要标注形位公差，下面介绍形位公差的标注方法：

1）绘制基准代号。单击"标注"选项卡"符号"面板中的"基准代号"按钮，在立即菜单 1 中选择"基准标注"选项，在立即菜单 2 中选择"给定基准"选项，在立即菜单 3 中选择"默认方式"，在立即菜单 4 中输入基准名称"A"，系统提示：拾取定位点或直线或圆弧。

单击拾取中心孔直径尺寸箭头处，如图 3-157 所示，再次单击确定基准代号的位置。

2）标注形位公差。单击"标注"选项卡"符号"面板中的"形位公差"按钮，弹出"形位公差"对话框，如图 3-158 所示。

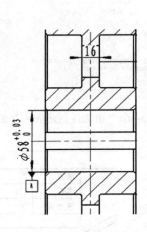

图 3-157 绘制基准代号

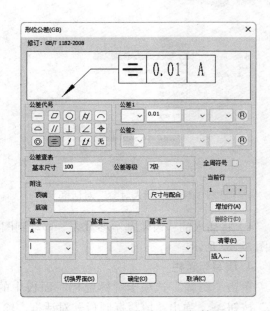

图 3-158 "形位公差"对话框

在本实例中，使用"形位公差"命令，标注两个"跳动"和一个键槽"对称度"形位公差，标注结果如图 3-159 所示。

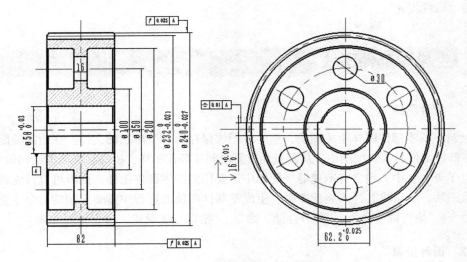

图 3-159 圆柱齿轮形位公差标注

（4）标注齿轮基本参数。

1）在 Word 软件中创建表格，在表格中填写齿轮基本参数：模数 2、齿数 116、压力角 20°。将此文件存储于某个文件夹中。

2）执行"编辑"│"插入对象"命令，弹出"插入对象"对话框，如图 3-160 所示。

3）选择对话框中的"由文件创建"选项，弹出图 3-161 所示的对话框，单击其"浏览"按钮，确定"齿轮基本参数表"的位置，单击"确定"按钮，此表即插入到 CAXA 电子图板文件中。

图 3-160 "插入对象"对话框

图 3-161 由文件创建插入对象

4）将插入的"齿轮基本参数表"移动到图面的右上角，如图 3-162 所示。

4. 填写标题栏

单击"图幅"选项卡"标题栏"面板中的"填写标题栏"按钮，弹出"填写标题栏"对话框，输入相应文字，单击"确定"按钮。

5. 保存文件

使用"保存"或者"另存文件"命令将文件保存，输入文件名为"圆柱齿轮"。

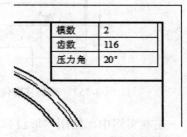

图 3-162 插入齿轮基本参数

3.8 生成零部件图块

3.8.1 设计思路

将绘制好的零部件图样生成图块，然后将图块保存为一个单独的文件。在绘制装配图时可以将此零部件文件并入装配图中，从而避免重复绘制零部件图样，提高装配图的绘制效率。

在电子资料包中，包含有减速器装配图中需要用到的零部件图样，读者可以首先将这些零部件生成图块，然后将其并入装配图中。生成零部件图块的过程中需要用到的命令主要有"块生成"命令、"块打散"命令、"部分存储"命令、"拾取过滤设置"命令等。

3.8.2 设计步骤

1. 创建减速器箱体图块

（1）打开"减速箱"图样文件。启动 CAXA 电子图板 2023，选择"BLANK"样板创建空白文档，进入用户界面。执行"打开"命令，打开本章中绘制的"减速箱"图样文件，如图 3-163 所示。

（2）拾取过滤设置。单击"工具"选项卡"选项"面板中的"拾取设置"按钮，系统弹出"拾取过滤设置"对话框，如图 3-164 所示。在此对话框中的"实体"选项中将"尺寸""图框""标题栏"选项取消，单击"确定"按钮。执行"显示窗口"命令，将减速器的俯视图放大，便于下面的操作。

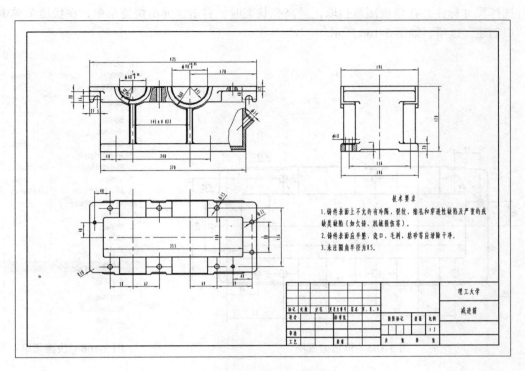

图 3-163　"减速箱"图样

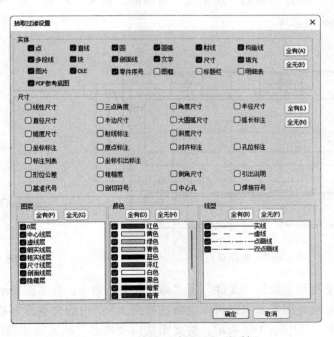

图 3-164　"拾取过滤设置"对话框

（3）选择俯视图。单击，对减速箱俯视图进行框选，如图 3-165 所示。在选择俯视图时，没有选择尺寸标注。在俯视图被拾取，呈高亮状态时，右击，弹出快捷菜单，在快捷菜单中选择"块创建"选项，如图 3-166 所示。

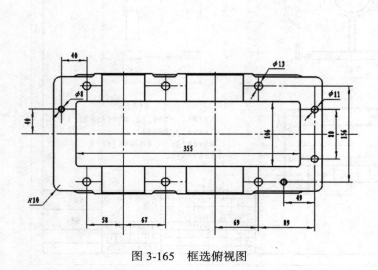

图 3-165　框选俯视图

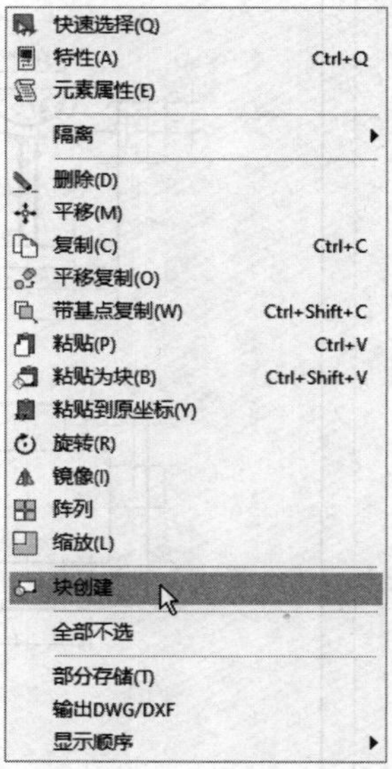

图 3-166　快捷菜单

（4）生成图块。这时，系统提示选择基点，移动光标拾取中心线交点作为基点（见图 3-167）。弹出如图 3-168 所示的"块定义"对话框，输入"名称"为"箱体俯视图"，单击"确定"按钮，完成块的创建。

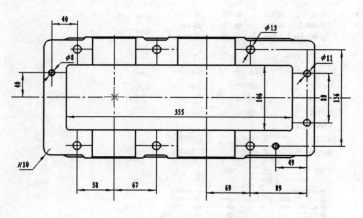

图 3-167　选择基点

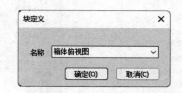

图 3-168　"块定义"对话框

（5）将图块部分存储。执行"文件"｜"部分存储"命令，在系统提示下，拾取俯视图图块，右击。系统提示给定图形基点，可以继续选择图 3-167 中的交点作为基点。这时弹出"部分存储文件"对话框，如图 3-169 所示。将此图块以文件名"减速器俯视图"进行部分存储，单击"保存"按钮。

图3-169 "部分存储文件"对话框

2. 创建其他零部件图块

采用上述生成图块的方法，可以生成其他零部件的图块，这里不再一一介绍，在电子资料包中的目录：\ 源文件 \ 第 3 章 \ 中，存储有在装配图绘制过程中需要用的图块，读者可以直接通过读取电子资料包，使用已有的图块。

3.9 减速器装配图设计

📖 3.9.1 设计思路

绘制减速器装配图时，可以先将减速器箱体俯视图图块插入预先设置好的装配图图样中，再分别插入需要的相应零件图块。可以使用"移动 / 拷贝"命令使各个零部件具有正确的位置关系；如果需要修改图形，可以使用"块打散"命令，将图块打散后进行修改，补全相应的线条。装配图需要给各个零件编号，标注零件序号，填写标题栏和明细表。

📖 3.9.2 设计步骤

1. 配置绘图环境

（1）建立新文件。启动 CAXA 电子图板 2023，选择"BLANK"样板创建空白文档，进入用户界面。

（2）图幅设置。单击"图幅"选项卡"图幅"面板中的"图幅设置"按钮，根据减速器装配图的实际尺寸在"图幅设置"对话框中将"图样幅面"设置为 A3，"图样比例"设置为1:2.5，"图样方向"设置为"横放"，选择调入相应的图框与标题栏，单击"确定"按钮。

2. 绘制减速器装配图

（1）并入减速器俯视图图块文件。执行"文件" | "并入"命令，弹出"并入文件"对话

框，如图 3-170 所示。在该对话框选择电子资料包中的目录：\源文件\第3章\中的"箱体俯视图"文件，单击"确定"按钮。这时，立即菜单 1 中的比例值为 1，在系统提示下，选择合适的定位点，设置旋转角度为 0，将图块定位在绘图区域中，如图 3-171 所示。

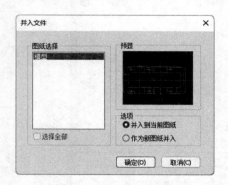

图 3-170 "并入文件"对话框

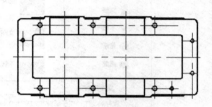

图 3-171 并入减速器图块

（2）并入齿轮轴图块。执行"文件"｜"并入"命令，弹出"并入文件"对话框，在对话框选择电子资料包中的目录：\源文件\第3章\中的"齿轮轴"图块文件，单击"打开"按钮。此时，立即菜单 1 中的比例值为 1，在系统提示下，选择如图 3-172 所示的定位点，设置旋转角度为 90，将图块定位在绘图区域中，如图 3-173 所示。

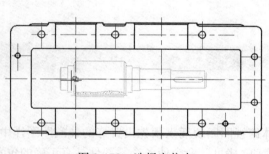

图 3-172 选择定位点

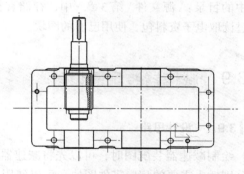

图 3-173 定位齿轮轴图块

（3）平移齿轮轴图块。使用"尺寸标注"命令，量取齿轮轴大端面台阶边线距减速器内壁为 40，如图 3-174 所示。然后，单击"常用"选项卡"修改"面板中的"平移"按钮✛，将齿轮轴向下方平移，平移距离为 40，结果如图 3-175 所示。

（4）并入传动轴图块。执行"文件"｜"并入"命令，弹出"并入文件"对话框，在该对话框中选择电子资料包中的目录：\源文件\第3章\中的"传动轴"图块文件，单击"打开"按钮。此时，立即菜单 1 中的比例值为 1，在系统提示下，选择定位点，设置旋转角度为 -90，将图块定位在绘图区域中，结果如图 3-176 所示。

（5）并入圆柱齿轮图块。执行"文件"｜"并入"命令，弹出"并入文件"对话框，在该对话框中选择电子资料包中的目录：\源文件\第3章\中的"圆柱齿轮"图块文件，单击"打开"按钮。此时，立即菜单 1 中的比例值为 1，在系统提示下，选择定位点，设置旋转角度为 -90，将图块定位在绘图区域中，如图 3-177 所示。

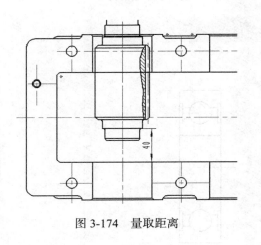

图 3-174　量取距离

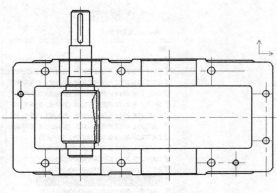

图 3-175　平移齿轮轴图块

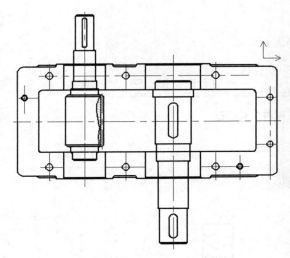

图 3-176　并入传动轴图块

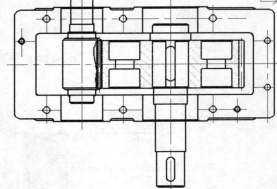

图 3-177　并入圆柱齿轮图块

（6）提取轴承图符。减速器装配图中需要装入轴承，可以在 CAXA 电子图板的图库中直接提取"轴承"图符，然后将图符定位于装配图中。

1）单击"插入"选项卡"图库"面板中的"插入图符"按钮，弹出"插入图符"对话框，如图 3-178 所示。选择"轴承"/"深沟球轴承"，在图符列表中选择"GB/T 276−2013 深沟球轴承 6000 型 10 系列"，单击"下一步"按钮。

2）弹出"图符预处理"对话框，如图 3-179 所示。在此对话框中，选择轴承代号为 6008，单击"完成"按钮。在系统提示下，选择齿轮轴中心线与减速器内壁的交点作为定位点，设置旋转角度为 90，按 Enter 键确定轴承在装配图中的位置，如图 3-180 所示。

3）单击"插入"选项卡"图库"面板中的"插入图符"按钮，弹出"插入图符"对话框，选择"轴承"/"深沟球轴承"，在图符列表中选择"GB/T 276−2013 深沟球轴承 60000 型 10 系列"，单击"下一步"按钮。弹出"图符预处理"对话框，在此对话框中，选择轴承代号为 6011，将此轴承定位于传动轴大端。

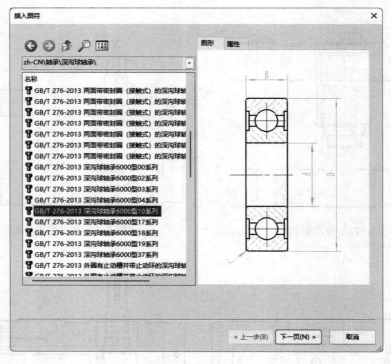

图 3-178 "插入图符"对话框

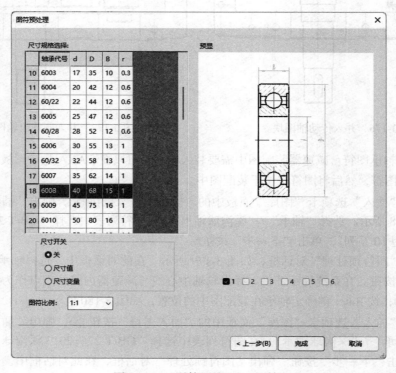

图 3-179 "图符预处理"对话框

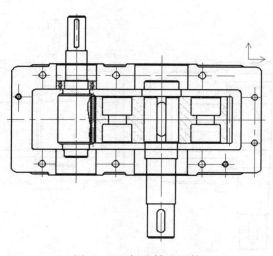

图 3-180　提取轴承图符

4）单击"常用"选项卡"修改"面板中的"镜像"按钮⚠，将两个轴承以减速器中心线为轴线进行镜像，结果如图 3-181 所示。

（7）并入其他零部件图块。重复上述并入文件的操作方法，分别选择电子资料包中的目录：源文件 \3\ 图块 \ 中的"轴承端盖 1""轴承端盖 2""轴承端盖 3""轴承端盖 4"图块文件，将其并入装配图中，结果如图 3-182 所示。

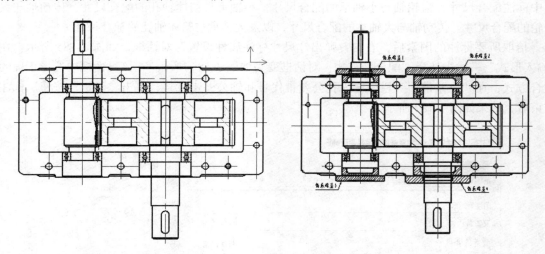

图 3-181　镜像其他轴承图符　　　　　图 3-182　并入其他轴承端盖图块

（8）块消隐。在图 3-182 中，可以看到各个图块之间由于相互重叠而互相遮挡，导致图面混乱。采用"消隐"命令可以调整图块的叠加顺序。

首先，依次拾取轴承端盖图块，然后右击，在弹出的快捷菜单中选择"消隐"命令，将各个轴承端盖进行块消隐操作。然后，重复上述操作，将"传动轴图块"和"齿轮轴图块"进行块消隐操作，结果如图 3-183 所示。

（9）并入定距环。在装配图中，在轴承与端盖、轴承与齿轮之间并入定距环，结果如图 3-184 所示。

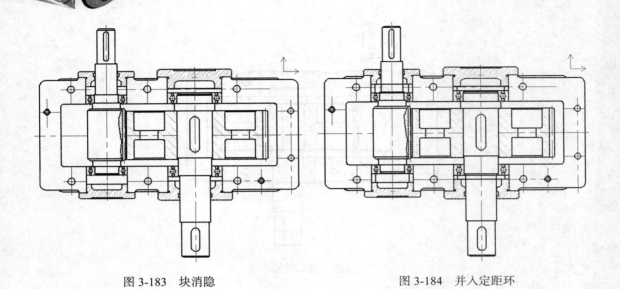

图 3-183　块消隐　　　　　　　　　　　　　　图 3-184　并入定距环

3. 标注装配图

（1）编辑标注风格。单击"常用"选项卡"特性"面板中的"尺寸样式"按钮，进行编辑标注风格，将"文字字高"设置为 4.5。

（2）标注配合尺寸。单击"常用"选项卡"标注"面板中的"尺寸标注"按钮，在装配图中标注配合尺寸：齿轮轴与小轴承的配合尺寸，小轴承与箱体轴孔的配合尺寸，传动轴与大齿轮的配合尺寸、传动轴与大轴承的配合尺寸，以及大轴承与箱体轴孔的配合尺寸。

拾取所要标注的图素后，右击，弹出"尺寸标注属性设置"对话框，如图 3-185 所示。在"输入形式"一栏中选择"配合"方式，对话框变为如图 3-186 所示。在该对话框中选择正确的配合方式，在"公差带"一栏中输入孔公差带代号和轴公差带代号，单击"确定"按钮。标注结束后，结果如图 3-187 所示。

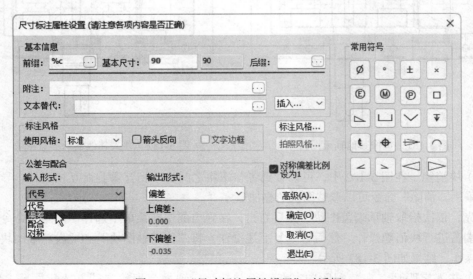

图 3-185　"尺寸标注属性设置"对话框

图 3-186　"输入形式"选择"配合"

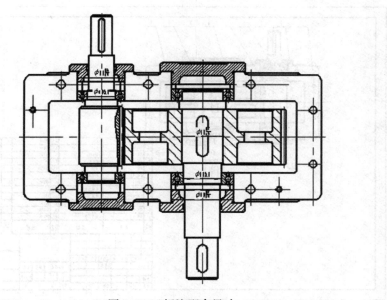

图 3-187　标注配合尺寸

（3）生成零件序号及明细表。单击"图幅"选项卡"序号"面板中的"生成序号"按钮 λ^2，系统弹出立即菜单，如图 3-188 所示。在立即菜单 5 中选择"显示明细表"选项，在立即菜单 6 中选择"填写"选项。

图 3-188　生成序号立即菜单

在装配图图样中的减速器箱体上单击确定序号指引线的引出点，引出后再确定序号的转折点。系统弹出"填写明细表"对话框，如图 3-189 所示。填写各项内容后单击"确定"按钮，明细表信息将出现在标题栏上方，如图 3-190 所示。

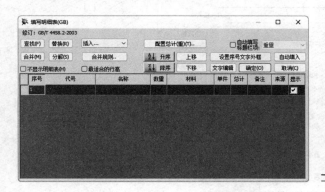

图 3-189　"填写明细表"对话框

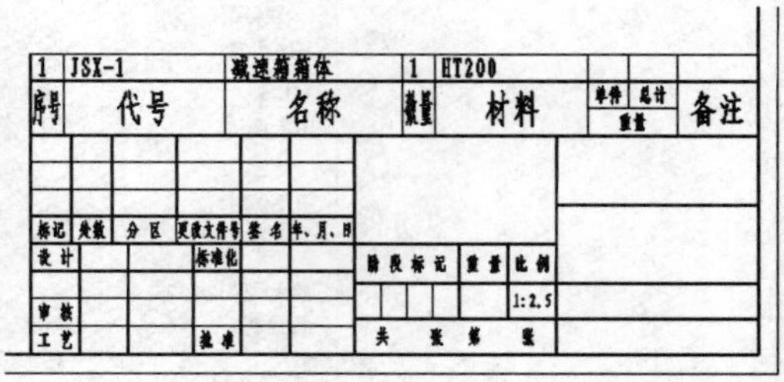

图 3-190　生成明细表

（4）依次生成所有零件的序号并填写明细表内容，结果如图 3-191 所示。

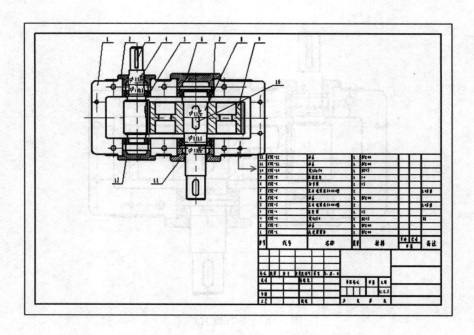

图 3-191　生成所有零件序号并填写明细表

（5）明细表表格折行。如图 3-191 所示，明细表与装配图产生干涉，需要调整部分明细表的位置。可以使用"表格折行"命令进行折行操作。单击"图幅"选项卡"明细表"面板中的"表格折行"按钮，弹出立即菜单，在立即菜单 1 中选择"左折"，在系统提示下，拾取需要折行的表项，系统将把拾取表项及其上方的明细表项向左折放，如图 3-192 所示。

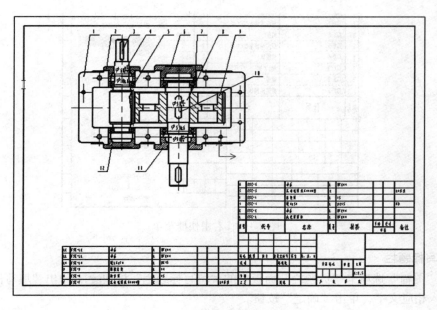

图 3-192 明细表表格折行

（6）修改明细表内容。生成明细表后，如果需要修改明细表内容，可以采用下面操作步骤：单击"图幅"选项卡"明细表"面板中的"填写明细表"按钮**T**，然后拾取需要填写的明细表表格，系统弹出"填写明细表"对话框，如图 3-193 所示。在此对话框中可以更改明细表的内容，单击"查找"和"替换"按钮，将可以修改明细表的内容。

序号	代号	名称	数量	材料	单件	总计	备注	来源	显示
1	JSX-1	减速箱箱体	1	HT200					☑
2	JSX-2	端盖	1	HT200					☑
3	JSX-3	键8%x50	1	Q235			GB		☑
4	JSX-4	齿轮轴	1	45					☑
5	JSX-5	深沟球轴承6000型	2				10系列		☑
6	JSX-6	端盖	1	HT200					☑
7	JSX-7	深沟球轴承6000型	2				10系列		☑
8	JSX-8	传动轴	1	45					☑
9	JSX-9	圆柱齿轮	1	40					☑
10	JSX-10	键16%x70	1	Q235					☑
11	JSX-11	端盖	1	HT200					☑
12	JSX-12	端盖	1	HT200					☑

图 3-193 "填写明细表"对话框

也可以先单击拾取明细表，右击明细表直接进入，如图 3-194 所示。选择"填写明细表"命令，重新填写明细表内容。

图 3-194　右击快捷菜单

4. 填写标题栏

单击"图幅"选项卡"标题栏"面板中的"填写标题栏"按钮，弹出"填写标题栏"对话框，输入相应文字，单击"确定"按钮。

5. 保存文件

使用"存储文件"或者"另存文件"命令将文件进行保存，输入文件名为"减速器装配图"。结果如图 3-192 所示。至此，装配图绘制完毕。

第 2 篇

CAXA 实体设计 2023

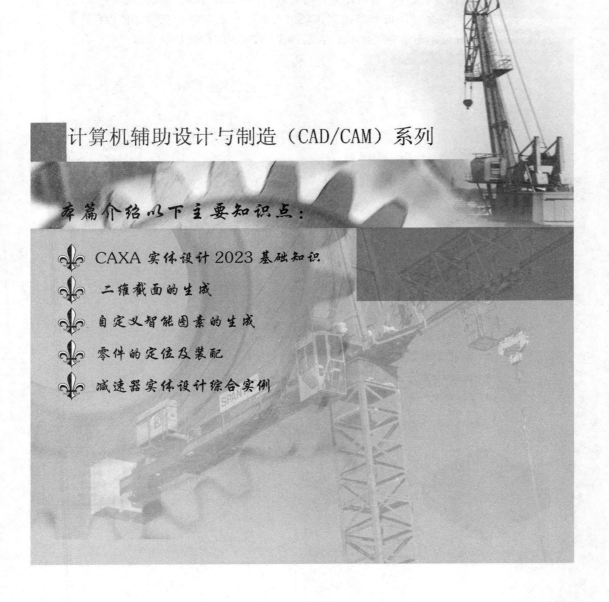

计算机辅助设计与制造（CAD/CAM）系列

本篇介绍以下主要知识点：

- CAXA 实体设计 2023 基础知识
- 二维截面的生成
- 自定义智能图素的生成
- 零件的定位及装配
- 减速器实体设计综合实例

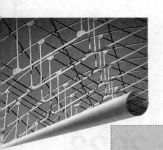

第4章

CAXA 实体设计 2023 基础知识

　　CAXA 实体设计是最先将完全的可视化三维设计、图样生成和动画制作融入计算机的软件。本软件把具有突破性的全新系统结构同拖放实体造型方法结合起来，形成目前推向市场的、对用户最友好的三维零件设计 / 二维绘图环境。本章将讲述 CAXA 实体设计 2023 的相关基础知识。

重点与难点

- 软件安装与启动
- 三维设计环境介绍
- 设计元素
- 标准智能图素
- 设计环境的视向设置
- 设计树、基准面和坐标系

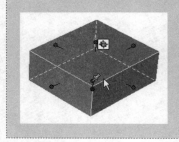

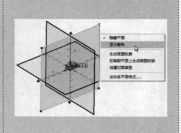

4.1　软件安装与启动

1. 安装与卸载程序

在 Windows 10 环境下安装 CAXA 实体设计 2023，需确信系统当前没有运行任何其他应用程序。如果安装了杀毒软件，在开始安装 CAXA 实体设计 2023 前应终止其所有功能的执行（关闭或退出）。CAXA 实体设计 2023 安装完成后，可以继续运行杀毒软件和其他应用程序。

 注意

> 如果计算机上已经安装有以前版本的 CAXA 实体设计，建议先将其卸载，并重新启动计算机，然后安装新版本的 CAXA 实体设计 2023。如果在 CAXA 实体设计 2023 文件夹中创建了文件（如设计元素、模板以及任何其他文件或子文件夹），需将它们备份到其他文件夹中或磁盘上。安装完成后，可以将那些文件或文件夹重新复制到 CAXA 实体设计 2023 当前文件夹中。

在 Windows 10 环境下卸载 CAXA 实体设计的步骤如下：

1）单击 Windows 任务栏的"开始"菜单。

2）在任务菜单上选择"所有程序"选项。

3）在程序菜单上选择"CAXA"，弹出下拉菜单。

4）在下拉菜单上选择"CAXA 实体设计 2023(x64)"→"卸载 CAXA 实体设计 2023(x64)"。

CAXA 实体设计将被从计算机中卸载。用户所创建或修改的所有文件，以及保存这些文件的目录将被保存。

2. 启动 CAXA 实体设计 2023

启动 CAXA 实体设计 2023 与启动 Windows 10 的其他应用程序一样。在 Windows 10 环境下启动 CAXA 实体设计 2023 的步骤如下：

1）在 Windows 任务栏单击"开始"按钮。

2）在"任务"菜单上选择"所有程序"选项。

3）在"所有程序"菜单中选择"CAXA"，弹出一个下拉菜单。

4）在下拉菜单上选择"CAXA 实体设计 2023(x64)"→"CAXA 实体设计 2023(x64)"。

CAXA 实体设计 2023 启动画面出现，接着弹出欢迎使用对话框。

3. 创建新设计环境

启动 CAXA 实体设计 2023 后，弹出"欢迎"对话框，需要创建一个 3D 设计环境，如图 4-1 所示。

1）选择"创建一个新的设计文件"，准备开始一个新的设计项目。

2）如果不希望每次启动 CAXA 实体设计 2023 时出现该对话框，则取消选择左下角的"启动时显示"选项。

3）单击"确定"按钮，弹出"新的设计环境"对话框，如图 4-2 所示。

4）在"新的设计环境"对话框的 3 个选项卡中，选择最适合的设计环境，然后选择一个设计环境模板。

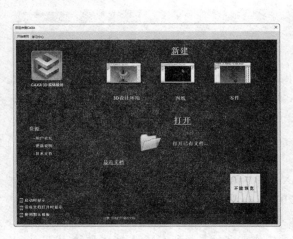

图 4-1 "欢迎"对话框

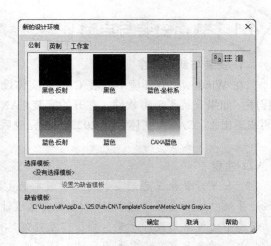

图 4-2 "新的设计环境"对话框

如果不确定该选择哪种样式的设计环境模板，从"公制"选项中选择"空白模板"。CAXA实体设计 2023 将显示一个空白的三维设计环境。现在，已经可以利用 CAXA 实体设计 2023 开始工作了。

4.2 三维设计环境介绍

4.2.1 初识设计环境

CAXA 实体设计 2023 设计环境如图 4-3 所示。

当打开一个 CAXA 实体设计 2023 设计环境或绘图环境时，将看到与两个环境都有关的主窗口，每种设计环境界面都包括：

菜单栏：通过 CAXA 实体设计 2023 的默认主菜单栏可以访问 CAXA 实体设计 2023 的大部分设计和绘图命令。然而，CAXA 实体设计 2023 的菜单可以由用户进行全面的自定义。

快速启动栏：在软件界面的左上方，有一条始终显示的工具条，在这里有用户最常用的功能。

工具栏：CAXA 实体设计 2023 的默认设计和绘图工具条为用户提供了文件操作、图形操作、设计与绘图工具以及 CAXA 实体设计 2023 其他重要功能。像菜单一样，CAXA 实体设计 2023 的工具条可以根据要求进行自定义。

元素库：元素库出现在设计环境中，它们是一组组相关的设计资源，如基本图素和表面材质类型等。在零件设计中使用元素库中的内容时，只要将元素的图标拖出放在设计环境中即可。

功能区：CAXA 实体设计的功能区将实体设计的功能进行了分类，可显示大图标，这样用户在使用其中某些功能时，可以方便的单击此功能中的任何一个有效按钮。

设计树：设计树以树图表的形式显示当前设计环境中的所有内容，包括设计环境本身以及其中的产品/装配/组件、零件、零件内的智能图素、群组、约束条件、视向和光源。

状态栏：状态栏位于窗口下方的区域，可用来观察有关 CAXA 实体设计 2023 的信息和提示。状态栏的右侧显示的是当前计量单位和时间。

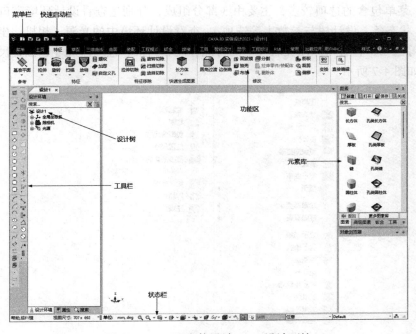

图 4-3　CAXA 实体设计 2023 设计环境

4.2.2　设计环境菜单

三维零件设计中所用的多数选项都可以通过 CAXA 实体设计 2023 的默认"设计环境"菜单来选用，如图 4-4 所示。

"文件"菜单如图 4-5 所示。

"编辑"菜单如图 4-6 所示。

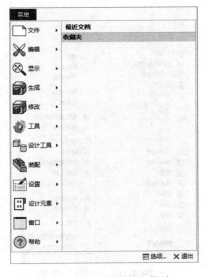

图 4-4　"设计环境"菜单

图 4-5　"文件"菜单

图 4-6　"编辑"菜单

"显示"菜单包含的选项较多，主要由 3 部分组成，分别是查看设计环境窗口的一些选项（如工具条、状态条、设计树与参数表等选项），查看设计环境中的光源、相机、坐标系、附着点和基准面等选项，查看与标注关联尺寸的智能标注、约束、包围盒尺寸、位置尺寸与关联标注等选项，如图 4-7 所示。

图 4-7　"显示"菜单

"生成"菜单如图 4-8 所示。

"修改"菜单如图 4-9 所示。

"工具"菜单包括三维球、无约束装配、定位约束等重要设计工具，包括智能渲染、渲染器、智能动画等选项，还包括对设计环境及其组件进行自定义的选项、自定义、加载应用程序、加载工具、运行 Add-on 工具等重要选项，在下文中将对这些选项进行详细讲解。"工具"菜单如图 4-10 所示。

图 4-8　"生成"菜单

图 4-9　"修改"菜单

图 4-10　"工具"菜单

　　"设计工具"菜单包括将所选择的特征 / 零件组合为一个整体的组合操作、移动锚点，重新选择装配或零件的包围盒尺寸的重置包围盒、重新生成所选的装配或零件的重新生成，对图素或零件进行压缩与解压缩操作，面转换为智能图素等操作选项，如图 4-11 所示。

　　"装配"菜单中包括装配、解除装配、打开零件 / 装配、保存零件 / 装配、解除链接（外部）与装配树输出等选项，如图 4-12 所示。利用这些选项，设计人员可以将图素、零件、模型、装配件装配成一个新的装配件或拆开已有的装配件。可以在装配件中插入零件模型，取消与其中某个零件模型的链接，将零件模型 / 组合件保存到文件中或访问"装配树浏览工具"。

　　用户利用"设置"菜单中的选项，可以指定单位、坐标系等属性。也可以用来定义渲染、背景、雾化效果、曝光度、视向属性。利用"设置"菜单的其他选项，可以访问智能渲染属性和向导。此外，还可以将表面属性从一个对象转换到另一个对象，访问图素的形状属性并生成配置文件。"设置"菜单如图 4-13 所示。

図 4-11　"设计工具"菜单　　　　图 4-12　"装配"菜单　　　　图 4-13　"设置"菜单

　　"设计元素"菜单中包括设计元素的新建、打开和关闭等功能选项，如图 4-14 所示。菜单中的自动隐藏选项允许设计人员激活或禁止设计元素浏览器的"自动隐藏"功能。设计元素选项还包括设计元素保存和设计元素库的访问功能。

　　"窗口"菜单中的选项包括用来生成新窗口、层叠 / 平铺窗口和排列图标的标准"窗口"选项，如图 4-15 所示。

图 4-14　"设计元素"菜单　　　　　　　图 4-15　"窗口"菜单

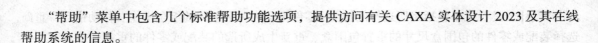

"帮助"菜单中包含几个标准帮助功能选项,提供访问有关 CAXA 实体设计 2023 及其在线帮助系统的信息。

4.2.3 自定义设计环境

1. 自定义工具栏

CAXA 实体设计 2023 提供了多种默认的工具条,这些工具条带有设计环境中最常用的功能选项。与 CAXA 实体设计 2023 的菜单一样,工具条和它们的选项都能进行自定义。

光标停留在工具图标上时所显示的文本叫作"工具提示"。若要关闭这些工具提示信息,可执行"显示"│"工具条"│"工具条"命令,在出现的"自定义"对话框中选择"选项"选项卡,取消显示关于工具栏的提示复选框,并单击"确定"按钮即可。

自定义工具条同自定义菜单一样,执行"工具"│"自定义"命令,打开"工具栏"选项卡,如图 4-16 所示,显示各个选项。在左边的"工具栏"下拉列表框中,可以根据设计环境的需要选择工具条。一旦选择了某个工具条选项,它将显示在设计环境的界面中。还可以根据需要通过"新建""删除""重新设置"等操作对工具条进行调整。

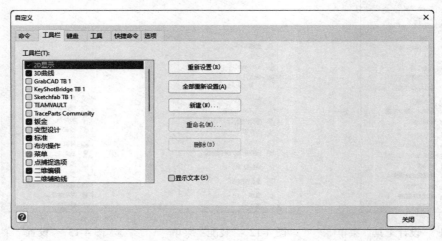

图 4-16 "自定义"对话框中的"工具栏"选项卡

2. 自定义命令

同"工具栏"选项卡一样,"命令"选项卡上的"类别"列表框可以指定设计环境或图表命令类别的显示。一旦选择了某个选项,对话框右边的显示区域将显示当前选定类别的命令图标,如图 4-17 所示。

若要将一条命令添加到工具条上,应首先从列表框中选择相应的命令,以显示其图标,然后单击该图标,按下左键,将该命令拖动到工具条上的相应位置,出现插入标识时释放左键,指定的命令就添加到工具条的特定位置。通过单击拖动可以在工具条内移动命令和将该命令移动到选择的工具条中。

3. 自定义键盘快捷键

自定义键盘快捷键的过程与自定义菜单过程相似,在"自定义"对话框中选择"键盘"选项卡,如图 4-18 所示。

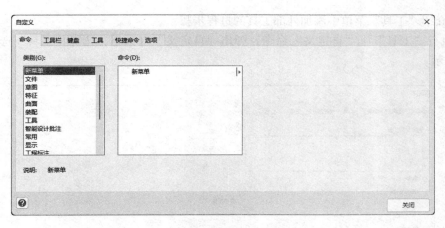

图 4-17 "自定义"对话框中的"命令"选项卡

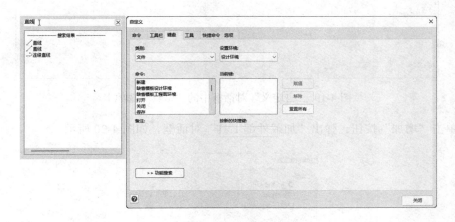

图 4-18 "自定义"对话框中的"键盘"选项卡

在"类别"下拉列表中可以选择相应的命令类别，一旦选择了某种命令类别后，在左下方的"命令"框中将显示相应的命令，可以选取需要定义快捷键的命令，即单击使其高亮显示。在右方的"当前键"框中选择快捷键，单击"移除"按钮，即将此命令的快捷键取消。然后在其下方的"按新的快捷键"框中输入需要的快捷键，单击"赋值"｜"关闭"按钮即可以对相应命令进行自定义键盘快捷键。单击"功能搜索"按钮，会在自定义对话框左上角出现搜索框，在搜索框中输入命令名称，可以帮助我们更快搜寻到需要用到的命令。

4. 外部加载工具

CAXA 实体设计 2023 可以通过附加软件来扩展 CAXA 实体设计 2023 的功能。典型的软件附加工具是由用户自己或第三方软件供货商编写的 Visual Basic 应用程序。例如，可以编写一个VB 程序来实现图素或零件的多份复制，然后将该程序添加到 CAXA 实体设计 2023 中作为其附加工具，可以将下述任何类型的程序添加到 CAXA 实体设计 2023 中：

◆ 可执行程序。

◆ OLE 对象。

◆ 动态链接库（DLL）中输出的函数。

下面介绍"工具"菜单中添加外部工具的过程步骤：

1）执行"工具"｜"自定义"命令，弹出"自定义"对话框，选择"工具"选项卡，如图 4-19 所示。

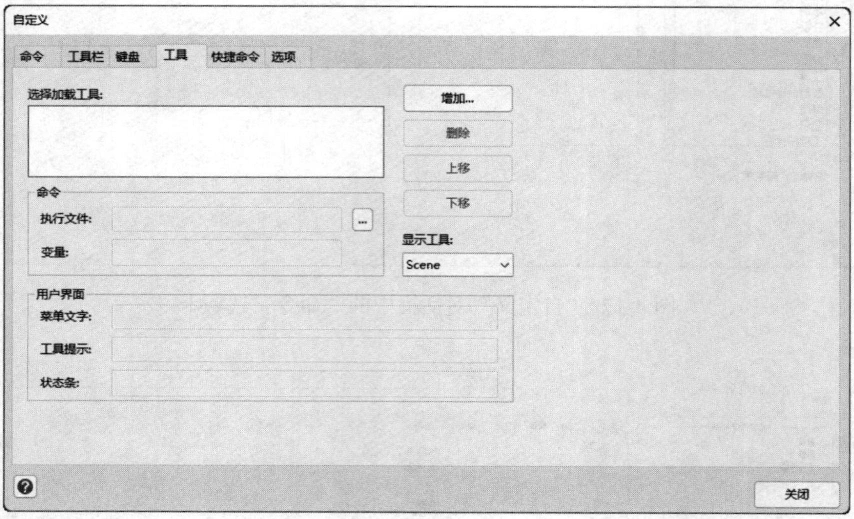

图 4-19 "自定义"对话框中的"工具"选项卡

2）单击"增加"按钮，弹出"加载外部工具"对话框，如图 4-20 所示。

图 4-20 "加载外部工具"对话框

如果添加 OLE 对象，则选择"OLE 对象"选项，然后在"对象"文本框中输入对象名称并按 Enter 键。在"方法"文本框中输入与该对象相关联的一种方法，然后按 Enter 键。

如果添加执行程序，则选择"执行文件"选项，然后单击"执行文件"文本框后面的文件浏览按钮，在文件浏览对话框中可以选择一个执行程序，然后单击"确定"按钮。

如果添加 DLL 库的某种功能，则选择"DLL 中输出的函数"选项，在"DLL 名称"文本框中输入库文件的名称并按 Enter 键。或者单击浏览按钮，在文件浏览对话框中选择一个库文件，然后单击"确定"按钮。最后，在"功能"文本框中输入功能参数。

5. 选项属性设置

CAXA 实体设计 2023 提供了大量的选项属性，通过修改这些选项的属性，可以改变设计环境及其设计参数。在使用的过程中，可以根据自己的需要选择最适合的设计环境。执行"工具"｜"选项"命令，弹出"选项"对话框。

（1）"常规"选项卡：单击"常规"，弹出如图 4-21 所示的对话框。

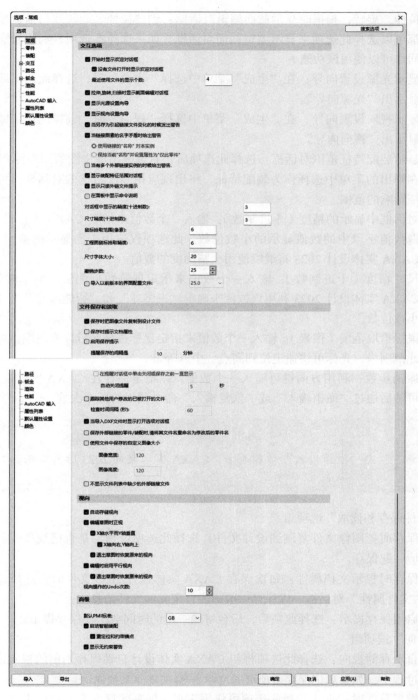

图 4-21　"常规"选项对话框

◆ "交互选项"选项组
➢ 开始时显示欢迎对话框：选择本选项可使系统在启动 CAXA 实体设计 2023 时显示一个欢迎使用的对话框。

➢ 拉伸，旋转，扫描时显示截面编辑对话框：创建拉伸、旋转或扫描造型的任何时候都可以选择此选项来显示编辑截面对话框。如果选择本选项，利用轮廓弹出菜单也同样可以使用该功能。

➢ 显示光源设置向导：在"生成"菜单中选择"光源"时，选择此选项即可在屏幕上显示出"光源向导"。

➢ 显示视向设置向导：在"生成"菜单中选择"视向"时，选择此选项即可在屏幕上显示出"视向向导"。

➢ 显示装配特征范围对话框：选择此选项后，右键拖出库中图素到零件／装配体表面，在弹出的菜单中选择作为装配特征，将出现应用装配特征的对话框，可选择装配特征影响的范围。

➢ 对话框中显示的精度（十进制数）：输入一个数值来指定 CAXA 实体设计 2023 对话框数值字段中的数值显示的小数位数。此选项仅适用于已显示的数值。在计算时，CAXA 实体设计 2023 将继续使用全精确度的数值。

➢ 尺寸精度（十进制数）：输入一个数值来指定屏幕数据测量值显示时的小数位数。CAXA 实体设计 2023 利用该数值来确定"三维球"和"智能尺寸"上显示的数据的小数位数。

➢ 鼠标拾取范围（像素）：输入一个数值来指定鼠标选择区域像素范围内的宽度值。在此范围内，光标可快速定位到高点、中点等。

➢ 撤销步数：利用方向键可输入一个数值，以指定保存在 CAXA 实体设计 2023 中并可随后通过"撤销输入"或"恢复输入"命令调用的操作次数。

🚫 **注意**

请注意，指定"撤销输入"步骤越多，CAXA 实体设计 2023 所需占用的内存空间就越大。

◆ "文件保存和读取"选项组

➢ 保存时把图像文件复制到设计文件：选择此选项可指定是否把纹理映射表同设计环境一起保存。

➢ 保存时提示文档属性：每次保存 CAXA 实体设计 2023 文件时，选择此选项可显示"文件属性"对话框，以保存一般的或自定义的文件信息。

➢ 启用保存提示：选择此项后，后台每隔一定的时间会出现保存提示。

◆ "视向"选项组

➢ 自动存储视向：选择此选项将使 CAXA 实体设计自动保存当前的视向设置。在设计过程中，如果忘记保存事项可通过单击 ▦ 恢复原来视向。

➢ 编辑草图时正视：选择此选项可将不正视于屏幕的草图平面自动正视于屏幕，不用再去调整草图平面，可提高设计的效率。

➢ 退出草图时恢复原来的视向：选择此选项，编辑后的草图退出后可将视向恢复到原来的视向，方便于用户设计。

➢ 编辑时启用平行视向：选择此选项，如果当时视向是透视的，编辑草图时会自动调整为平行视向。

> 退出草图时恢复原来的视向：选择此选项编辑后的草图退出后，可将视向恢复到原来的视向，如果为透视的恢复为透视视向。

> 视向操作的 Undo 次数：视向保存中可以保留的视向 Undo 的次数，设置的是界面右下角处"视向保存"中的次数。如图所示为视向保存的选项。

◆ "高级"选项组

> 启动智能装配：选择此选项可实现智能装配的设置。可利用设置好的附着点并命名实现拖放式智能装配。

（2）"零件"选项卡：单击"零件"，弹出如图 4-22 所示的对话框。

◆ "新零件行为"选项组

> 当拖拽一个零件到绘图环境时：CAXA 实体设计 2023 显示由"智能图素"构成的、简单多面体形式的零件。这些多面体零件的显示速度比完全的"智能图素"零件的显示速度快。但是，若要对单个"智能图素"操作，就必须选择其中的某个图素来重新生成零件。

> 生成多面体零件：选择此选项可指定置于设计环境中的零件以多面体零件进行显示。

> 新零件所用的缺省核心：选择两个选项"ACIS"与"Parasolid"之一可指定 CAXA 实体设计 2023 中创建该零件所采用的缺省内核类型。

> 设置创建零件命令的零件默认状态：在工程模式下，创建新零件时，三个选项分别设置为默认该新零件为激活状态、不激活状态、提示来设置是否激活。

◆ "工程模式零件更新"选项组

> 第一次失败提示：工程模式下，出现错误时的三种选项分别设置为继续更新、停止更新并回滚、总是询问。

> 失败提示：当工程模式零件创建或更新发生错误时，选择提示的种类。

> 特征删除：在工程模式下，设置删除或取消特征时的提示或者询问选项。

◆ "零件操作"选项组

> 自动重新生成：每次更改零件后都可选择此选项来重新生成该零件。单击设计环境背景可重新生成零件。例如，当该选项处于激活状态时，CAXA 实体设计 2023 可在用户拖拽它的某个尺寸修改手柄时立即重新生成该零件。

> 取消选中时重新生成：当零件的操作完成时，若选择了此选项就会重新生成该零件。单击设计环境背景可重新生成该零件。本选项可用于对零件进行一系列的修改，此后若需要重新生成该零件就无需花费时间了。

> 总在零件层次应用：选择此选项来规定总是在零件编辑层采用表面编辑操作（移动、拔模斜度、匹配等）。

> 总在智能图素层次应用：选择此选项来规定总是在"智能图素"编辑层次采用表面编辑操作（移动、拔模斜度、匹配等）。

> 始终转换成智能图素，不显示提示对话框：选择该选项可自动组合表面编辑操作所修改的"智能图素"，而不显示"表面编辑提示"对话框。

> 当智能渲染被拖放到零件上时：使用这些选项，可以为设计环境中零件上施加的表面纹理的尺寸定义设置默认操作特征。默认状态下，零件上所采用的纹理将满尺寸显示。

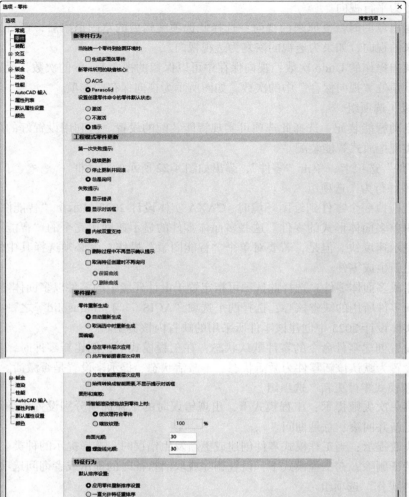

图 4-22 "零件"选项对话框

➢ 使纹理符合零件：选择此选项可自动将拖拉到零件的智能渲染（纹理、凸痕和贴图）
的尺寸缩放到与零件尺寸相同。

> ➤ 缩放纹理：选择此选项可指明始终按照智能渲染（纹理、凸痕和贴图）在 CAXA 实体设计 2023 目录中的原始尺寸的固定比例进行缩放。应在提供的字段中输入用户所希望的比例并按 Enter 键确认。

> ➤ 曲面光顺：在此字段中输入一个数值来规定经常从目录拖放到设计环境中的图素的表面光滑度。若在默认值 30 的基础上增加，则可获得更光滑的表面；若降低该值，将得到光滑度差一些的表面。

> ➤ 螺旋线光顺：在此字段中输入一个数值来规定经常从设计元素库拖放到设计环境中的图素的表面光滑度。若在默认值 10 的基础上增加，则可获得更光滑的表面；若降低该值，将得到光滑度差一些的表面。

◆ "特征行为"选项组

> ➤ 当图素被拖曳到一个零件上时：下述选项确定了添加到零件时新的"智能图素"的应用。

> ➤ 特征附着在零件上：选择此选项可确定从设计元素库拖放到零件上的"智能图素"仍然附加在基件的表面上。选定此选项后，如果基件被移动，所添加的图素将仍然附着在该零件上并随该零件一起移动。

◆ "保存和显示"选项组

> ➤ 当保存零件时，也保存：此选项确定了零件保存时被保存信息的类型。如果其中的任何一个选项都未被选择，那么 CAXA 实体设计 2023 将只保存重新生成零件所必需的信息。尽管最终得到的文件很小，生成该零件的过程所占用的时间比选择下述两个选项之一都长。

> ➤ 拟合表面表示（多面体）：选择此选项可保存零件的简化形式。单一多面体零件的显示比完全的"智能图素"版本要快。若要在零件内协同使用单独的"智能图素"，就必须首先选择其中的图素来重新生成该零件。

> ➤ 精确表面表示（BRep.）：选择此选项可保存全"智能图素"形式的零件。显示该零件需要更长的时间，但无须利用单个"智能图素"重新生成该零件。

🛈 **注意**

所生成并添加到目录中并拖放到设计环境中的零件将会保留它们生成过程中所采用的内核类型，且与所选定的当前采用的内核类型无关。

（3）"交互"选项卡：在本对话框中使用这些选项可定义 CAXA 实体设计 2023 中图素的手柄操作特征和手柄显示，如图 4-23 所示。

◆ 手柄行为：利用下述选项可定义 CAXA 实体设计 2023 中尺寸定义手柄的行为。

> ➤ 捕捉作为操作柄的缺省操作（无 Shift 键）：选择此选项可激活"智能捕捉"手柄行为，而无需首先按下 Shift 键。仍须右击所需操作柄并从弹出的快捷菜单中选择"使用智能捕捉"。利用设置为默认手柄操作特征的"捕捉"，按下 Shift 键就可禁止"智能捕捉"手柄操作特征。

> ➤ 拖拽草图曲线时保持相邻曲线的几何形状：选择此选项可规定轮廓操作柄的拖放操作不影响相邻连接曲线的几何形状。

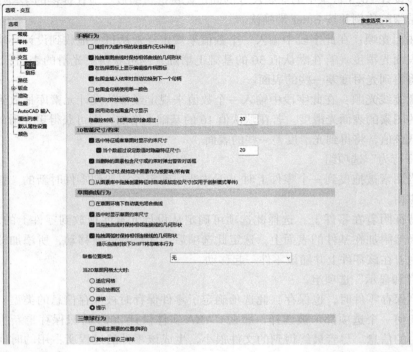

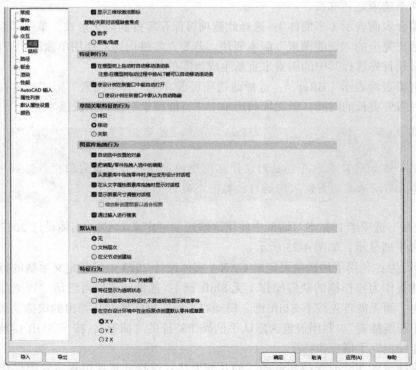

图 4-23　"交互"选项对话框

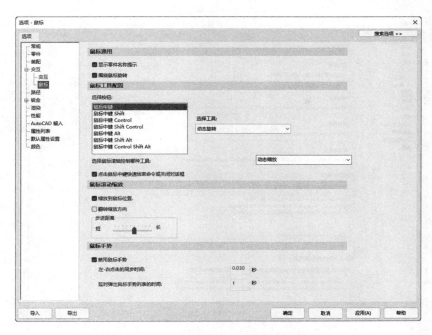

图 4-23　"交互"选项对话框（续）

> 在选择图标上显示编辑操作柄图标：选择此选项可显示操作柄的图标，以使每次在"智能图素"编辑层选定零件 / 图素时都能够在操作柄类型之间切换。

◆ 三维球行为：在此选项组下可以对三维球进行一系列设置。

◆ 特征树行为：在此选项组下可以对特征树进行一系列设置。

◆ 草图关联特征的行为：在这里有拷贝、移动、关联 3 个选项可以进行选择。在默认状态下，系统处于移动选项状态。

（4）"路径"选项卡：在"路径"选项对话框中，可以对文件工作路径、模板路径等进行自定义，如图 4-24 所示。

◆ 工作路径：若要将某个特定目录指定为 CAXA 实体设计 2023 文件的默认存放位置，请在此字段输入该目录并按 Enter 键。

◆ 模板路径：若要将某个特定的目录指定为 CAXA 实体设计 2023 搜索 ".icd " 文件并在选择了"文件"菜单中的"新文件"时将其作为设计环境模板予以显示时所采用的目录，则应在此字段输入该目录并按 Enter 键确认。

◆ 图像路径：本列表显示搜索纹理和其他图像文件时 CAXA 实体设计 2023 所采用的目录。

> 增加：选择此选项可显示"增加目录"对话框并将一个条目添加到图像文件目录的列表中。

> 删除：若要从图像文件目录列表中删除一个条目，请在列表中选定该条目并选择此选项。

> 上移：若要将图像文件目录列表中某个条目向上移动一层，请在列表中选择该条目，然后选择此选项。由于 CAXA 实体设计 2023 是按照目录在列表中的顺序进行搜索的，所以此选项将改变搜索顺序。

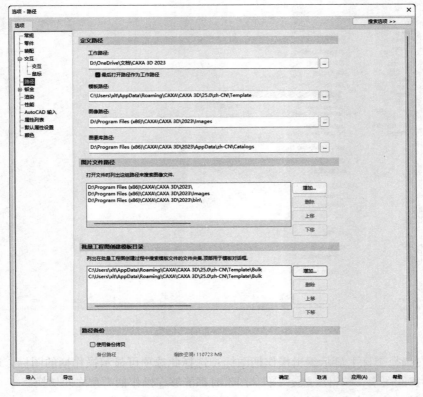

图 4-24　"路径"选项对话框

➤ 下移：若要将图像文件目录列表中某个条目向下移动一层，请在列表中选择该条目，
然后选择此选项。同"上移"选项一样，此选项也将改变搜索顺序。

（5）"钣金"选项卡：使用"钣金"选项对话框中这些选项可为新的钣金零件的弯曲展开
和弯曲半径定义参数，如图 4-25 所示。

◆ 钣金"切口""选择参数"：在这里可以选择"矩形"或"圆形"的"切口类型"，即根
据展开类型进行选择，同时在"宽度"和"深度"文本框中输入合适的数值。

◆ 高级钣金选项：此选项可访问弯曲容差和压筋定位钣金选项。

◆ 半径：通过下述选项可规定新钣金件弯曲需采用的内径。

➤ 使用零件最小折弯半径：此选项可选用零件的额定最小折弯半径。

➤ 使用自定义值：此选项可规定新金属片弯曲需要使用的自定义折弯半径。

➤ 内半径：填入一个数值作为新钣金弯曲的弯曲半径。

◆ 钣金约束：

➤ 生成冲孔并且形成约束：此选项可根据创建情况自动将约束条件添加到冲孔及成形
特征。

➤ 当拖动冲孔后显示约束对话框：此选项可在将压筋／成形图素释放到设计环境中后
显示出"数值编辑"对话框，以精确定义／锁定这些图素类型的正交尺寸值。

➤ 自动约束折弯：此选项可以将"自动约束条件"应用到板上折弯、折弯的板和弯曲
上折弯钣金件图素。

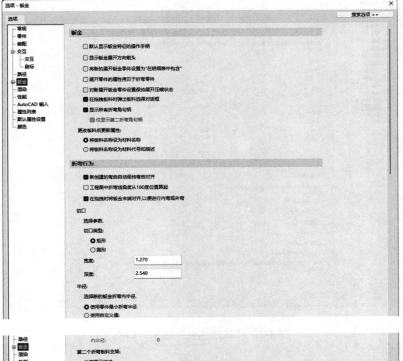

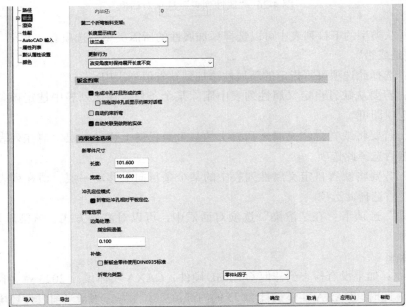

图 4-25 "钣金"选项对话框

（6）"属性列表"选项卡：在"属性列表"选项对话框中可以编辑对话框右侧显示的缺省自定义属性列表，如图 4-26 所示。零件、装配和其他设计环境对象的"自定义属性"页上的下拉编辑框中都显示有该列表。

◆ 名称：在与此选项相关联的字段中，输入将添加到缺省值列表的新属性的名称，然后激活"增加"选项。

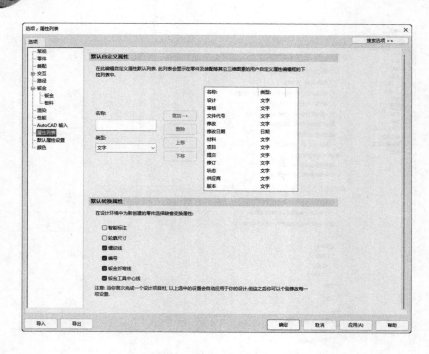

图 4-26 "属性列表"选项对话框

◆ 类型：从类型的下拉列表中可以选择添加属性的所需类型。选项有"文字""数字""日期""是或否"。

◆ 增加：选择此选项可将指定的新属性添加到缺省值列表中。

◆ 删除：若要从缺省自定义属性列表中删除某个条目，在该列表中选定该条目，然后选择本选项即可。

◆ 上移：若要将缺省自定义属性列表中的某个条目向上移动一层，请在列表中选定该条目，然后选择此选项。

◆ 下移：若要将缺省自定义属性列表中的某个条目向下移动一层，请在列表中选定该条目，然后选择此选项。

（7）"渲染"选项卡：在"渲染"选项对话框中，可以对渲染方式、渲染质量进行设置，如图 4-27 所示。

◆ 渲染选项

➢ 软件：如果没有检查到任何 OpenGL 硬件，CAXA 实体设计 2023 就会自动选择此选项。此时，CAXA 实体设计 2023 的内部渲染软件将作用于当前设计环境。

➢ OpenGL：如果检测到一个 OpenGL 加速器和硬件但未检测到叠加平面支持，CAXA 实体设计 2023 就会自动选择此选项。OpenGL 将仅在同视向工具的动态旋转期间得到支持。CAXA 实体设计 2023 的内部软件渲染器应可用于零件设计。

➢ 高级 OpenGL：如果检测到一个 OpenGL 加速器、硬件和叠加平面支持，CAXA 实体设计 2023 就会自动选择此选项。OpenGL 仅在动态旋转和零件设计的当前设计环境中有效。然而，如果用户的显卡不支持叠加平面，此模式下的零件设计速度将比"软件"或"OpenGL"模式下的速度慢。专门的 OpenGL 并不支持反射映射或云雾背景。

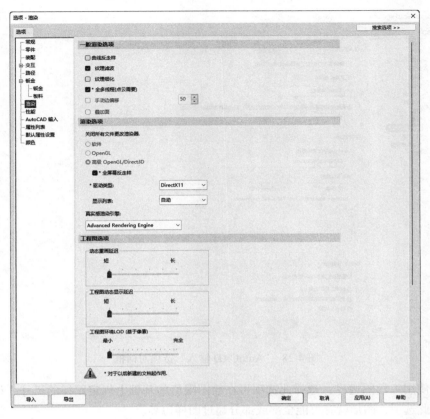

图 4-27　"渲染"选项对话框

◆ 全屏幕反走样
 ➢ 直线反走样：许多显卡都支持此选项。选择此选项可防止全部直线和相交元素走样。
 ➢ 纹理滤波：选择此选项可对纹理进行处理以得到更平滑的图像。
 ➢ 手动边偏移：棱边偏移是指已显示棱边偏移零件实际棱边的距离。默认情况下，该选项处于未激活状态，激活时用于指定相关字段中显示的预设棱边偏移值。选择此选项可通过编辑相关字段中数值来指定一个可选择的偏移量。

（8）"AutoCAD 输入"选项卡，如图 4-28 所示。

◆ 当无单位文件要使用长度单位时，长度单位使用：默认设置为默认长度单位：CAXA 实体设计 2023 必须知道输入数据的单位类型，以便确保正确的转换。从本字段的下拉列表中，选择无单位文件所采用的长度单位。

◆ TrueType 字体文件目录：在此字段中，输入 CAXA 实体设计 2023 在转换过程中搜索 TrueType 字体文件时的搜索目录。默认值为 Windows 的字体目录。

◆ SHX 字体映射：本列表显示当前的 .SHX 字体映像。
 ➢ 增加：选择此选项可打开"添加 SHX 字体映像条目"对话框并为新的 SHX 字体指定 SHX 和 TrueType 字体名称。
 ➢ 删除：若要从 SHX 字体映射中删除某个条目，在列表中选定该条目，然后选择此选项即可。

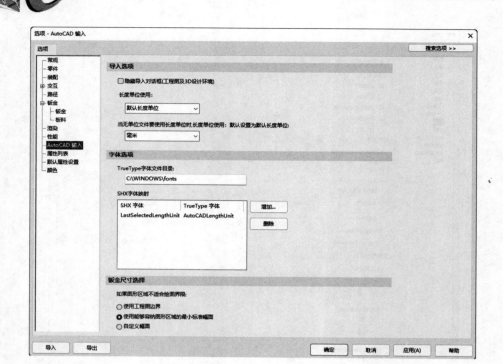

图 4-28 "AutoCAD 输入"选项对话框

➤ 使用工程图边界：选择此选项可在绘图限值的基础上规定图样的尺寸。如果选择了此选项，图形就有可能全部或部分超过图样边界。

➤ 使用能够容纳图形区域的最小标准幅面：选择此选项可引导 CAXA 实体设计 2023 生成完全包围图形的最小标准图样。用作比较的标准尺寸可根据输入的 AutoCAD 文件的单位选择。如果找到了标准尺寸。图形就会被置于图样的中央，并且会将方向（风景画或肖像画）确定在最适合该图的选项。如果未找到标准尺寸，就会生成能够容纳该图形的自定义尺寸的图样。

➤ 自定义幅面：选择此选项可引导 CAXA 实体设计 2023 生成尺寸自定义且包容该图形的图样。

（9）"颜色"选项卡：在"颜色"选项对话框中使用可为零件棱边、智能图素 / 零件关键部位和三维球定义在 CAXA 实体设计 2023 显示区采用的颜色。

◆ 设置颜色为：浏览本列表，可定位 / 选择将赋予颜色值的期望元素。

◆ 颜色：从调色板中选择选定元素所需赋予的颜色。当前选择的颜色显示在调色板左侧的大框中。也可以单击"更多的颜色"按钮，从弹出的"颜色"对话框中选择更多的颜色或者自定义颜色，如图 4-29 所示。

4.2.4 设计环境工具条

CAXA 实体设计 2023 工具条为零件设计和图样绘制中最常用的功能选项提供了快捷方式。由于工具条种类繁多，这里仅介绍设计环境默认的工具条。CAXA 实体设计 2023 中的工具条全部可以由设计人员自定义。

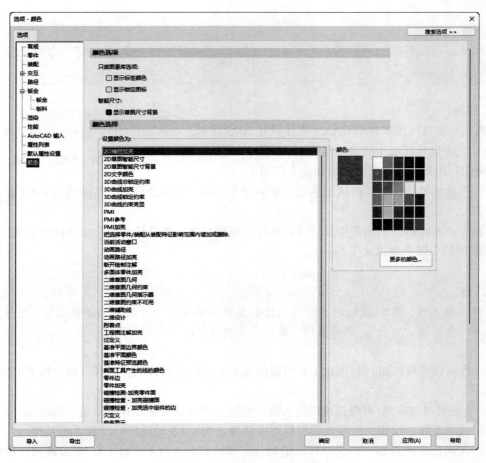

图 4-29　"颜色"选项对话框

1. 标准

"标准"工具的功能是进行文件管理，同时也包括了比较常用的 CAXA 实体设计 2023 功能，如图 4-30 所示。

图 4-30　"标准"工具

"标准"工具条中各项工具的功能介绍如下：

1）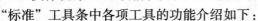 默认模板设计环境：单击可以打开系统提供的默认设计环境。

2）新的图纸环境：单击可以打开系统提供的默认绘图环境。

3）打开：打开已有的设计环境或图形文件。

4）保存：将当前设计环境中的内容保存到文件中。

5）取消操作：与刚实施操作的效果相反的操作，且其实施顺序与刚操作的先后顺序正好相反。

6）恢复操作：恢复刚在"撤销"工具中取消的操作。

7）三维球：沿任一轴旋转对象、沿任一方位移动对象或生成并定位对象的多个备份。

8）显示设计数：可以将当前设计环境的所有组件以层次树方式显示。

9）帮助：根据当前操作状况访问特定 CAXA 实体设计 2023 的相关帮助信息。选择本工具，然后选择相应的帮助主题，可显示该主题的简要说明。

> **注意**
>
> "标准"工具条上的选项还可以通过"文件""编辑""显示""工具""帮助"等菜单选用。

2. 视向

"视向"工具可用来移动 CAXA 实体设计 2023 显示，以调整在三维设计环境中的观察角度，如图 4-31 所示。

图 4-31 "视向"工具

"视向"工具条中各项工具的功能介绍如下：

1）显示平移：在零件模型前的二维平面上左右上下移动显示。还可以按下 F2 键来激活此项工具。

2）动态旋转：利用此工具，可以从任意角度观察三维设计环境。也可以按下 F3 键或单击三键鼠标的中键来激活此工具。

> **注意**
>
> 默认状态下，三键鼠标的中键可以控制某些显示操作。若要查看当前设置，请从"工具"菜单中选择"选项"，然后选择"鼠标"属性页，观看当前的设置。

3）前后缩放按钮：利用此工具可以使显示向前或向后移动。也可以通过按下 F4 键来启动此工具。

4）任意视向按钮：可模拟视向进入设计环境。也可以按下 Ctrl + F2 组合键来激活此工具。

5）动态缩放按钮：向零件模型移近或移开。按下 F5 键同样可以激活此工具。

6）局部放大按钮：将设计环境中的特定区域放大。按下 Ctrl + F5 组合键同样可以激活此工具。

7）指定面按钮：快速将用户的观察角度改变为直接面向零件模型的特定表面。按下 F7 键也可以激活此工具。

8）指定视向点按钮：重新定位显示在零件上的基准点，以对正设计环境中相对该点的观察点。利用 Ctrl + F7 组合键也可以激活本工具。

9）显示全部按钮：将用户的观察点与设计环境中的零件模型中心对齐。按下 F8 键也可以激活此工具。

10）保存视向按钮：将当前的视向位置保存起来，供以后使用。

11）恢复视向按钮：恢复用"保存视向"工具保存的视向位置。

12）取消视向按钮：删除当前视图位置。

13）恢复视向按钮：恢复前次视图的视向位置。

14）透视按钮：此选项为默认选项。取消对此工具的选定，可利用正交投影将对象显示在设计环境中，同时以对象的比例尺寸（但不做距离调整）显示对象。按下 F9 键也可以激活此工具。

> **注意**
>
> 还可以通过选择"工具"主菜单的"视向"选项来选择使用"视向"功能。

3. 三维尺寸工具条

三维尺寸工具也叫作"智能标注"工具，可用来测量、定位或约束零件和造型相互间的关系，如图 4-32 所示。

"智能标注"工具包括：

1）线性智能标注：测量线性距离并定位造型。

2）视向水平标注：在视向方向插入智能标注测量水平距离并且定位图素。

图 4-32　"智能标注"工具

3）视向垂直标注：在视向方向插入智能标注测量垂直距离并且定位图素。

4）角度智能标注：测量设计环境的角度并定位图素。

5）半径智能标注：测量圆形表面的半径。

6）直径智能标注：测量圆形表面的直径。

7）增加文字注释：添加文字注释。

8）修饰螺纹：通过选择圆形边创建螺纹线。

4.3　设计元素

4.3.1　设计元素库

CAXA 实体设计 2023 引入了设计元素的概念。设计元素是系统为设计人员进行设计所提供的各种元素的总称。设计元素库位于设计环境的右侧，当光标处于设计元素属性表所在的位置时，该选项所包含的设计元素就会显示在设计环境窗口的右侧。设计人员可以使用拖放式操作将设计元素拖入设计环境中，使用设计元素设计所需要的设计产品。系统所提供的设计元素库中的设计元素包括图素、高级图素、钣金图素、工具图素、动画图素、表面光泽图素、材质图素、凸痕图素和颜色图素，如图 4-33 所示。设计人员还可以根据实际需要生成自定义的设计元素。

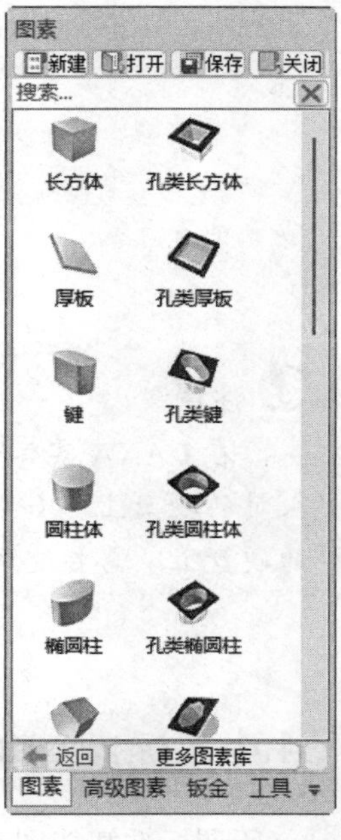

4.3.2　设计元素的操作方法

设计人员可以采用拖放式操作方法，实现对设计元素的灵活操作。操作步骤如下：

1）选择所需的设计元素的种类，确定所需的设计元素。

2）在该设计元素上按住左键，将其拖动到设计环境的设计区域中后，松开左键。

图 4-33　设计元素库

这样，设计人员可以依次将所需要的设计元素拖入设计环境中，采用这种"搭积木"式的方法，可以将设计元素组合成一个复杂的产品。当然，设计人员也可以对设计元素进行编辑修改。

4.3.3　附加设计元素

CAXA 实体设计 2023 的设计元素库包括标准设计元素库和附加设计元素库两部分。

标准设计元素库在设计环境默认设置时为打开状态，其包括图 4-33 所示的各类图素。

附加设计元素库包括抽象图案、背景、织物、颜色、石头、管道、金属、电子和阀体等种类的设计元素。在设计环境为默认设置时其处于未打开状态。设计人员可以自由选择附加设计元素调入设计环境中。调入附加设计元素的方法如下：

在主菜单中执行"设计元素"｜"打开"命令，在安装目录下找到"\CAXA\CAXA 3D\2023\AppData\zh-cn\Catalogs\Scene"子目录，目录里会显示出没有打开的设计元素，如图 4-34 所示。单击选择需要添加的设计元素，单击"打开"按钮，此时选定的设计元素将显示于设计环境的右侧。

图 4-34　附加设计元素库

> **注意**
>
> 在 CAXA 实体设计 2023 系统的"典型"安装方式中，附加设计元素都被安装到设计人员的硬盘上。如果设计人员采用"最小"安装方式，附加设计元素就不会安装到计算机的硬盘上。需要使用附加设计元素时，需要从光盘中调入。

4.4　标准智能图素

所谓标准智能图素就是指能生成三维造型形态的标准设计图素，包括图素、高级图素、工具图素和钣金图素等。标准智能图素是设计零件和构造产品的基础。

标准智能图素（如图素、高级图素、文字和工具）可从设计图素目录中直接拖入设计环境。标准智能图素是 CAXA 实体设计 2023 中最常用、最基本的图素，经常用来构建基本的形体和机构。标准智能图素又分为"图素"和"高级图素"两种，"图素"多属规则和简单立体，而"高级图素"常用于型材和复杂立体机构。这两种图素均由除料和增料图素组成。下面将重点介绍标准智能图素的使用与操作方法。

4.4.1　标准智能图素的定位

设计人员使用标准智能图素将其拖入设计环境时，首先要解决智能图素的定位问题。智能图素的定位方法比较灵活，在这里简单介绍系统提供的智能捕捉定位操作方法，其他的定位方法将在以后的章节中陆续向读者介绍。

智能捕捉是一种智能化的定位方法，能实现精确定位。一般情况下，图素之间的定位有两种不同的要求：其一是将某个图素定位于另一个图素的指定点的位置上；其二是保证图素之间边、面的对齐。采用智能捕捉定位方法可以满足这两种要求。

智能捕捉操作方法如下：移动光标选择需要拖入的智能图素，按下左键，将智能图素拖入设计环境中（在拖入的过程中同时按下 Shift 键），这时系统进入智能捕捉状态，当光标拖动图素到已有图素时，系统会自动捕捉已有图素的边、面、定点、圆心或面的中心点等几何要素，捕捉到的几何要素将呈现绿色的高亮显示，设计人员可以根据高亮显示选择需要的定位点或需要对齐的边、面等，释放左键，新图素将被定位于已有图素的位置上。

4.4.2　智能图素的属性

1. 智能图素的选定

在移动某一图素、改变图素尺寸或对其进行其他操作以前，都需要先选定它。选定一个图素就是将其激活，之后便可以对其进行操作了。例如，要放大一个块图素的尺寸或改变其颜色，必须先选定它。当某一图素或零件模型被放入设计环境时，CAXA 实体设计 2023 在合适的编辑状态上自动选定它。单击该块一次，它变为深蓝色加亮显示，表示被选定在零件编辑状态。如果取消对块的选定，单击设计环境背景的任意空白处，块上加亮显示的轮廓消失，表示不再是被选定状态。要重新选定块，就再次单击它，块又被加亮显示。根据 CAXA 实体设计 2023 当前的选定过滤设置，此时加亮显示的轮廓可能不同于先前显示的颜色。

在 CAXA 实体设计 2023 中，加亮显示的颜色是一种非常重要的可见信号，它可以显示当前图素或零件的编辑层。

2. 零件、图素和表面的选定切换

在设计过程中，经常需要对零件设计的整体或对其中的某些图素或表面进行编辑。下面介绍使用"选择过滤器"进行对零件、图素表面的选定切换。若要作为一个整体选择或编辑某个零件设计，就要确定"选择过滤器"下拉列表中的默认设置为"任意"。要编辑某个零件的几个智能图素，首先要从"选择过滤器"下拉列表中选择"智能图素"选项，激活后就可以只在智能图素编辑状态选择或编辑图素了。

如果只需编辑一个表面或边，则应从"选择过滤器"下拉列表中选择"面"或"边"选项，激活后就可以在设计环境中对图素或零件的某一个面或边单独进行编辑。也可以把"选择过滤器"设定为"任意"来实现不同编辑状态的快速转换，通过单击零件而进入所需要的编辑状态。当需要不断地在不同的编辑状态间进行转换时，这一方法十分有用。只要相继两次至三次单击零件上的同一位置，就可以进入所需的编辑状态。

下面介绍如何使用单击选择法选定编辑状态。以长方体块为例，首先要确保把"选择过滤器"设置为"任意"。

第一次单击零件，进入零件编辑状态，整个零件会显示深蓝色加亮显示的轮廓。在这个编

辑状态上进行的任何操作都将作用于整个零件，如图 4-35 所示。

第二次单击零件，进入智能图素编辑状态，会显示黄颜色的智能图素包围盒和手柄，如图 4-36 所示。在智能图素编辑状态下，所进行的操作仅作用于所选定的图素。要在同一编辑状态下选定另一个图素，只要单击它就可以了。

图 4-35　零件编辑状态

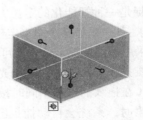

图 4-36　智能图素编辑状态

第三次单击零件，进入表面编辑状态，光标在哪一个面或边上，该面或边就呈绿色加亮显示，如图 4-37 所示。如果光标位于面的顶点或中心上，就会出现一个绿点。要在表面编辑状态选定另一个面、边或者顶点，单击该面、边或顶点即可。

第四次单击零件，又回到零件编辑状态，重新开始单击选择法序列，如图 4-38 所示。

单击设计环境然后选定零件，即可随时返回零件编辑状态，如图 4-38 所示。也可以随时利用"选择"下拉列表中的选项来变换编辑状态。

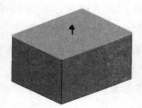

图 4-37　表面编辑状态

图 4-38　返回零件编辑状态

注意

单击两次不同于双击。要选定智能图素编辑状态，单击一次进入零件编辑状态，稍微停顿，然后再单击第二次。

3. 包围盒、操作手柄与定位锚

将新图素拖入到设计环境中时，该图素呈蓝色显示。若单击该图素，则该图素进入智能图素编辑状态。如果对已有图素单击，待该图素呈蓝色显示后再单击，也可以使该图素进入智能图素编辑状态。进入编辑状态的图素，会在图素上显示出黄色的矩形包围盒、红色的操作手柄和绿色的定位锚，如图 4-39 所示。

（1）包围盒：是一个能包容某个智能图素的最小六面体，它定义了智能图素的尺寸大小。通过改变包围盒的尺寸可以改变图素的尺寸大小。

（2）操作手柄：包围盒六面体的 6 个表面上分别有与之垂直的红绿蓝三色共 6 个操作手柄，

这些操作手柄也称为包围盒操作手柄，利用包围盒操作手柄可以编辑图素的尺寸。包围盒操作手柄是在智能图素编辑状态下选定某一图素或零件时显示的默认手柄。

在图素编辑状态下，图素包围盒四周都显示这些红色的圆形手柄。包围盒上还有一个"切换"图标 或 。通过单击这两个图标可以在包围盒操作手柄和造型操作手柄之间进行切换。其中，图标 表示为包围盒操作手柄编辑状态，图标 表示为造型操作手柄编辑状态，如图 4-40 所示。通过鼠标拖动操作手柄可以改变图素的尺寸。

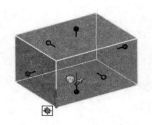
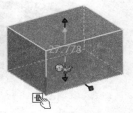

图 4-39　长方体上的包围盒、操作手柄和定位锚　　图 4-40　包围盒操作手柄与造型操作手柄

（3）定位锚：CAXA 实体设计 2023 中的每一个图素或零件都有一个定位锚，它由一个绿点和两条绿色线段组成。当一个图素被放进设计环境中而成为一个独立的零件时，定位锚位置就会显示一个图钉形标志，如图 4-41 所示。定位锚表示一个图素或零件与另一个图素或零件相连接的位置。例如，当把一个图素拖放到另一个图素上时，第二个图素的定位锚就落在了第一个图素的表面上。

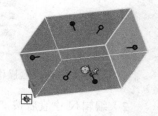

图 4-41　定位锚

4. 编辑图素的尺寸

图素的尺寸大小可以通过操作手柄拖放式可视化操作和精确输入两种方法进行编辑修改。

（1）利用包围盒操作手柄可视化编辑图素的尺寸。操作步骤如下：

1）在智能图素编辑状态下单击图素，直到显示包围盒及其操作手柄。

2）将光标移动到包围盒手柄上，直到光标变成一个带双向箭头的小手形状。

3）按左键并拖动包围盒手柄，图素的尺寸就随之变化，如图 4-42 所示。

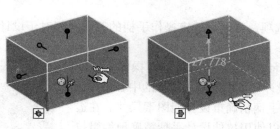

图 4-42　可视化编辑图素尺寸

（2）利用造型操作手柄可视化编辑图素的尺寸。操作步骤如下：

1）在智能图素编辑状态下选定图素，单击"切换"图标以切换到造型操作手柄状态，显示造型操作手柄。

2）把光标移动到其中一个造型操作手柄上，直到光标变成带双向箭头的小手形状。

3）按住左键并拖动造型操作手柄，这样就可以改变图素的尺寸。

（3）利用包围盒操作手柄精确重设智能图素尺寸。在实际设计过程中，常常需要利用包围盒操作手柄精确编辑图素的尺寸，其操作步骤如下：

1）右击包围盒操作手柄，从弹出的如图 4-43 所示菜单中选择"编辑包围盒"选项，将弹出如图 4-44 所示的对话框，其中显示当前包围盒的尺寸数值与选定包围盒操作手柄的数值处于加亮显示状态。

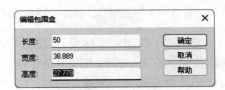

图 4-43　包围盒操作手柄弹出菜单　　　　　　图 4-44　"编辑包围盒"对话框

2）编辑尺寸值后按"确定"按钮。然后右击，依次改变图素的尺寸进而熟悉各种动作的操作结果。

◆ 改变捕捉范围：选择此选项，可以改变线性捕捉增量。如果采用默认捕捉方式，按住 Ctrl 键可以自由拖动。

◆ 使用智能捕捉：选择此选项，可以显示相对于选定操作手柄与另一零件的点、边和面之间的"智能捕捉"反馈信息。选定"使用智能捕捉"选项后，包围盒操作手柄的颜色加亮。"智能捕捉"功能在选定操作手柄上一直处于激活状态，直到从弹出菜单中取消该选项为止。

◆ 到点：选择此选项，可以将选定操作手柄的关联面相对于设计环境中另一对象上的某一点对齐。

◆ 到中心点：选择此选项，可以将选定操作手柄的关联面相对于设计环境中的某一对象的中心对齐。

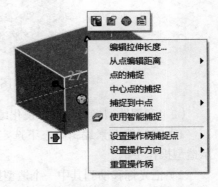

（4）利用造型操作手柄精确重设智能图素尺寸。在造型操作手柄状态下，可以使用拉伸设计手柄精确地编辑拉伸设计的尺寸，右击拉伸设计起始或终止截面的拉伸手柄，弹出如图 4-45 所示的菜单，选定"编辑距离"选项，弹出相应对话框，输入所需数值，然后单击"确定"按钮。

除"编辑距离"选项外，用于精确重新设置智能图素尺寸的还有其他的造型操作手柄选项，可以帮助完成对图素尺寸的编辑。

图 4-45　造型操作手柄弹出菜单

◆ **从点编辑距离**：可使用以下选项确定一个基准点，作为选定手柄移动距离测量的起点。在基准点默认时，距离的测量起点就从选定轮廓图素手柄关联面的当前位置开始。

　　➢ **点**：选择此选项，然后在选定对象或其他对象上选定一个基准点，作为选定图素手柄移动的距离测量起点，弹出"编辑距离"对话框，如图 4-46 所示。如果需要改变距离，就输入精确的距离值。

　　➢ **中心**：选择此选项，然后选择一个圆柱体，把它的轴线作为选定手柄移动距离的测量起点，弹出"编辑距离"对话框，如果需要改变距离，就可以输入精确的距离数值。

图 4-46　"编辑距离"对话框

◆ **点的捕捉**：选择此选项，然后在选定对象或其他对象上选定一个基准点，以使选定手柄的关联面迅速与基准点对齐。

◆ **中心点的捕捉**：选择此选项，然后在一圆柱体轴线上选定一个基准点，以迅速使选定手柄的关联面与圆柱体的轴线对齐。

◆ **与边关联**：选择此选项，然后在一个其他对象上选定一个基准边，以迅速使选定手柄的关联面与基准边对齐。

◆ **设置操作柄捕捉点**：使用这些选项，为选定手柄确定一个对齐点。

　　➢ **到点**：选择此选项，然后在其他对象上选定一个点作为选定手柄的对齐基准点。当拖动手柄时，手柄相对于这一基准点的距离数值将显示出来。

　　➢ **到圆心点**：选择此选项，然后在一圆柱体轴线上选定一点，以其为选定手柄的对齐基准点。当拖动手柄时，手柄相对于这一基准点的距离数值将显示出来。

◆ **设置操作方向**：使用这些选项来改变轮廓图素手柄的方向。

　　➢ **到点**：可使选定手柄与手柄基点和其他对象上选定基准点之间的虚线平行对齐。

　　➢ **到圆心点**：可使选定手柄与从圆柱体中心点引出的虚线平行对齐。

　　➢ **点到点**：可使选定手柄平行于其他对象上两选定基准点间的虚线对齐。

　　➢ **与边平行**：可使选定手柄与其他对象上的选定边平行对齐。

　　➢ **与面垂直**：可使选定手柄与其他对象上的选定面垂直对齐。

　　➢ **与轴平行**：可使选定手柄平行于圆柱体的轴线。

◆ **重置操作柄**：选择此选项，可使选定手柄恢复到其默认位置和方向。

（5）利用包围盒属性重设智能图素尺寸。在智能图素编辑状态下，右击图素，在弹出的如图 4-47 所示的菜单中选择"智能图素属性"，弹出"拉伸特征"对话框，如图 4-48 所示。在此对话框中单击"包围盒"选项，则显示有"尺寸""显示""调整尺寸方式"及"形状锁定"4个属性表。

◆ **尺寸**：控制包围盒的大小。编辑这些选项和拖动包围盒的手柄都可以改变包围盒的尺寸属性。当需要精确地改变尺寸时，就可使用这些选项。例如，如果需要某一块的长度正好是 60mm，则应在"长度"文本框中输入这一数值。如果需要增加或减少一定数值的尺寸，则可以在当前值上加上或减去这一尺寸数值。

◆ **调整尺寸方式**：决定包围盒的尺寸手柄被拖动时包围盒的状态。包围盒的尺寸手柄相对于长、宽、高 3 个坐标轴显示。

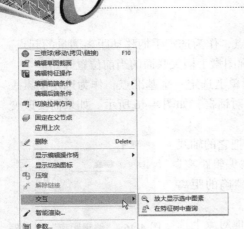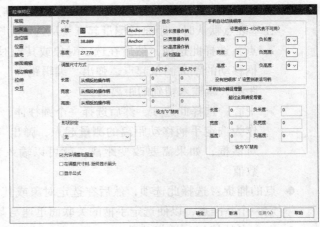

图 4-47　右击弹出菜单　　　　　图 4-48　"拉伸特征"对话框

"调整尺寸方式"选项中提供了以下方式：

◆ 关于包围盒中心：选择此选项，可以以包围盒中心点为准，对称地重新设定对象的尺寸。

◆ 关于定位锚：选择此选项，可以以定位锚点为准，对称地重新设定对象的尺寸。

◆ 从相反的操作柄：选择此选项，以对立表面上的手柄为准，将一个面拖近或拖离其对立面。

◆ 显示：决定选定智能图素时包围盒的哪一部分被显示。

◆ 形状锁定：能够在重置包围盒尺寸时保持各尺寸的比例关系。设计人员可以锁定两个或更多的尺寸，以保持它们的比例关系。例如，如果锁定了图素的长度和宽度，只要拖动这两个尺寸中的任何一个尺寸手柄，就可以在这两个尺寸上改变图素的尺寸，而且重新设定尺寸的图素仍保持了原来的长度和宽度的比例关系。

"形状锁定"选项中提供了多种形状锁定模式：

◆ 无：未锁定任何尺寸比例，在拖动任何一个尺寸手柄以改变其尺寸时，而图素的其他尺寸均保持不变。

◆ 长和宽：可以保持选定图素的长度和宽度的比例关系。

◆ 长和高：可以保持选定图素的长度和高度的比例关系。

◆ 宽和高：可以保持选定图素的宽度和高度的比例关系。

◆ 所有：可以保持所有尺寸的比例关系，当改变一个尺寸的数值时，所有尺寸都按原来的比例改变。

5. 智能图素的其他属性

所有智能图素都有属性表，表中列有很多选项。这些选项可定义许多元素，如包围盒、交互信息、表面编辑、定位锚等。在智能图素编辑状态下右击智能图素，在弹出菜单中选择"智能图素属性"选项，可显示图素的属性表（即出现一个对话框）。该对话框中除了上文中介绍的"包围盒"选项，还有其他多个选项，对应于各类属性。

这里只对"抽壳""表面编辑"与"棱边编辑"选项进行补充讲解，其他选项将留在以后的零件设计过程中进行讲解。

（1）抽壳：利用"抽壳"选项可以在一个智能图素上进行抽壳操作。抽壳即挖空一个图素的过程。这一功能对于制作容器、管道和其他内空的对象十分有用。当对一个图素进行抽壳时，可以规定剩余壳壁的厚度。

在对图素进行抽壳操作时，其二维截面决定着智能图素的形状。在"抽壳"选项中，图素的二维截面被划分为两类：

◆ 起始截面：这类截面是指用于生成图素的二维截面。当图素在智能图素编辑状态下被选定时，这类截面就用蓝色箭头标识，箭头指向生成三维造型时的操作运动方向。

◆ 终止截面：这类截面是指图素经过拉伸、旋转、扫描或放样结束时的截面。

要确定一个三维造型的起始截面，可以在智能图素编辑状态下选定该图素，然后寻找上述蓝色箭头或者定位锚的位置（仅限于未对定位锚重新定位的图素），两者都能指示图素的起始截面。对于对称的抽壳操作，起始截面和终止截面要么都是开放的，要么都是闭合的，没有必要区分起始截面和终止截面。在需要一端开口而另一端封闭的情况下，可以任意选择一端。但是，如果需要特定一端开口或封闭，就需要区分起始截面和终止截面了。例如，要制作一个纸板箱时，应该让带有定位锚的截面作为封底。

◆ 对该图素进行抽壳：若要挖空一个图素就选择这一选项。

◆ 壁厚：在这一文本框中，输入一个大于 0 的数值，作为图素被挖空后余下壳壁的厚度。

◆ 结束条件：此选项规定了抽壳完毕后哪一个截面开口（如果需要开口）。

➢ 打开终止截面：此选项表示抽壳操作一直进行到挖穿终止截面，使其开口。

➢ 打开起始截面：此选项表示抽壳操作一直进行到挖穿起始截面，使其开口。

➢ 通过侧面抽壳：此选项表示抽壳操作一直进行到挖穿侧壁，使其开口。

➢ 显示公式：通过这一选项可以查看生成本属性表上的数值的计算公式。

在高级选项中具有以下选项：

◆ 在图素表面停止抽壳：此选项可以决定 CAXA 实体设计 2023 抽壳的深度。例如，可以抽壳至一个图素与另一个图素相连接的地方。

➢ 起始截面：使用此选项可使壳的起始截面与另一对象的表面相一致。当被抽壳对象伸入另一对象中时，这一选项十分有用，可以控制抽壳操作沿着曲面进行。

➢ 终止截面：使用此选项可使壳的终止截面与另一对象的表面相一致。

◆ 多图素抽壳：若抽壳操作一直挖穿了图素的起始截面和终止截面的常规界限，则选用这一选项。这一技术对于将两个图素组合成一个单独的中空零件十分有用。

➢ 起始偏移：在文本框中输入要挖穿起始截面以外增加的深度。

➢ 结束偏移：在文本框中输入要挖穿终止截面以外增加的深度。

➢ 侧偏移量：在文本框中输入要挖穿选定侧壁以外增加的深度。

（2）表面编辑：定义图素的另一种方法是重构图素表面。CAXA 实体设计 2023 提供了 3 种类型的表面重整方法：起始截面、终止截面和侧面，如图 4-49 所示。

◆ 哪个面：从其下选项中选择需要进行重构的面。

➢ 起始截面：此选项表示对图素的起始截面进行拔模或加盖。

➢ 终止截面：此选项表示对图素的终止截面进行拔模或加盖。

➢ 侧面：此选项表示对图素的侧面进行拔模或加盖。

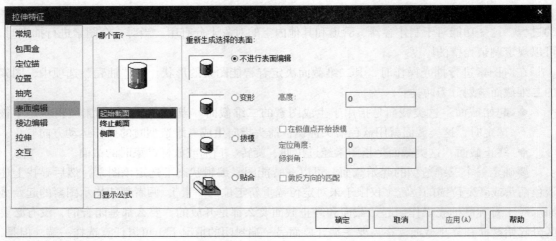

图 4-49 "表面编辑"对话框

◆ 拔模：表示对一个表面进行拔模。拔模效果根据参考面而定。当对侧面拔模时，"倾斜角"决定侧面沿着图素扫描轴线从起始截面到终止截面收敛或发散的速度。负值锥角对应于收敛方式，正值锥角对应于发散方式。起始截面保持不变，但终止截面要按比例变化以形成锥形。当对起始截面或终止截面进行拔模时，"倾斜角"和"定位角度"决定倾斜的方向和坡度。拔模使终止截面成一个凿子的形状。拔模方向由"定位角度"决定。

➢ 倾斜角：在此文本框中输入一个角度数值，终止截面倾斜成这一角度，形成一个凿子的形状。侧面向终止截面也倾斜成这一角度。

➢ 定位角度：在此文本框中输入一个角度数值，这一数值决定着拔模方向的起始点。

◆ 变形：在图素上增加材料，形成一个光滑的拱顶式的"盖"。

➢ 高度：在此文本框中输入"盖"所需要的高度。

◆ 贴合：规定一个图素的起始截面或终止截面与放置于其上的另一个图案的表面相贴合。例如，如果将一个长方体放置于一圆柱体上，使用此选项可使长方体的相交面沿着圆柱面弯曲。

➢ 做反方向的匹配：选择此选项，使图案的起始截面和终止截面相贴合。使用这一选项，选择"贴合"选项只能用于起始截面或终止截面，但不能同时用于两者。

（3）棱边编辑：倾斜一个图素，可以将图素的边削掉而变得圆滑。CAXA 实体设计 2023 提供了两种基于图素的倾斜类型：圆角过渡和倒角。

◆ 圆角过渡：CAXA 实体设计 2023 削掉图素的边而变成平滑的曲面。

◆ 倒角：CAXA 实体设计 2023 切去一个对角截面，形成一个角边。

◆ 哪个边：选项中选择"起始边""终止边""侧面边""所有相交边"，分别对图素的起始截面边、终止截面边、侧壁截面边、所有相交的边进行倾斜操作。

➢ 在右边插入：输入一个从原来的棱沿着右侧表面到倒角对角线的距离数值。

➢ 在左边插入：输入一个从原来的棱沿着左侧表面到倒角对角线的距离数值。

4.5　设计环境的视向设置

4.5.1　分割设计环境窗口

在设计过程中为了设计方便，可以将一个设计环境窗口分割成两个或多个部分来增加观察选项，以利用视向工具同时从不同角度观察设计模型和零件，如图 4-50 所示。

右击设计环境背景，弹出快捷菜单，然后选择下面的选项对窗口进行分割：

水平分割：选择此选项，沿水平方向分割窗口生成一个新的窗口。

垂直分割：选择此选项，沿垂直方向分割窗口生成一个新的窗口。

删除视图：选择此选项，删除激活的窗口。

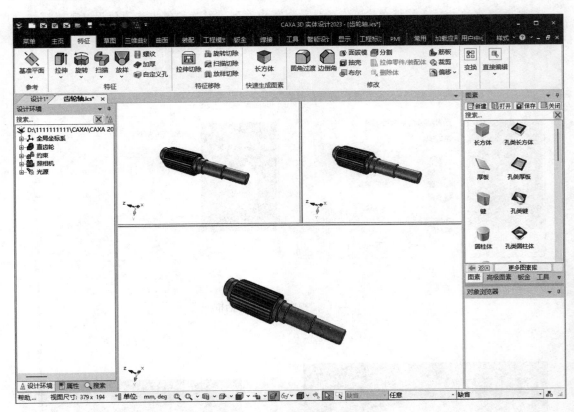

图 4-50　分割设计环境窗口

4.5.2　生成新视向

所有 CAXA 实体设计 2023 的设计环境都至少包含一个虚拟的视向，但是设计人员无法看到它，因为设计人员始终在使用它来进行观察。若要添加新视向，操作步骤如下：

1）执行"生成"｜"视向设置向导"命令，将光标移动到一个窗口中，光标边出现照相机作为视向标识。

2）光标到达长方体时，单击，以定位视向的目标点，弹出"视向向导"第1页对话框，如图 4-51a 所示，将"视向方向"设置为"保留方向"，"视点距离"设置为 50；在如图 4-51b 所示"视向向导"对话框的第 2 页中均选"否"，单击"完成"按钮。设计环境的各个部分将出现一条黄线，它从长方体表面上的一个红色手柄延伸出来，指向一个照相机图标，如图 4-52 所示。

3）打开设计树 开关，展开设计树中的"照相机"选项，找到新的视向并右击，在弹出的快捷菜单中选择"视向"命令，对左边部分的设计环境的观察就是通过新视向的"眼睛"看到的。在右边视窗中，长方体的表面将出现一个红色的点，而从表面到新视向位置的方向上则会发射出一条黄色射线指向照相机，如图 4-53 所示。

> **注意**
> 所有原有的和新建的视向均可在"设计树"中看到。附加的弹出选项使用户可以剪切、复制、粘贴或删除一个视向，也可以访问视向向导和视向属性。

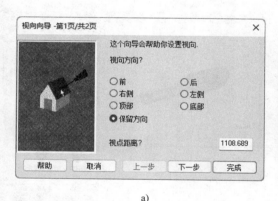

a)

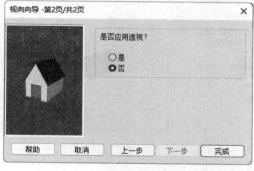

b)

图 4-51 "视向向导"对话框

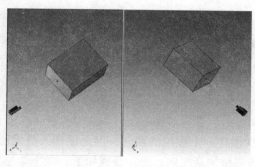

图 4-52 新视向标志

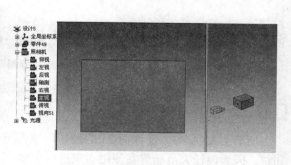

图 4-53 建立新视向

4.5.3 移动和旋转视向

在 4.5.2 节中，如果选择设计环境左侧视窗，当红色的手柄移动或旋转时，可以把右视窗当作新视向的"取景器"来查看移动视向的结果，也可以使用"视向"中的工具进行视向调整。

4.6 设计树、基准面和坐标系

4.6.1 设计树

设计树又称为设计环境状态树，它以树状图表的形式显示当前设计环境中的所有设计内容，从设计环境本身到其中的各个零件，组成零件的智能图素、群组、约束条件、相机和光源等。设计人员可以利用"设计树"快速查看零件中的图素数量和设计环境中的光源数，并可以编辑设计环境对象的属性。还可以利用"设计树"改变零件或装配体的生成顺序和历史记录。

执行"显示" | "设计树"命令或者单击"设计树"按钮，可以打开设计树。设计树显示于设计环境窗口的左侧。因为"设计树"按照从上到下的排列顺序表示产品的生成过程，所以在了解零件或装配体的生成顺序时，它是一种非常有用的工具。设计环境中的各个对象可以通过不同的图标形式加以区别。在本书后面的设计过程中，将会涉及设计树的使用。

4.6.2 基准面

CAXA 实体设计 2023 的基准面是一个包含零件设计主要参考系和坐标系的平面。它始终存在于设计环境中，可以选择是否显示它。

1. 显示基准面

执行"显示" | "坐标系"命令，在设计环境中将显示 3 个坐标平面，即基准面，如图 4-54 所示。基准面由 3 个半透明的平面（X-Y 平面、X-Z 平面和 Y-Z 平面）组成。显示基准面时，它以十字交叉影线网的形式出现。无论能否使图素和零件透过栅格或定位到栅格之后，都应将基准面考虑成设计环境的"底板"。

2. 显示基准面栅格

（1）显示基准面栅格。基准面栅格始终存在于设计环境中，可以选择是否显示它。在设计环境中，单击某个基准面，基准面 4 个角将显示 4 个红色小方块，在小方块附近右击，将弹出基准面编辑菜单；或者在设计树中单击选择某个基准面后右击，也将弹出基准面编辑菜单，在菜单中选择"显示栅格"选项，在相应基准面上显示出栅格，如图 4-55 所示。

（2）编辑基准面栅格大小。如果基准面或者栅格大小不合适，可以调整基准面或栅格的尺寸大小。方法是从"设置"主菜单中单击"坐标系"，弹出如图 4-56 所示的"局部坐标系统"对话框，在此对话框中分别输入合适的基准面与栅格尺寸数值。

在图 4-55 所示的基准面编辑菜单中，选择"坐标系平面格式"选项，也可以弹出"局部坐标系统"对话框，用于基准面与栅格尺寸的编辑。

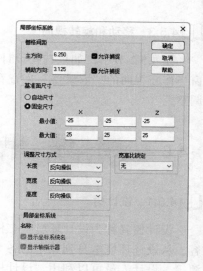

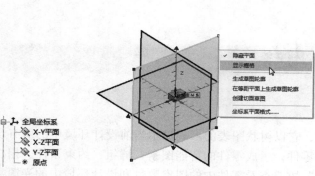

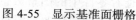

图 4-54　基准面　　　　　图 4-55　显示基准面栅格　　　　图 4-56　"局部坐标系统"对话框

4.6.3　坐标系

在设计环境窗口的左下角有一个三维坐标系，分别用红、绿和蓝 3 色表示 X、Y 和 Z 轴。这个坐标系只是一个名义上的坐标系，它对于设计工作中的尺寸度量没有任何作用，该坐标系的功能只是配合视向的变化，提醒和帮助设计者了解当前视向在三维坐标系和图素或零件上的具体反映，也就是说，它只是一个了解视向显示的辅助工具。

设计零件或产品所使用的坐标是基准面上的坐标，基准面坐标系的坐标原点在 3 个基准面的交点上。坐标系的尺寸单位可以根据需要设置。

第5章

二维截面的生成

　　CAXA 实体设计中所包含的图素不能满足设计者的设计需要时，设计者可以采用智能图素生成工具生成自定义图素。第一步是用二维轮廓工具绘制一个二维截面，然后通过拉伸、旋转、扫描或者放样等方式，把截面轮廓转换成三维实体。所以在使用自定义智能图素工具的过程中通常要与二维截面生成工具结合起来使用，即先生成二维截面，然后将二维截面展开到三维。本章将介绍如何生成和编辑二维几何图形。

重点与难点

■ 二维截面设计环境设置

■ 二维截面工具

■ 二维图素生成二维截面

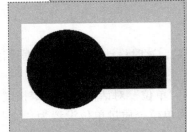
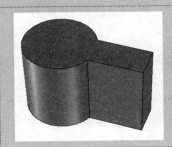
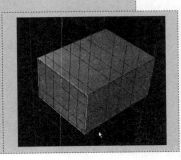

5.1 二维截面设计环境设置

在 CAXA 实体设计中，利用二维轮廓生成工具并结合使用"智能图素生成"工具，设计者可以生成二维轮廓，然后将其延展成三维图素，所以二维截面图形是生成自定义智能图素的基础。而二维截面必须在三维设计环境中绘制，所以设计者应当了解二维设计环境，并且能够对设计环境进行合理的设置。

1. 新建二维截面设计环境

在创建了一个新的三维设计环境的基础上，可以创建一个二维截面设计环境，操作步骤如下：

执行"生成"｜"二维草图"命令，设计环境窗口中显示一个被放大的"X-Y"面的栅格坐标面，如图 5-1 所示。

> **注意**
>
> 在栅格坐标面上，X、Y 以 L、W 代替，L 代表长度，W 代表宽度。

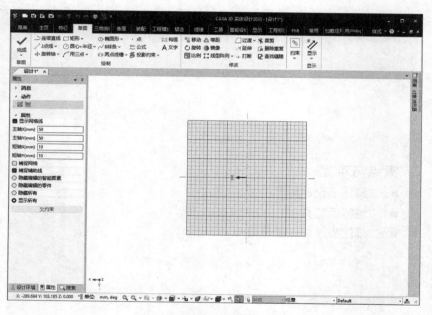

图 5-1 二维截面设计环境

2. 为二维截面指定测量单位

二维截面设计环境的默认测量单位可能不能满足设计的需要，这时设计人员可以根据设计的实际需求设置不同的度量单位。设置方法如下：

执行"设置"｜"单位"命令，在弹出的如图 5-2 所示的"单位"对话框中，从"长度"的下拉列表中选择符合要求的度量单位，通常采用"毫米"为单位。质量单位设置为"克"，"角度"保留默认设置。单击"确定"按钮。

3. 二维绘图选择选项

在二维截面设计环境中右击，弹出二维截面选项快捷菜单，如图 5-3 所示。通过该菜单中的选项，设计人员可以设定栅格、捕捉、显示和约束选项。

图 5-2　"单位"对话框

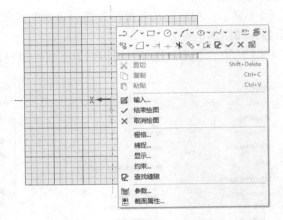

图 5-3　二维截面选项快捷菜单

（1）栅格：选择此选项可显示绘图表面和二维绘图栅格，设置水平和垂直栅格线间距，并指定是否将定义的设置值设定为默认值。如图 5-4 所示。

（2）捕捉：选择此选项可以定义光标相对于栅格和栅格中的绘图单元的捕捉行为，如图 5-5 所示。

图 5-4　"栅格"选项

图 5-5　"捕捉"选项

1）栅格：选择此项可使光标捕捉栅格中的交线。

2）构造几何：复选此项可使光标捕捉二维图形中的所有直线、圆弧、终点和其他特征。本选项提供必要的返回信息来为闭合几何图形提供保证。

3）角度增量：复选此项可使角度 - 距离拖放模式下的角度定义更加容易。在"角度增量"字段中输入用户需要的增量值并按 Enter 键。这样，当拖拉角度线时，它就会按照用户在"角度增量"字段中输入的增量值跳移一个角度。

4）距离增量：复选此项可使光标捕捉到直线上的等距离增量。应在"距离增量"字段输入需要的增量值并按 Enter 键。

5）智能捕捉：复选此选项后，就可以使光标捕捉现有几何图形和栅格上直线和点的共享平面上的位置。

（3）显示：利用此选项可设置是否显示曲线尺寸、是否显示终点位置和是否显示轮廓条件指示器，如图 5-6 所示。

（4）约束：利用此选项，可以对以下属性进行设置，如图 5-7 所示。

图 5-6　"显示"选项

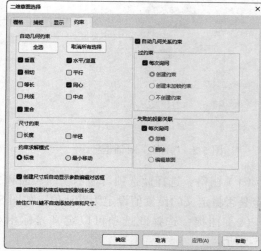

图 5-7　"约束"选项

1）自动几何约束：利用此选项可以对"垂直""平行""相切""同心"及"水平/竖直"的相对位置关系进行约束。

2）尺寸约束：利用此选项可以对"长度"和"半径"尺寸进行约束。

4. 二维绘图栅格的反馈

为了帮助设计者准确、快捷地生成二维截面，CAXA 实体设计为设计者在二维栅格上进行的绘图操作提供了详细的反馈提示。设计者在二维栅格上绘图时，应该随时注意系统提供的反馈信息。CAXA 实体设计可以向设计者提供的反馈信息如下：

1）光标显示形态变为带深绿色小点的十字准线。

2）当光标定位到已有曲线终点时，光标变成一个较大的绿色"智能捕捉"点。该点可以帮助设计者生成相连曲线的连续二维截面。开始绘制新曲线时，可单击前一曲线的终点。如果不利用这个绿色的点，所生成的曲线就无法相连，而 CAXA 实体设计也就不能将设计者所绘制的截面拓展成三维图形。

3）当光标定位到某条曲线的终点或两条曲线的交点时，变成一个较大的绿色"智能捕捉"点。

4）当光标移动到曲线上的任意点时，变成一个较小的深绿色"智能捕捉"点。该点比终点、中点或交点的光标点更小，颜色更深。

5）光标如果定位在现有几何图形或栅格上线、点共享面上，将变成绿色的"智能捕捉"虚线。

6）如果正在处理的曲线与已有曲线齐平、垂直、正交或相切，屏幕上将会显示出深蓝色剖面条件指示符。

7）如果"显示曲线尺寸"选项被激活，则 CAXA 实体设计会在设计者绘制二维几何图形时显示直线和曲线的精确测量尺寸。

默认状态下，CAXA 实体设计会对将与现有几何图形相切的曲线应用锁定的约束条件，并在该曲线绘制完成后用红色的约束符号指明它们的锁定状态。

5. 智能光标

与二维截面制作中的"智能捕捉"反馈结合使用的 CAXA 实体设计功能智能光标，可为几何图形快捷而准确地可视化定位提供重要支持。在初次生成几何图形和重定位现有几何图形时，可使用智能光标。在生成或重定位截面几何图形时，智能光标会沿着与光标的共享面激活智能光标当前位置与现有几何图形和栅格上相关点/边之间的"智能捕捉"反馈。

5.2　二维截面工具

📖 5.2.1　"二维绘图"工具条

本工具条用于生成直线、圆、切线、矩形和其他几何图形。该工具条位于二维截面设计环境窗口的下方，如图 5-8 所示。

图 5-8　"二维绘图"工具条

1. "两点线"工具

使用"两点线"工具可以在任意方向上画一条直线或一系列相交的直线，以生成一个二维截面。操作方法如下：

1）选择"两点线"工具。

2）单击即可生成直线的第一个端点，将光标移动到合适的另一个直线端点位置。

可以通过单击并释放的方式来生成直线的下一个端点和结束直线绘制，或者在右击弹出的对话框中指定一个精确的长度值，如图 5-9 所示，并单击"确定"按钮来确定第二个端点的位置。也可以通过从开始位置到结束位置单击并拖放光标的方式来绘制直线，但是这种情况下不能使用设置精确尺寸的右击选项。

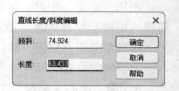

图 5-9　"直线长度/斜度编辑"
对话框

 注意

曲线端点处的红点表示截面是敞开的。

2. "切线"工具

本工具可用来绘制与圆、圆弧和圆角等曲线上的一个点相切的直线。操作方法如下：

1）选择"切线"工具。单击圆周上的任意点，以指定直线与圆的切点。

2）将光标从圆上移开，并停留在栅格上的任意点位置。此时设计环境中会出现一条切线。当将光标移动到圆外的各个点位置时，直线的第一个端点就沿着该圆的圆周移动，直到直线与圆相切。当出现一对深蓝色的平行线时，直线和圆就在交叉点处相切。

3）如果要让切线具有用户所需要的长度并固定切点，则单击以设置切线的第二个端点。也可以右击，在弹出的对话框中精确定位第二点位置，如图 5-10 所示。

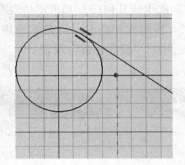
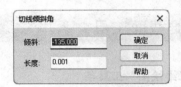

图 5-10　切线第二点及"切线倾斜角"对话框

此外，还可以右击并在随之出现的对话框中指定一个精确的长度值和斜度，然后选择"确定"按钮。

3. "垂直线"工具

用"垂直线"工具可以绘制与其他直线或曲线垂直的直线。操作方法是：先在圆周的任意位置单击，指定圆的法线位置，然后移动光标到草图的其他位置，当选定了法线的第二点后单击确定。也可以右击，输入法线的精确长度和方向。

4. "连续直线"工具

用"连续直线"工具可以在二维绘图栅格上绘制多条首尾相连的直线。绘制过程中可以在"直线长度 / 斜度编辑"对话框中输入线段的长度和斜度数值。

5. "矩形"工具

利用"矩形"工具，可以快速地生成矩形。选择"矩形"工具，在栅格中移动光标，选定需要的矩形起始直角的位置。单击并释放鼠标，确定矩形的开始点，将光标移动到该角对角线另一端直角的顶点位置，然后再次单击，或者右击，在随之弹出的如图 5-11 所示的对话框中输入一个精确的位置坐标并单击"确定"按钮，完成矩形的绘制。

6. "圆：圆心 + 半径"工具

利用此工具可以根据确定的圆心和半径画圆。选择"圆：圆心 + 半径"工具，在栅格中将光标移动到所希望的圆心位置，单击，以确定圆的圆心及其半径起点，将光标移动到所希望的半径终点位置，单击并释放鼠标，或者右击，在弹出的如图 5-12 所示对话框中输入精确的位置坐标，单击"确定"按钮以确定半径长度。

7. "圆：2 点"工具

利用此工具可通过定义圆的直径来画圆。选择"圆：2 点"工具，在栅格中将光标移动到所希望的圆直径起点位置，单击设定。将光标移动到所希望的直径端点位置，然后单击并释放鼠标，或者右击，并在弹出的对话框中输入精确的位置坐标，再单击"确定"按钮以确定直径的端点。

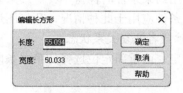

图 5-11　"编辑长方形"对话框

图 5-12　"编辑半径"对话框

8. "圆：3 点"工具 ◯

利用本工具可以指定圆周上的 3 个点来画圆。选择"圆：3 点"工具，单击并释放鼠标，指定新圆圆周上将包含的第一个点。将光标移动到圆周上将包含的第二个点，然后单击设定，将光标移动到新圆圆周上将包含的第三个点。移动光标时，CAXA 实体设计系统将拉出一个圆周包含前两个点和光标当前位置所在的点的圆，单击，第三点即被确定。

9. "圆：1 切点 +2 点"工具 ◯

利用此工具可生成一个与圆、圆弧、圆角及直线等几何元素相切的圆。操作时，切点应选在已知的几何元素上，另外两点决定圆的大小。

10. "圆：2 切点 +1 点"工具 ◯

利用此工具可以生成一个与两个已知圆、圆弧、圆角或直线等几何元素相切的圆。操作时，切点应选在两个已知的几何元素上，另外一点决定圆的大小。

11. "圆：3 切点"工具 ◯

利用此工具画圆，使之与 3 个已知圆、圆弧、圆角或直线等几何元素相切。操作时，切点应选在 3 个已知的几何元素上。

12. "圆弧：2 端点"工具 ◠

此工具是绘制圆弧的主要工具之一。利用此工具生成的几何图形都是半圆；如果在设定第二个点的时候右击，就可以指定生成圆弧的半径值。

13. "圆弧：圆心 + 端点"工具 ◜

利用此工具可以生成非半圆弧的圆弧。使用本工具时，应首先定义约束该圆弧的圆心，然后确定圆弧的两个端点。本工具利用距离来捕捉半径，必要时，可以通过右击绘图栅格并从弹出的菜单中选择"捕捉"来激活本功能选项。

14. "圆弧：3 点"工具 ◜

此工具可利用指定的三点生成圆弧。其中，第 1、2 两点为圆弧的两个端点，第 3 点在 1、2 点之间。

15. "B 样条"工具 ∿

利用此工具可以生成连续的 B 样条曲线。

16. "投影约束"工具 ▣

"投影约束"工具是 CAXA 实体设计中一个功能强大的选项。利用本工具，可以将实体三维造型的棱边投影到二维绘图栅格上，可以方便地生成新的几何截面。

CAXA 2023

5.2.2 "二维约束"工具条

"二维约束"工具用于对已具备期望关系（如相切、共线、同轴等）的几何图形设定约束条件。在这种情况下，绘图栅格上几何图形的位置会在应用约束条件时保持不变。约束条件也可以应用于并不存在期望关系的几何图形，若将某个约束条件应用于此种情况，几何图形就会自动重定位，以满足该约束条件。约束条件可以编辑、删除或者恢复关系状态。

一般而言，针对约束条件选择的第一条曲线保持固定，而重新定位选择的第二条曲线应满足约束条件的要求。"二维约束"工具条如图 5-13 所示。

图 5-13 "二维约束"工具条

◆ "智能标注"工具：可以在一条曲线上生成一个尺寸约束条件。
◆ "角度约束"工具：可以在两条已知曲线之间生成一种角度约束条件。
◆ "水平约束"工具：可以在一条直线上生成一个相对于垂直栅格轴的垂直约束。
◆ "竖直约束"工具：可以在一条直线上生成一个相对于水平栅格轴的竖直约束。
◆ "垂直约束"工具：用于在二维截面中的两条已知曲线之间生成垂直约束。
◆ "相切约束"工具：用于在二维截面中已有的两条曲线之间生成一个相切的约束条件。
◆ "平行约束"工具：用于在已有的两条曲线之间生成一个平行约束条件。
◆ "同心约束"工具：用于在二维截面上的两个已知圆上生成一个同心约束。
◆ "等长约束"工具：可在两条已知曲线上生成一个等长约束条件。
◆ "共线约束"工具：可以在两条现有曲线上生成一个共线约束条件。

5.2.3 "二维编辑"工具条

CAXA 实体设计系统提供了各种对二维图形进行裁剪、延伸、平移和镜像等多种编辑和重定位工具，如图 5-14 所示。

图 5-14 "二维编辑"工具条

"二维编辑"工具条分为两类：一类是用于修改已有几何图形的工具，利用这些工具，设计者可以修剪几何图形的截面，移动和旋转几何图形，倒角和实施其他编辑操作；另一类是参考和可视反馈工具，利用这些工具，设计者可以显示各种测量值并修改绘图栅格。

1. "平移"工具

"平移"工具允许单独移动二维几何图形。可以对单独的一条直线或曲线使用本工具，也可以同时对多条直线或曲线使用本工具。操作方法如下：

1）选择需要移动的图形。
2）选择"平移"工具，光标变成移动图形的光标。
3）单击图形并拖动到新的位置。

4）在"属性"管理器中输入（X,Y）的值，如图 5-15 所示。单击 ✔ 按钮，完成移动操作。

5）若要复制，可在"属性"管理器中勾选"拷贝"复选框，在"拷贝数目"中输入复制的个数。

> **注意**
>
> 在选择几何元素时，若要选择多个几何图形，设计者可以在按住 Shift 键的同时选择各个几何图形，或者右击任何一个单独但与一系列其他几何图形相连的几何图形，如曲线和圆弧。从弹出的快捷菜单中选择相应选项进行选择，CAXA 实体设计系统就会选中与所选单个几何图形相连的所有几何图形。

2."缩放"工具 ▦

利用"缩放"工具，可以将几何图形按比例缩放。与"平移"工具一样，设计者可以对单独的一条直线或曲线使用本工具，也可以同时对多条直线或曲线使用本工具。

使用该工具需要在"属性"管理器中输入相应的缩放比例因数。若选择"拷贝"，则需要输入复制份数和相应的缩放比例因数。

3."旋转"工具 ↻

"旋转"工具可用于旋转几何图形。同前面介绍的两种工具一样，可对单条直线或曲线单独使用本工具，也可以对一组几何图形使用本工具。操作方法与上面介绍的两种工具的操作方法相似。

4."镜像"工具 ▤

利用"镜像"工具可以生成原图形的对称图形。其操作方法如下：

1）选择两点直线工具，在需要镜像的图形一侧绘制一条对称轴。

2）选择需要镜像的几何图形，如图 5-16 所示。

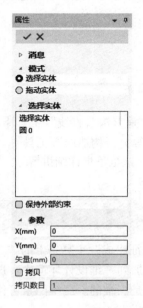

图 5-15　"属性"管理器

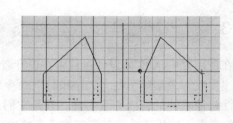

图 5-16　镜像

3）选择"镜像"工具，单击对称轴生成镜像图形。

5."偏置曲线"工具

利用"偏置曲线"工具，可以复制选定的几何图形，然后使它从原位置偏移一定距离。对直线和圆弧等非封闭图形而言，本工具与其他的复制功能并没有多大的区别。但是，对于包含不规则几何图形的封闭截面来说，"偏置曲线"的功能是非常实用的。

6."圆角过渡"工具

使用此工具可以将相连曲线形成的尖角倒圆。将光标定位到多边形需要倒圆的角上，单击该角并将其拖向多边形的中心。拖动的距离越远，倒角就越大。

7."打断"工具

如果需要在现有直线或曲线段中添加新的几何图形，或者必须对某条现有直线或曲线段单独进行操作，可以利用"打断"工具将它们分割成单独的线段。

8."延长曲线到曲线"工具

利用此工具可将一条曲线拉伸到它的相交曲线。但是，这里要注意，此工具只能将曲线拉伸到与它相交的曲线上。

9."裁剪曲线"工具

利用此工具可以裁剪掉一段曲线。

5.2.4 "二维辅助线"工具条

"二维辅助线"工具条上的工具是 CAXA 实体设计系统为用于三维造型的二维截面生成的最后一套工具。在制作一个复杂的二维截面时，有必要利用这些工具来生成作为辅助参考图的几何图形。

利用此工具条上的功能部件，设计者将可以生成无穷直线和曲线的辅助图形。正如本工具名称含义暗示的那样，辅助几何图形在构件二维截面时才发挥作用。"二维辅助线"工具条如图 5-17 所示。

图 5-17 "二维辅助线"工具条

"二维辅助线"工具条中包括"构造直线"工具、"垂直构造直线"工具、"水平构造直线"工具——、"切线"工具、"垂线"工具与"角等分线构造线"工具。每个工具的操作方法与"二维绘图"工具条中的工具的使用方法相似，这里不再详细讲解。

5.3 二维图素生成二维截面

在使用CAXA 实体设计过程中，设计者可以利用"特征生成"工具条上的"二维轮廓"工具或"生成"主菜单下的"二维设计"命令将二维图素添加到三维设计环境中。这些图素的操作特性就像其他的智能图素一样，只是它们是二维的而不是三维的。二维图素可作为三维零件造型的参考面或用于生成基于三维平面的独立图素。

5.3.1　向设计环境添加二维图素

这些"生成"｜"二维草图"命令，屏幕上将显示出二维绘图栅格。设计者可以在二维截面栅格上绘图。通过"二维绘图"工具，在该栅格上绘制出所需要的二维图素，在左上角"草图"选项卡中的"草图"面板中单击"完成"即可。

右击这个二维图素，将弹出快捷菜单，如图 5-18 所示。该菜单中显示了特别针对二维绘图的选项，其中包括"内部填充"和"2D 形状属性"等选项。选择"内部填充"选项后，二维图素被填充，如图 5-19 所示。

单击图 5-19 所示的二维图素，屏幕上将显示其锚状图标。右击并在弹出的快捷菜单上选择"生成"｜"拉伸"。也可以选择"旋转"或"扫描"功能选项。设计环境中将出现一个由二维图素的截面定义的三维拉伸造型，如图 5-20 所示。

图 5-18　二维图素快捷菜单

图 5-19　二维图素内部填充

图 5-20　拉伸造型

5.3.2　利用"投影"工具生成二维截面

"投影"工具在 CAXA 实体设计中是一个功能强大的工具。利用这个工具，可以将实体造型的棱边投影到二维绘图环境的栅格上，可以根据已有的实体造型生成新的二维截面。

根据设计要求，可以对棱边进行关联投影或非关联投影操作。若要对没有关联关系的棱边投影，只需通过左键选择棱边或面即可。若要与已有三维棱边或面保持关联关系的棱边或面进行投影，则应通过右键来选择特殊的棱边或面。只有单一图素独有的棱边才可以关联。若对某条棱边或某个面做了关联投影，系统会用一个红点予以标记。另外要注意，"投影 3D 边"工具不适用于球体。

下面以图 5-21 所示的长方体为例，介绍"投影"工具的操作步骤。

1）单击"特征"选项卡"特征"面板中的"拉伸向导"按钮⬚。

2）单击长方体的一个面，然后在"拉伸特征向导"对话框中单击"完成"按钮。这时，在所选择的面上出现二维绘图栅格。

3）单击"草图"选项卡"绘制"面板中的"投影"按钮⬚，光标变成"投影"工具图标。

4）单击长方体图素的表面或棱边，在绘图栅格上将出现黄色的投影轮廓线，表示该图素的二维截面。

5）取消"投影"工具，并单击栅格空白区域，黄色轮廓线变成黑色，表明该轮廓线是实际用于生成新的二维截面的几何图形，如图 5-22 所示。

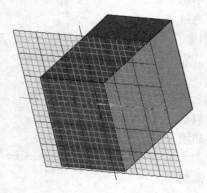

图 5-21　长方体

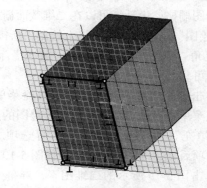

图 5-22　生成新的二维截面的几何图形

5.3.3　编辑投影生成的二维截面

通过"投影"工具生成新的二维绘图截面后，设计者可以对生成的二维几何图形进行编辑，以满足设计的要求。

1. 通过操作端点位置编辑几何图形

以图 5-21 所示的二维几何图形为例，可以采用下面的操作方法对其进行编辑：

1）将光标移动到二维几何图形的端点处，这时智能捕捉将捕捉到端点，端点变为绿色，或者单击端点。

2）在端点位置右击，在弹出的快捷菜单中选择"编辑位置"选项，在弹出的对话框中输入需要编辑的端点位置数值，如图 5-23 所示。

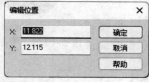

图 5-23　编辑端点位置

2. 通过"轮廓"属性表修改二维截面

对二维截面进行编辑，还可以采用"轮廓"属性表来进行编辑修改，操作方法如下：

1）右击二维绘图栅格的空白处，在弹出的快捷菜单中选择"截面属性"选项。

2）弹出"2D 智能图素"对话框，单击"轮廓"选项，如图 5-24 所示。

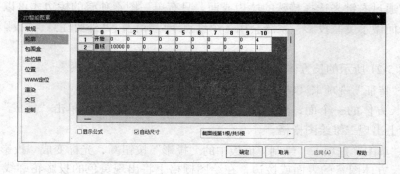

图 5-24　"2D 智能图素"对话框

　　"轮廓"属性表类似于一个电子数据表，它以数字形式表示截面。当操作者利用"二维绘图"工具在截面上绘制直线或其他几何图形时，应单独定义一套坐标、角度和其他值。这些值均是用"轮廓"属性表上的数值表示的。

　　每个截面都包含一条或多条轮廓，即一系列直线、圆弧和其他几何图形，它们首尾相连构成敞开或封闭的造型。操作者可以利用一条以上的轮廓生成一个简单的截面或轨迹线。属性表一次只能显示一条轮廓线的数据，若要显示其他二维轮廓线的数据，应在电子数据表的下拉列表中选择轮廓线。

　　若要修改二维几何图形，可在"轮廓"属性表列表中编辑一个或多个数值。

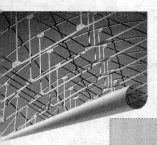

第6章

自定义智能图素的生成

　　自定义智能图素实际上是由"特征生成"工具生成的图素。在设计过程中，当所需的几何图素在设计元素库中找不到时，可以利用 CAXA 实体设计系统提供的拉伸、旋转、扫描和放样 4 种"特征生成"工具的造型方法来生成自定义智能图素，并可扩充于设计元素序中。这 4 种"特征生成"工具的造型方法都是基于在二维截面或剖面上绘制封闭轮廓线来进行的，由二维截面生成三维特征时都有各自的向导菜单来引导用户操作。本章将重点介绍这几种工具的使用方法。

重点与难点

- 拉伸特征
- 旋转特征
- 扫描特征
- 放样特征
- 生成三维文字

6.1 拉伸特征

6.1.1 使用"拉伸"工具生成自定义智能图素

1）生成新的设计环境。

2）单击"特征"选项卡"特征"面板中的"拉伸向导"按钮，弹出"拉伸特征向导"对话框第 1 步，如图 6-1 所示。

3）选择"独立实体"｜"实体"，单击"下一步"按钮，弹出"拉伸特征向导"对话框的第 2 步，如图 6-2 所示。

图 6-1　"拉伸特征向导"对话框第 1 步

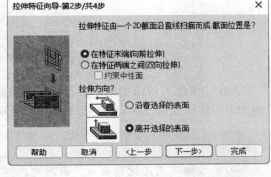

图 6-2　"拉伸特征向导"对话框第 2 步

4）在第 2 步中，选择"在特征末端（向前拉伸）"｜"离开选择的表面"，单击"下一步"按钮，弹出"拉伸特征向导"对话框的第 3 步，如图 6-3 所示。

5）在第 3 步中，输入拉伸"距离"的数值为 10，单击"下一步"按钮，弹出"拉伸特征向导"对话框的第 4 步，如图 6-4 所示。

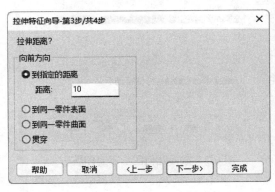

图 6-3　"拉伸特征向导"对话框第 3 步

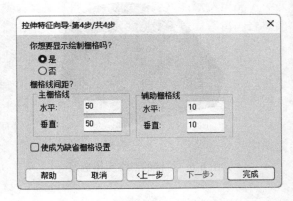

图 6-4　"拉伸特征向导"对话框第 4 步

6）在第 4 步中，可以设置栅格线间距，并且可以选择是否显示绘图栅格。单击"完成"按钮，关闭该向导，则进入"草图"选项卡界面，如图 6-5 所示。

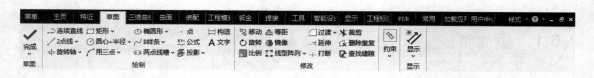

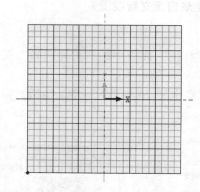

图 6-5　"草图"选项卡及绘制栅格

7）在二维绘图截面栅格中进行绘制二维截面图形，并且单击"完成"按钮，由二维截面几何图形拉伸而成的三维实体造型显示于设计环境中，如图 6-6 所示。

> **注意**
>
> 如果二维截面几何图形不是封闭的，那么在拉伸的过程中将不能产生三维造型实体，并且出现如图 6-7 所示的提示。此时可以重新对二维截面几何图形进行编辑后，再进行拉伸操作。

图 6-6　拉伸的三维实体造型

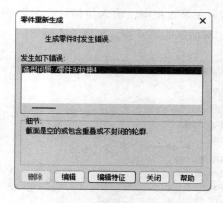

图 6-7　截面几何图形不封闭警告

6.1.2　编辑拉伸生成的自定义智能图素

如果图素已经拓展成三维状态，而设计者对所生成的三维造型不满意，仍可以编辑它的截面或其他属性。在"智能图素"编辑状态下选中已拉伸图素。此时标准"智能图素"上默认显示的是造型操作手柄，而不是包围盒操作手柄，且新生成的自定义智能图素的造型操作手柄是唯一可用的手柄。拉伸设计的造型操作手柄包括：

三角形拉伸手柄：用于编辑拉伸图素的前、后表面。

四方形轮廓手柄：用于重新定位拉伸图素的各个表面。

拉伸图素的四方形轮廓手柄在智能图素编辑状态下并不总是可见的，但通过把光标移至关联平面的边缘可以使之显示出来。使用造型操作手柄进行编辑，可以通过拖动相关手柄或在该手柄上右击，在弹出的如图 6-8 所示的快捷菜单中编辑它的造型操作手柄选项。

图 6-8　造型操作手柄快捷菜单

欲在自定义拉伸智能图素上显示包围盒操作手柄，应在"智能图素"编辑状态的图素上右击，在弹出的快捷菜单中选中"智能图素属性"选项，如图 6-9 所示，再选择"包围盒"选项，然后从"显示"区域中选择各个手柄及其尺寸框选项，如图 6-10 所示，单击"确定"按钮，即可把新显示的手柄开关切换成尺寸框手柄。

图 6-9　拉伸快捷菜单

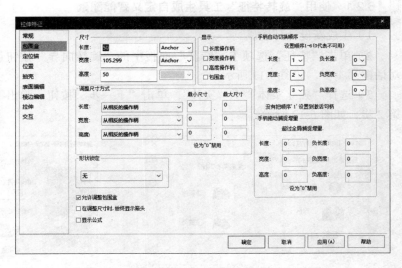

图 6-10　"拉伸特征"对话框"包围盒"选项

在自定义"智能图素"右键弹出快捷菜单中还有下述选项可供选择：

（1）编辑草图截面：用于修改图素三维造型的二维剖面。

（2）编辑前端条件：用于规定三维设计的前端面条件选项。

1）拉伸距离：定义拉伸设计的向前拉伸的距离值。

2）拉伸至下一个：该选项仅当把拉伸图素添加于已存在图素 / 零件时有效。选择它，可指定完成之前拉伸图素的前端面共需与多少个平面相交。

3）拉伸到面：该选项仅当把拉伸图素添加于已存在图素 / 零件时有效。选中它，可引导拉伸图素的前端面与一特定平面匹配。

4）拉伸到曲面：该选项仅当把拉伸图素添加于已存在图素／零件时有效。选中它，可把图素的前端面拉伸至同一模型上的特定曲面。

5）拉伸贯穿零件：该选项仅适用于被添加到已有的除料图素／零件的拉伸设计。选中此选项后，可引导拉伸图素的前端面延伸并穿过整个模型。

（3）编辑后端条件：用于指定图素三维造型的后端面条件选项，用法与前面的"编辑前端条件"相同。

（4）切换拉伸方向：可用于通过在原二维剖面上的平面上的镜像操作把三维造型的拉伸方向反向。

6.2 旋转特征

利用"旋转"工具可以把一个二维剖面沿着它的竖直轴旋转，也可以生成三维实体造型。例如，CAXA 实体设计系统可以把生成的一个直角三角形（二维）旋转生成一个圆锥体（三维）。由于 CAXA 实体设计系统使二维剖面沿其竖直坐标轴圆周转动，因此产生的图素三维实体造型总是具有圆的性质。

6.2.1 使用"旋转特征"工具生成自定义智能图素

1）生成新设计环境。

2）单击"特征"选项卡"特征"面板中的"旋转向导"按钮 ，弹出"旋转特征向导"对话框第 1 步，如图 6-11 所示。

3）选择"独立实体"｜"实体"，单击"下一步"按钮，弹出"旋转特征向导"对话框的第 2 步，如图 6-12 所示。

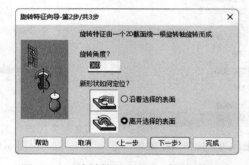

图 6-11 "旋转特征向导"对话框第 1 步 　　　　图 6-12 "旋转特征向导"对话框第 2 步

4）在第 2 步中，输入"旋转角度"数值 360，选择"离开选择的表面"，单击"下一步"按钮，弹出"旋转特征向导"对话框的第 3 步，如图 6-13 所示。

5）在第 3 步中，可以设置栅格的间距，并且可以选择是否显示栅格，单击"完成"按钮关闭该向导，则进入"草图"选项卡界面。

6）在二维截面绘图栅格中绘制需要的二维几何图形（三角形），如图 6-14 所示。然后单击"完成"按钮 ，则一个经"旋转特征"工具生成的旋转体（圆锥体）即显示在绘图环境中，如图 6-15 所示。

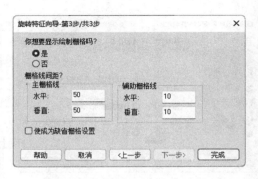

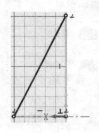

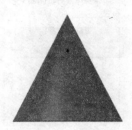

图 6-13 "旋转特征向导"对话框第 3 步　　　图 6-14 三角形　　　图 6-15 圆锥体

6.2.2 使用旋转生成自定义智能图素

同拉伸生成的智能图素一样，在"智能图素"编辑状态下，也可以对已旋转的智能图素进行编辑修改。与拉伸设计一样，要注意标准自定义智能图素上默认显示的是造型操作手柄，而不是包围盒操作手柄。旋转特征的操作手柄包括：

四方形轮廓设计手柄：用于编辑旋转设计的旋转角度。

菱形旋转设计手柄：用于重新定位旋转设计的各个表面。

旋转菱形旋转设计手柄并不总是出现在"智能图素"编辑状态下，但可以通过把光标移至关联平面的边缘使之显示。要用旋转操作手柄来进行编辑，可以通过拖动该手柄或在该手柄上右击，进入并编辑它的标准"智能图素"手柄选项。

也可以在"智能图素"编辑状态下右击旋转图素，在弹出的快捷菜单中编辑旋转设计选项。除了标准"智能图素"弹出菜单中的选项，还有下述"旋转智能图素"选项可供选择：

编辑草图截面：用于修改生成旋转造型的二维剖面。

切换旋转方向：用于切换旋转设计的转动方向。

6.3 扫描特征

可以用扫描的方式生成自定义智能图素。在拉伸设计和旋转设计中，CAXA 实体设计系统把自定义二维剖面沿着预先设定的路径移动，从而生成三维实体造型。而用"扫描特征"工具，除了需生成截面几何图形外，还需指定一条导向曲线。导向曲线可以被定义为一条直线、一系列直线、一条 B 样条曲线或一条弧线。扫描特征生成的自定义智能图素的两个端面几何形状完全一样。

6.3.1 使用"扫描特征"工具生成自定义智能图素

1）生成新设计环境。

2）单击"特征"选项卡"特征"面板中的"扫描向导"按钮 🐾，弹出"扫描特征向导"对话框第 1 步，如图 6-16 所示。

3）选择"独立实体"｜"实体"，单击"下一步"按钮，弹出"扫描特征向导"对话框第 2 步，如图 6-17 所示。

图 6-16 "扫描特征向导"对话框第 1 步

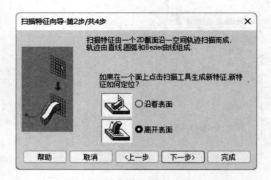

图 6-17 "扫描特征向导"对话框第 2 步

4）在第 2 步中，选择扫描方式。这里选择"离开表面"，单击"下一步"按钮，弹出"扫描特征向导"对话框的第 3 步，如图 6-18 所示。

5）在第 3 步中，选择扫描线类型，这里选择"Bezier 曲线"，单击"完成"按钮，则进入"草图"选项卡界面，在二维绘图栅格中，可以编辑或重新绘制轨迹曲线，如图 6-19 所示。

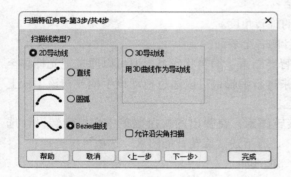

图 6-18 "扫描特征向导"对话框第 3 步

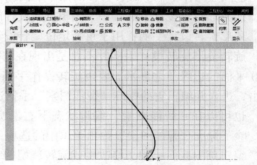

图 6-19 二维绘图栅格

6）在二维绘图栅格中进行绘制、编辑需要的几何图形，绘制一个矩形，如图 6-20 所示。

7）在二维截面几何图形绘制完成后，单击"完成特征"，则生成一个由二维截面几何图形沿曲线扫描生成的三维实体造型，如图 6-21 所示。

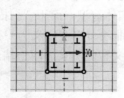

图 6-20 绘制矩形

图 6-21 扫描生成的三维实体造型

6.3.2 编辑扫描生成的自定义智能图素

如果对生成的三维实体造型感到不满意，可以通过编辑它的截面或其他属性进行修改。在"智能图素"编辑状态下选中已扫描的图素。自定义智能图素的造型操作手柄包括：

　　四方形轮廓手柄：用于加大/减小扫描设计的圆柱表面的半径，以此重新定位圆柱表面。要用扫描操作手柄来进行编辑，可以通过右击该手柄，进入并编辑它的标准"智能图素"手柄选项。

　　也可以在"智能图素"编辑状态下右击扫描图素，在弹出的快捷菜单中编辑扫描设计选项。除了标准"智能图素"弹出菜单中的选项，还有下述"扫描智能图素"选项可供选择：

　　编辑草图截面：用于修改扫描设计的二维剖面。

　　编辑轨迹曲线：用于修改扫描设计的导向曲线。

　　切换扫描方向：用于切换生成扫描设计所用的扫描方向。

　　允许扫描尖角：选定/撤销选定这个选项，可以规定扫描图素的角是突兀的还是光滑过渡的。

6.4　放样特征

　　在本章前面的介绍中，讲解了3种生成自定义智能图素的方法。每一种方法都是把一个二维截面几何图形拓展成三维实体造型。下面将要介绍的第4种方法——放样特征，是用多重几何截面，即使用不在同一个平面内的多个二维截面来生成智能图素。这些截面都需由用户编辑或重新设定尺寸。CAXA实体设计系统把这些截面沿用户定义的轮廓定位曲线生成一个三维实体造型。

📖 6.4.1　使用"放样特征"工具生成自定义智能图素

　　1）生成新设计环境。

　　2）单击"特征"选项卡"特征"面板中的"放样向导"按钮🛡，弹出"放样造型向导"对话框第1步，如图6-22所示。

　　3）选择"独立实体"｜"实体"，单击"下一步"按钮，弹出"放样造型向导"对话框第2步，如图6-23所示。在第2步中，选择"指定数字"选项，输入截面数量"4"。单击"下一步"按钮，弹出"放样造型向导"对话框的第3步，如图6-24所示。

　　4）在第3步中，选择放样截面类型"圆"和轮廓定位曲线类型"直线"，单击"完成"按钮，弹出绘图栅格及"编辑轮廓定位曲线"对话框，如图6-25所示。

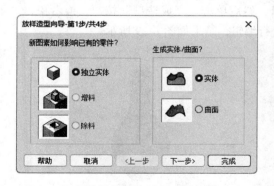

图6-22　"放样造型向导"对话框第1步

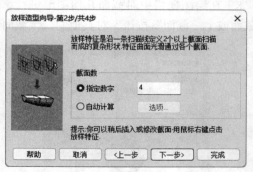

图6-23　"放样造型向导"对话框第2步

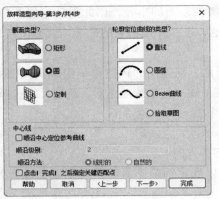

图 6-24 "放样造型向导"对话框第 3 步

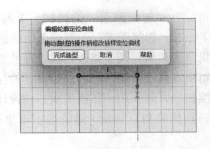

图 6-25 "编辑轮廓定位曲线"对话框

5）在二维绘图栅格中可以编辑轮廓定位曲线，然后单击"完成造型"按钮，一个默认的放样三位实体造型显示于设计环境中，并在放样三维实体上依次标记出各截面的序号，如图 6-26 所示。

6）在设计过程中可以对放样特征的截面进行编辑。右击某截面的序号处，弹出快捷菜单，如图 6-27 所示。

图 6-26 放样特征

图 6-27 放样特征快捷菜单

7）选择"编辑截面"，弹出"编辑放样截面"对话框及绘图栅格，如图 6-28 所示。

8）在绘图栅格中对截面几何图形进行编辑，然后单击"完成造型"按钮，或者单击"下一截面或上一截面"按钮，对其他的二维截面进行编辑，结果如图 6-29 所示。

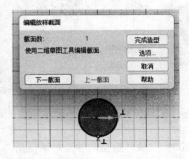

图 6-28 "编辑放样截面"对话框

图 6-29 生成的三维实体造型

6.4.2 编辑放样生成的自定义智能图素

编辑基础放样设计，需激活"智能图素"编辑状态。此时既没有显示也无法进入任何设计编辑操作手柄。可以在"智能图素"编辑状态下右击放样设计图素，弹出快捷菜单，如图 6-30 所示。在快捷菜单中，除了标准"智能图素"弹出菜单的选项，还有下述"放样智能图素"选项可供选择：

编辑中心线：选中该选项，可在二维绘图栅格上显示放样轨迹，即如何连接放样设计截面的轨迹。拖动轮廓定位曲线手柄可以修正曲线。

编辑匹配点：该选项用于编辑放样设计截面的连接点。这些匹配点显现在轮廓定位曲线和每个截面交点的最高点，颜色是红色。如果一个截面含有多重封闭轮廓，其匹配点也只有一个。编辑匹配点就是把它放于截面里的线段或曲线的端点上。本方法可以用来绘制扭曲的图形。

编辑相切操作柄：该选项用于在每个放样轮廓上编辑放样导向曲线的切线。每个导向曲线上都显示编号的按钮。单击导向曲线按钮，将在每个轮廓上显示切线操纵件，如图 6-31 所示。单击并推/拉这些操纵件，可手工编辑关联轮廓的切线。右击导向曲线按钮，弹出快捷菜单，如图 6-32 所示。

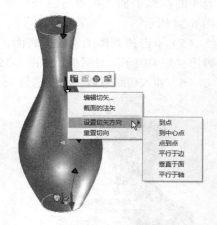

图 6-30　编辑放样特征快捷菜单　　　图 6-31　切线操纵件　　　图 6-32　右键快捷菜单

（1）编辑切矢：用于输入精确的参数，定义切线的位置和长度。

（2）截面的法矢：用于迅速重新定位关联截面的切线的法线。

（3）设置切矢方向：用于规定切线手柄的对齐方式为"到点"对齐、"到中心点"对齐、"点到点"对齐、"平行于边"对齐、"垂直于面"对齐或"平行于轴"对齐。

（4）重置切向：用于清除切线的某个被约束值。

6.4.3 编辑放样特征的截面

在前面的内容中涉及了对放样特征截面编辑的方法。如果想进一步编辑放样特征的截面，可以在"智能图素"编辑状态下选中想编辑的截面的相应序号手柄，这时编号手柄消失。把光标移至截面边缘，可出现熟悉的四方形轮廓截面操作手柄。对此手柄可以进行如下操作：

1）拖动图素手柄，重新确定圆半径的大小，以此编辑二维剖面。编辑完成后，图素立即更新，反映出编辑结果。

2）在某个编号手柄上右击，弹出快捷菜单，可访问使用其余选项。

6.4.4 放样特征的截面和一面相关联

该功能适用于在同一模型上，把放样特征设计的起始截面和末尾截面与相邻平面相关联，并在现有图素或零件上对放样特征自定义图素进行编辑。用指定切线系数值的方法把截面与它所依附的平面相匹配（关联）。下面介绍此项功能的使用方法。

1）从"图素"设计元素库中选择"长方体"，将其拖放入设计环境中。

2）在"图素"设计元素库中选择"L3 旋转体"，将其拖放到"长方体"的上表面上，如图 6-33 所示。

3）在"智能图素"编辑状态下单击"长方体"图素，通过包围盒操作手柄调整其表面，使上表面面积大于 L3 旋转体图素的下表面。然后通过关联操作将两个图素合并为一个图素。

4）在"智能图素"编辑状态下右击 L3 旋转体图素上标记着 1 的截面手柄，在弹出的快捷菜单中选择"和一面相关联"，如图 6-34 所示。

图 6-33 将"L3 旋转体"
拖至"长方体"表面

5）单击长方体图素的上表面，规定它为被关联平面，此时长方体的上表面显示为绿色，弹出"切矢因子"对话框，如图 6-35 所示。切矢因子决定切线矢量的长度。

6）输入切线系数，如设定为 15，单击"确定"按钮，产生一个新零件，如图 6-36 所示。

图 6-34 编辑长方体尺寸　　　图 6-35 "切矢因子"对话框　　　图 6-36 关联结果

6.5 生成三维文字

如果图素或零件设计中需要包含三维文字，可以利用 CAXA 实体设计的文字功能。三维文字图素具有许多与智能图素相同的特点。例如，可以改变文字图素的颜色，可以设计纹理，可以旋转，可以放置于其他图素上等。要在设计环境上添加三维文字，可以有两种操作方法：

1）利用"文字向导"添加文字。

2）从"文字"设计元素库中拖放预定义的文字图素到设计环境。

📖 6.5.1 利用"文字向导"添加三维文字图素

使用文字最容易的方法就是使用"文字向导"工具，它能方便地生成需要的三维文字，同时熟悉三维文字的必要属性。利用"文字向导"添加文字到三维设计环境再的操作步骤如下：

1）生成新的设计环境。

2）单击"工程标注"选项卡"文字"面板中的"三维文字"按钮**A**，然后单击设计环境中要添加文字的位置，弹出"文字向导"对话框第 1 页，如图 6-37 所示。也可以执行"生成"|"文字"命令，弹出"文字向导"对话框，然后单击设计环境。

3）在"文字向导"对话框第 1 页中选择文字的高度和深度。

4）单击"下一步"按钮，弹出"文字向导"对话框第 2 页，如图 6-38 所示选择"无倾斜"风格。

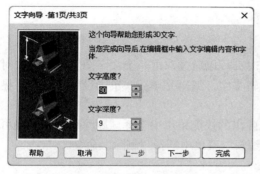

图 6-37 "文字向导"对话框第 1 页

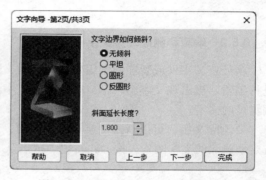

图 6-38 "文字向导"对话框第 2 页

5）单击"下一步"按钮，弹出"文字向导"对话框第 3 页，如图 6-39 所示，确定三维文字定位锚的位置。单击"完成"按钮，关闭"文字向导"对话框。同时显示一个文字编辑窗口，如图 6-40 所示。可以看到光标位于默认文字的结尾处。

图 6-39 "文字向导"对话框第 3 页

图 6-40 文字编辑窗口

6）在文字编辑窗口中编辑需要生成的三维文字，单击设计环境，关闭文字编辑窗口，显示新的文字，结果如图 6-41 所示。

图 6-41　三维文字

> **注意**
>
> 在默认状态下，双击文字时即显示编辑窗口。如果想要在双击文字时不出现编辑窗口，可以改变其交互属性。右击文字，从弹出的快捷菜单中选择"文字属性"命令，再选择"交互"标签，然后在属性表中选择其他的双击交互方式。

6.5.2　编辑和删除三维文字图素

当处在"零件或智能图素编辑状态"时，随时都可以通过双击一个文字图素的表面来对其进行编辑。当出现文字编辑窗口时，在窗口中编辑文字。编辑完毕后，单击设计环境，可显示编辑过的文字。

要删除文字，可以右击文字图素的表面，从弹出的快捷菜单中选择"删除"选项。也可以选定要删除的文字图素，按 Delete 键，或者从"编辑"菜单中选择"删除"命令。

> **注意**
>
> 对于从"文字"设计元素库中拖放到设计环境中的文字图素，可以使用"文字向导"修改，方法是在智能图素编辑状态中右击文字，从弹出的快捷菜单中选择"文字向导"。如果使用这种方法进行编辑，将变更随文字保存于设计元素库中的所有属性，因此应谨慎使用这一选项。

6.5.3　利用包围盒编辑文字尺寸

单击文字图素时，文字图素也会弹出包围盒，可以通过对包围盒的操作改变文字的尺寸。

1）重新设定文字的尺寸。单击文字图素，弹出包围盒，拖动包围盒的顶部和底部操作柄。要精确设定某一文字的高度，可右击包围盒的顶部或底部操作柄，从弹出的快捷菜单中选择"编辑包围盒"命令。然后在弹出的如图 6-42 所示的对话框的"宽度"字段中输入所需要的数值，单击"确定"按钮。

图 6-42　编辑三维文字包围盒

2）设定文字高度。拖动文字包围盒的前操作柄和后操作柄，可以改变文字的高度，从而改变其三维立体效果。要精确设定某一文字的高度，可右击包围盒的顶部或底部操作柄，从弹出的快捷菜单中选择"编辑包围盒"命令，然后在弹出的对话框的"高度"字段中输入所需要的数值，单击"确定"按钮。

6.5.4　三维文字编辑状态和文字图素属性

智能图素属性和位置的 3 个编辑状态中的两个可以应用于文字图素的编辑。

1. 在智能图素编辑状态下编辑

在智能图素编辑状态下，文字图素是在默认状态下插入的。在这一编辑状态，可以使用"文字"面板，也可以拖动包围盒操作柄移动和定位文字图素。要定位文字图素，可以使用与智能图素相同的技术和属性。例如，可以拖动文字，可以使用"三维球"转动文字图素，也可以使用定位锚将文字图素附加到其他图素上。

在智能图素编辑状态下，右击文字图素时，会显示一个菜单，如图 6-43 所示。可以用此菜单编辑文字并打开"文字向导"。

另外，在智能图素编辑状态下，右击文字图素，也可以使用两套属性表："文字属性"和"智能渲染属性"。除了"文字属性"中的"文字"选项外，其余选项与智能图素属性及零件属性完全相同。

2. 在表面编辑状态下编辑

在表面编辑状态下，文字图素表面是加亮显示的。在表面编辑状态下，每次操作仅仅影响选定文字的表面。智能渲染属性与智能图素编辑状态完全一样，但仅仅作用于文字。

图 6-43　右击三维文字菜单

6.5.5　文字格式工具条

"文字格式"工具条提供了另外一种编辑文字的方法。执行"显示"｜"工具条"｜"工具条"命令，弹出"自定义"对话框，在"工具栏"选项卡中选择"文字格式"选项，"文字格式"工具条将显示与设计环境中，如图 6-44 所示。

图 6-44 "文字格式"工具条

> **注意**
>
> 只有在智能图素编辑状态下选定文字时，"文字格式"工具条才可以被激活。

像其他三维智能图素一样，可以倾斜文字图素的边，以形成更好的外观。其操作方法如下：

1）在智能图素编辑状态下，右击文字选定它，从弹出的快捷菜单中选择"文字属性"命令。

2）在显示的对话框中选择"文字"标签。

3）在文字属性表中，从"倾斜类型"下拉菜单中选择一种倾斜类型。可供选择的类型包括：

◆ 不倾斜：表示文字图素的边是直角的。

◆ 圆形：表示文字图素的边是凸半圆形的。

◆ 平板：表示文字图素的边是倒角的或成凹型的。

◆ 逆向圆角：表示文字图素的边是内凹圆形的。

4）单击"确定"按钮，文字图素则被倾斜。

第 7 章

零件的定位及装配

在 CAXA 实体设计将若干个图素组成一个完整的零件时，需要对图素进行定位。在设计装配体时，也需要对不同的零件定位，确定其相互的位置关系。所以，图素及零件的定位是设计工作的重要内容。本章将介绍 CAXA 实体设计系统中用于图素及零件的定位、定向和测量的工具。对这些工具的熟练应用，将有助于设计符合高精确度要求的零件和装配体。

重点与难点

- 智能捕捉与反馈
- 无约束装配工具的使用
- 定位约束工具的使用
- 三维球
- 利用智能尺寸定位
- 重定位定位锚
- 附着点
- "位置"属性表

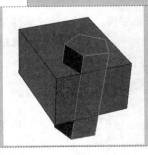

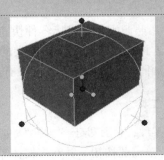

7.1 智能捕捉与反馈

智能捕捉与反馈允许设计者相对于定位锚位置或指定面把新图素定位在现有图素上，并重定位和对齐相同零件的图素组件。智能捕捉与反馈具有强大的定位功能，使用智能捕捉与反馈可以使同一零件的图素组件沿边或角对齐，也可以把零件组件置于其他零件的中心位置。

使用智能捕捉与反馈的操作方法如下：

1）如果要从设计元素库中拖出一个新的图素，并放置到已有图素的曲面上，应在拖动新图素时观察已有图素曲面的棱边上的绿色显示区。

2）如果要从设计元素库中拖放一个新的图素到已有图素曲面的中心，应将该图素拖拉到曲面的中心直至出现一个深绿色圆心点，当该点变为一个更大更亮的绿点时，才可把新图素释放到该图素曲面的中心点。

3）若要将同一零件的两个图素组件的侧面对齐，应把其中一个图素的侧面（在智能图素编辑层选择）朝着第二个图素的侧面拖动，直至出现与两侧面的相临边平行的绿色虚线。如果其中一个图素的一个角与另一个图素一角的顶端对齐，就会出现一组相交的绿线。

4）当通过拖拉图素的定位锚的方式将某个图素重定位到某个图素/零件时，指示与固定图素一侧的对齐关系的是定位锚定位到相关边时该边上显示的一条绿色虚线。

5）当通过拖拉其定位锚的方式将某个图素重定位到某个主控图素/零件时，指示其与固定图素一角的顶点的对齐关系的将是定位锚定位到该位置时出现的一个绿色点。

6）当拖拉的图素的一侧与已有图素表面上的某条直线对齐时，将出现绿色的智能捕捉线和点。末端带点的绿线表示的是与被拖动图素选定侧面平行的固定图素的中心线。绿点出现在被拖动图素对应顶点上，同时从顶点沿其与固定图素中心线垂直的轴发射出绿色加亮区。

智能捕捉与反馈还可与其他定位工具结合使用，如三维球、智能尺寸、"无约束装配"工具及"约束装配"工具，从而确保图素、零件、附着点、定位点和其他元素的准确定位。

> **注意**
>
> 在使用智能捕捉与反馈时，首先要激活智能捕捉与反馈功能。方法是：在拖动图素或者零件的同时，按下 Shift 键，即可激活智能捕捉与反馈。

7.2 "无约束装配"工具的使用

使用"无约束装配"工具可参照源零件和目标零件快速定位源零件。在指定源零件重定位和/或重定向操作方面，CAXA 实体设计系统提供了极大的灵活性。无约束装配仅仅移动了零件之间的空间相对位置，没有添加固定的约束关系，即没有约束零件的空间自由度。

7.2.1 激活"无约束装配"工具

如图 7-1 所示，单击多棱体零件，使其处于"零件"编辑状态。这时，"装配"工具条中的"无约束装配"工具按钮被激活。单击此按钮，并在多棱体零件上移动光标，显示出黄色对齐符号，如图 7-2 所示。通过按空格键可以改变黄色符号的形式，即出现 3 种定向符号。按下 Tab 键，可以改变箭头的方向，即改变定位方向。确定后在零件的曲面上单击，完成选择。

图 7-1　使多棱体处于"零件"编辑状态　　　　图 7-2　显示黄色对齐符号

表 7-1 简单介绍了"无约束装配"工具定位符号含义及其操作结果。

表 7-1　"无约束装配"工具定位符号含义及其操作结果

选定源零件定向 / 移动选项	目标零件定向 / 移动选项	定位结果
	↗ (with dot)	相对于一个指定点和各零件的定位方向，将源零件重定位到目标零件上，获得与指定平面贴合装配结果
↗ (with dot)	○	相对于一个指定点及其定位方向，把源零件重定位到目标零件上，获得与指定平面对齐装配结果
	●	相对于源零件上的指定点及其定位方向以及目标零件的指定定位方向，重定位源零件
	↗	相对于源零件的定位方向和目标零件的定位方向，重定位源零件，获得与指定平面平行装配结果
↗	✕	相对于源零件的定位方向和目标零件的定位方向，重定位源零件，获得与指定平面垂直装配结果
	●	相对于目标零件但不考虑定位方向，把源零件重定位到目标零件上
●	○	相对于源零件的指定点，把源零件重定位到目标零件的指定平面上
	↗	相对于源零件的指定点和目标零件的指定定位方向，重定位源零件

7.2.2　进行无约束装配

在进行无约束装配时，为了更好地理解其空间的相对位置关系，可以将图 7-1 中的多棱体的侧面重设置为不同的颜色。即单击选定面，使其处于"面 / 边"编辑状态，右击，在弹出的快捷菜单中选择"智能渲染"选项，将表面设置为不同的颜色。

1. 选取源零件和目标零件装配操作

1）在多棱体处于"零件"编辑状态下，单击"标准"工具条中的"无约束装配"工具按钮，将光标移动到多棱体表面上，出现黄色箭头符号，选定合适的箭头方向单击。

2）将光标移动到目标零件——长方体的表面上，将看到黄色的定位 / 移动符号显示在长方体上。另外，源零件的轮廓线将出现并随光标移动。与源零件一样，可以按下 Tab 键切换定位方向。在长方体表面上单击，即可以获得贴合装配结果，如图 7-3 所示。然后，取消无约束装配命令。

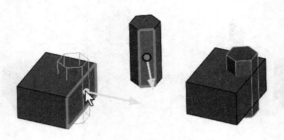

图 7-3　贴合装配操作

2. 源零件操作不变，改变目标零件操作

1）重复上述在源零件上的操作，将光标移动到目标零件上，按空格键，可以切换目标零件的黄色定位符号。当定位符号为图 7-4 左图所示时，单击，可以使源零件的指定表面和目标零件的指定表面处于同一平面，即对齐。

2）重复上述操作，按空格键，改变目标零件上的定位符号为图 7-4 右图所示，单击，将使源零件指定表面与目标零件的指定表面处于同一面处，即平行。

对齐装配操作　　　　　　　　　　　　　　　平行装配操作

图 7-4　装配操作

3. 目标零件操作不变，改变源零件操作

1）在进行源零件操作时，按空格键可以切换源零件上的定位符号形式。如图 7-5 所示，将定位符号切换为圆点，然后将光标移动到目标零件上，可以分别得到源零件上选定点与目标零件表面贴合、对齐、平行（面 - 点距离最近）的配合。

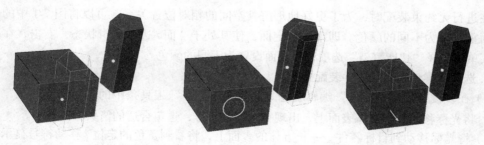

图 7-5　源零件上选定点与目标零件表面贴合、对齐、平行配合

2）如果将源零件的定位符号改变为不带圆点的箭头，可使源零件的指定面和目标零件指定表面垂直，如图 7-6 所示。

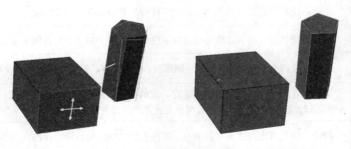

图 7-6　源零件的指定面和目标零件指定表面垂直

> **注意**
>
> 　　在进行无约束装配操作时，如果拾取源零件和目标零件上的点或棱线，也可以得到源零件与目标零件之间基于点或棱线之间的定位关系。读者可以分别练习尝试。除了上述直接用光标拖放操作外，还可以通过右击，在弹出的快捷菜单中选择相应的配合命令。

7.3　"定位约束"工具的使用

　　"定位约束"工具在形式上类似于"无约束装配"工具，但是，其效果是形成一种"永恒的"约束。利用"定位约束"工具可保留零件或装配件之间的空间关系。其操作方法与"无约束装配"工具的操作方法类似。首先，激活"定位约束"工具，弹出"约束"命令管理栏，如图 7-7 所示。在"约束类型"中选择约束条件。确定需要的移动 / 定向选项符号，并选定目标零件后，就可以应用约束装配条件了。"定位约束"工具有几种约束可供选用，其符号及应用表达含义见表 7-2。

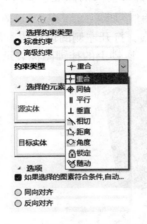

图 7-7　"约束"命令管理栏

表 7-2 "定位约束"工具符号表

定位约束符号	应用表达意义
‖	平行：使其平直面或直线边与目标零件的平直面或直线边平行
⊥	垂直：使其平直面或直线边与目标零件的平直面（相对于其方向）或直线边垂直
↘	相切：在两个圆弧面 / 圆柱面、圆弧面 / 圆柱面与平面等几何之间形成相切约束关系
🔒	锁定：在两个实体之间形成固定在一起的约束关系，可以在边、平面、基准面、零件等几何元素之间添加固定约束，添加后两个元素之间的位置关系保持固定
✦	同轴：使其直线边或轴在其中一个零件有旋转轴时与目标零件的直线边或轴对齐
✛	重合：使其平直面既与目标零件的平直面重合（采用相同方向）又与其共面
⬓	距离：使其与目标零件相距一定的距离
⬓	角度：使其与目标零件成一定的角度
⬓	随动：在装配中的零件能够以一定的方式相互运动，并保持特定的相对位置。此约束主要用于凸轮机构中

📖 7.3.1　进行约束装配

约束装配是 CAXA 实体设计一个非常重要的工具。下面还是以长方体和多棱体两个零件为例，通过对两个零件进行棱线平行约束来介绍约束装配的操作方法。

1）在多棱体处于"零件"编辑状态下，单击"装配"选项卡"定位"面板中的"定位约束"按钮🔳。用光标拾取多棱体的一条棱线，在选择 - 约束工具栏中选择"平行"约束，将光标移动到长方体一条棱线附近，棱线呈高亮显示，同时出现多棱体的定位预览图，如图 7-8 所示。

2）单击，即可实施平行约束装配操作。在长方体和多棱体的指定边之间施加了平行约束，在两条被约束棱线之间出现了两头都带箭头的深红色直线，沿直线显示有一个平行符号和一个"//*"符号，表示存在一个锁定的平行约束。

3）单击"显示设计树"按钮🔳，打开左侧的设计树，可以看到在零件 2（多棱体）下方有一个平行约束，其默认状态为锁定，以锁上的挂锁图标表示，如图 7-9 所示。

图 7-8　平行约束预览

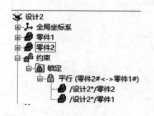

图 7-9　设计树中平行约束

📖 7.3.2　添加过约束和删除约束

在进行零件定位和装配的过程中经常出现过约束，这就需要区分过约束，然后将其删除，下面介绍添加过约束和删除过约束的操作方法。

1）在"零件"编辑状态下选择多棱体，选择"定位约束"工具。移动光标到多棱体上表面的一条棱线，当其呈绿色高亮显示时，单击将此棱线指定为约束对象，如图 7-10 所示。

2）选择平行约束，将光标移动到图 7-11 所示的长方体棱线附近，光标变成为无效平行约束符号。因为两个零件的棱线之间已经有一个平行约束，所以这个平行约束必然为过约束。如果单击添加此过约束，则在两条棱线之间会出现两头都带箭头的深红色直线，表示存在过约束。

图 7-10　选择多棱体上表面棱线

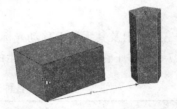

图 7-11　选择长方体棱线

3）打开设计树，在零件 2（多棱体）下面出现第二个平行约束。由于此平行约束为过约束，所以其默认状态为开锁，约束图标为一个打开的锁。

4）在设计树中右击第二个平行约束（过约束），在弹出的快捷菜单中，如果选择"删除"命令，将可以删除此过约束。在设计环境中右击约束符号，同样可以删除约束。

5）在设计树中右击第一个平行约束，在弹出的快捷菜单中单击锁定，将此约束开锁，然后右击第二个平行约束，选择锁定，第二个平行约束将在设计环境中生效，多棱体将被相对于长方体重新定位，如图 7-12 所示。

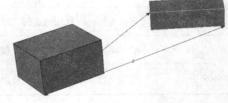

图 7-12　调整约束锁定状态

6）如果要编辑约束装配，可以在设计环境中右击约束符号或者右击设计树中的约束图标，然后从弹出的快捷菜单中选择"编辑约束"命令，输入相应的偏移值，然后单击"确定"按钮。

7.4　三维球

三维球是 CAXA 实体设计系统中独特而灵活的空间定位工具，利用三维球工具既可以实现图素在零件中距离的定位，也可以实现图素的方向定位。

三维球在默认状态下，由 3 根定向轴（包括定向手柄）、3 根定位轴（包括定位手柄）、二维平面和中心手柄组成，如图 7-13 所示。在默认状态下，CAXA 实体设计为这 3 个轴中每个轴各显示了一个红色的平移手柄。选定某个轴的某个手柄将自动在其相反端显示该手柄。若有必要，可以选择在任何时候都显示出所有的平移手柄和方位手柄。为此，只需在三维球的内侧右击，在弹出的快捷菜单中选择"显示所有手柄"即可。

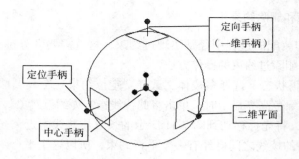

图 7-13　三维球

当在三维球内及其手柄上移动光标时，将看到光标的图标会不断改变，指示不同的三维球动作。表 7-3 列举了在移动光标时产生的各种图标。熟悉图标将对设计工作有所帮助。

表 7-3　各种光标图标表达的三维球操作含义

图标	动作
☝	拖动光标，使操作对象绕选定轴旋转
✋	拖动光标，以利用选定的方位手柄重定位
✋	拖动光标，以利用中心手柄重定位
✋	拖动光标，以利用选定的一维手柄重定位
✛	拖动光标，以利用选定的二维平面重定位
↻	沿三维球的圆周拖动光标，以使操作对象沿着三维球的中心点旋转
✢	拖动光标，以沿任意方向自由旋转

7.4.1　激活三维球

在图素处于零件编辑或者智能图素编辑状态下，单击"装配"选项卡"定位"面板中的"三维球"按钮⚫，或者执行"工具"｜"三维球"命令，将激活此图素对应的三维球，如图 7-14 所示。

三维球的中心出现在长方体图素的定位锚上，如图 7-14 所示。如果零件较大，则可能需要采用"视向"工具来缩小它的显示尺寸，以方便使用三维球。

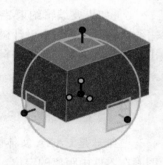

图 7-14　激活三维球

ⓘ **注意**

功能键 F10 是激活或禁止图素上的三维球的快速切换开关。

📖 7.4.2　三维球移动控制

在尝试重定位零件之前，需要先对三维球的平移操作进行必要的解释。三维球表面上有可用于沿着或绕着它的任何一个轴移动零件的 3 个手柄和 3 个平面。下面将解释如何在空间中移动操作对象。

（1）一维直线运动：拖动一个一维手柄，以沿着某个轴移动操作对象。拖动手柄时，手柄旁边会出现一个距离值，该值表示的是操作对象离开其原位置的距离。

若要指定运动距离，可在距离值上右击，在弹出的快捷菜单中选择"编辑值"，然后在对话框中输入相应的距离值。

（2）二维平面运动：如果将光标放置在某个平面内侧，则光标显示为 ⬦，表示该图素可沿着该二维平面上、下、左、右拖动。

（3）三维旋转：单击某个一维手柄时，其旋转轴即被选中并呈加亮显示。如果要绕着选定的轴旋转一个操作对象，则应在三维球内移动光标。当光标变成 ⬦ 形状时，单击并拖动光标即可使该操作对象绕该轴旋转。在拖动光标时，CAXA 实体设计会显示出当前旋转角度的度数。

如果要指定精确的旋转角度，则应在角度值上右击，在弹出的快捷菜单中选择"编辑值"，并在弹出的对话框中输入相应的角度值。

（4）绕中心旋转：若要沿三维球的中心点旋转操作对象，则应先将光标移动到三维球的圆周上。当光标颜色变成黄色而形状变成一个圆形箭头 ⬦ 时，单击并拖动三维球的圆周即可。

（5）沿 3 个轴同时旋转：此选项在默认状态下为禁止状态。若要激活本选项，则应在三维球内部右击，在弹出的快捷菜单中选择"允许无约束旋转"。在三维球内侧移动光标，直至光标变成 4 个弯曲箭头 ⬦，然后通过单击和拖拉光标就可以沿任意方向自由旋转操作对象。

若要选择其他手柄或轴，应首先在三维球外侧单击，以取消对当前手柄或轴的选定。

通过学习前面对三维球平移操纵件的介绍，用户就可以利用它们在设计环境中对图素或零件进行重新定位了。

📖 7.4.3　三维球定位控制

除外侧平移操纵件外，三维球工具还有一些位于其中心的定位操纵件。这些工具为操作对象提供了相对于其他操作对象上的选定面、边或点的快速定位功能；也提供了操作对象的反向或镜像功能。选定某个轴后，在该轴上右击，弹出快捷菜单，如图 7-15 所示。选择下述选项即可确定特定的定位操作特征：

◆ 编辑方向：选择此选项可为选定三维球手柄的方向设定相应的坐标。

◆ 到点：选择此选项可使三维球上选定轴与从三维球中心延伸到第二个操作对象上选定点的一条假想线平行对齐。

图 7-15　三维球定位快捷菜单

◆ 到中心点：选择此选项可使三维球上选定轴与从三维球中心延伸到圆柱操作对象一端或侧面中心位置的一条假想线平行对齐。

◆ 点到点：选择此选项可使三维球的选定轴与第二个操作对象上两个选定点之间的一条假想线平行对齐。

◆ 与边平行：选择此选项可使三维球的选定轴与第二个操作对象的选定边平行对齐。

◆ 与面垂直：选择此选项可使三维球的选定轴与第二个操作对象的选定面垂直对齐。

◆ 与轴平行：选择此选项可使三维球的选定轴与第二个圆柱形操作对象的轴平行对齐。

◆ 反转：选择此选项可使三维球的当前位置相对于指定轴反向。

◆ 镜像：选择下述选项可以进行"镜像"操作。

◆ 平移：选择此选项可使三维球的当前位置相对于指定轴镜像并移动操作对象。

◆ 拷贝：选择此选项可使三维球的当前位置相对于指定轴镜像并生成操作对象的备份。

◆ 链接：选择此选项可使三维球的当前位置相对于指定轴镜像并生成操作对象链接复制。

📖 7.4.4　利用三维球复制图素和零件（阵列）

利用三维球可简化图素或零件的多备份生成、复制操作对象的均匀间距设置和复制操作对象的位置设定等过程。用户只需要几个简单的操作步骤即可完成整个过程。其操作步骤如下：

1）新建一个设计环境，然后拖入一个多面体图素并释放到设计环境的左侧。选择三维球工具，如图 7-16 所示。

2）在三维球右侧的水平一维手柄上单击，选定其轴。在一维手柄上右击，然后将多面体拖向右边。在拖动光标时，注意多面体的轮廓将随三维球一起移动。当轮廓消失而多面体移动到右边时，释放光标，如图 7-17 所示。

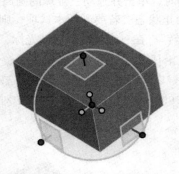

图 7-16　选择三维球工具

图 7-17　移动 / 拷贝图素

3）在弹出的快捷菜单中选择"拷贝"，在弹出的"重复拷贝 / 链接"对话框的数量文本框中输入 4，在距离文本框中输入 60，如图 7-18 所示。单击"确定"按钮即可完成多面体的复制，结果如图 7-19 所示。

图 7-18　"重复拷贝 / 链接"对话框

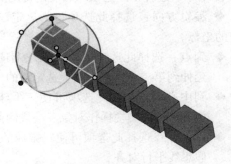

图 7-19　阵列复制

4）取消对三维球工具的选择。

7.4.5 修改三维球配置选项

由于三维球的功能繁多，它的全部选项和相关的反馈功能在同一时间是不可能都需要的，因而，CAXA 实体设计允许按需要禁止或激活某些选项。

如果要在三维球显示在某个操作对象上时修改三维球的配置选项，在设计环境中的任意位置右击即可。此时，将弹出一个菜单，如图 7-20 所示。此菜单中有几个选项是默认的。

三维球上可用的配置选项如下：

◆ 移动图素和定位锚：如果选择了此选项，三维球的动作将会影响选定操作对象及其定位锚。此选项为默认选项。

◆ 仅移动图素：如果选择了此选项，三维球的动作将仅影响选定操作对象；而定位锚的位置不会受到影响。

图 7-20　配置三维球菜单

> **注意**
>
> 一旦在某个图素上激活了三维球，即可以利用空格键快速激活/禁止其"仅定位三维球"。

◆ 仅定位三维球（空格键）：选择此选项可使三维球本身重定位，而不移动操作对象。

◆ 定位三维球心：选择此选项可把三维球的中心重定位到操作对象上的指定点。

◆ 重新设置三维球到定位锚：选择此选项可使三维球恢复到默认位置，即操作对象的定位锚上。

◆ 三维球定向：选择此选项可使三维球的方向轴与整体坐标轴 (L,W,H) 对齐。

◆ 将三维球定位到激活坐标上：选择此选项可使三维球恢复到原来的状态。

◆ 显示平面：选择此选项可在三维球上显示二维平面。

◆ 显示约束尺寸：选定此选项时，CAXA 实体设计将报告图素或零件移动的角度和距离。

◆ 显示定向操作柄：选择此选项时，将显示附着在三维球中心点上的方位手柄。此选项为默认选项。

◆ 显示所有操作柄：选择此选项时，三维球轴的两端都将显示出方位手柄和平移手柄。

◆ 允许无约束旋转：欲利用三维球自由旋转操作对象，可选择此选项。

◆ 改变捕捉范围：利用此选项，可设置操作对象重定位操作中需要的距离和角度变化增量。增量设定后，可在移动三维球时按下 Ctrl 键激活此功能选项。

◆ 三维球尺寸：此选项有大中小三种尺寸，用于调整三维球大小。

◆ 三维球风格：此选项有程序化和初始两种风格，用于调整三维球的风格样式。

7.4.6 重定位操作对象上的三维球

为了精确地放置操作对象，可以仅对三维球进行重定位而无需移动操作对象。此选项在许多情况下都适用。

通过重定位三维球及其操纵件，可以重新调整默认情况下由操作对象定位锚确定的坐标系。用于图素重定位的所有三维球操纵件（包括平移和定向）均可用于对三维球本身进行重定位。

若要激活三维球的平移及定向操纵件来定位三维球本身，应在三维球内侧右击，并从弹出的快捷菜单上选择"仅定位三维球"或者按下空格键切换到此模式。再次按下空格键将禁止"仅定位三维球"选项。指示"仅定位三维球"选项处于激活状态的可见信号使三维球的轮廓从蓝绿色变成了白色。此后的操作将仅影响三维球本身，而不会影响操作对象。

由于三维球重定位操作非常类似于其他图素的重定位操作，所以在这里不再赘述。

7.5 利用智能尺寸定位

在实体设计过程中，智能尺寸不仅能检查实体零件的三维尺寸，而且在设计过程中可以通过智能尺寸来对两个或两个以上的零件进行空间定位。

智能尺寸可在零件或智能图素编辑状态下应用。当智能尺寸在零件编辑状态下应用于同一零件的组件上时，它们的功能就仅相当于标注尺寸，不能被编辑或锁定。用于零件编辑状态下两个单独零件之间和智能图素编辑状态相同零件的组件之间的智能尺寸（第一个选择的边上的尺寸除外）都是功能完全的智能尺寸，可按需要编辑或锁定。智能尺寸的显示可利用其"风格属性"自定义并进行重定位，以获取最佳效果。

智能尺寸可用于增料设计和除料设计上的点、边和面上。

7.5.1 采用智能尺寸定位实体造型

1）新建一个设计环境，然后从"钣金"目录中拖出一个"板料"图素并释放到设计环境中。

2）从"图素"目录中拖出一个"条状体"图素，并将其释放到板的上表面。如图 7-21 所示。

3）在智能图素编辑层选择块，由于条状体拖放到了板上，所以两个图素都成了同一零件的组件。为了测量某个零件的图素组件的面、边或顶点之间的距离，用户必须在智能图素编辑状态下添加智能尺寸。如果在零件编辑状态下选择条状体图素，那么智能尺寸的功能就仅相当于一种标注。

4）单击"工程标注"选项卡"尺寸"面板中的"智能标注"按钮。

5）把光标移动到块侧面底边的中心位置，直至出现一个绿色智能捕捉中心点且该边呈绿色加亮显示。

6）在线性智能尺寸的第一个点单击并选定。将光标拖动到板上与条状体选定面平行的边，直至其呈绿色加亮显示。

7）在光标与绿色加亮显示的边上的点对齐时，单击以给智能尺寸设定第二个点，如图 7-22 所示。

图 7-21　拖放图素到设计环境中

图 7-22　线性智能尺寸的放置

8）在智能尺寸值的显示位置右击，在弹出的快捷菜单中选择"编辑智能尺寸"，如图 7-23 所示，弹出"编辑智能标注"对话框，如图 7-24 所示。改变其数值，单击"确定"按钮，条状体的位置将随之改变，如图 7-25 所示。

图 7-23　右键快捷菜单

图 7-24　"编辑智能标注"对话框

图 7-25　编辑后的智能尺寸值及块的相应重定位

"水平标注""垂直标注"和"角度标注"等类型的智能尺寸也可用于条状体图素，并可按照前一示例中的"线性标注"相同的方式编辑。"半径标注"和"直径标注"智能尺寸适用于圆柱形图素，其功用也类似于"线性标注"。

7.5.2　编辑智能尺寸的值

在生成智能尺寸时，选择的第一个图素即为该智能尺寸的主控图素。若要编辑某个智能尺寸的值，必须首先选中这个主控图素。一旦编辑了该智能尺寸的值，这个主控图素就相应地重定位了。

应用智能尺寸后重定位主控图素，系统提供了两种选择：

1）如果要对主控图素实施可视化重定位，应在智能图素编辑层选择该主控图素（块），然后把它拖移到新位置。在把该图素拖离时，它离开原位置的当前距离值将不断改变。一旦显示

出符合需要的值即可释放该图素。

2）如果要对主控图素实施精确重定位，应在智能图素编辑层选定这个图素，在智能尺寸的距离值上右击，然后从弹出的快捷菜单中选择"编辑智能尺寸"，在弹出的对话框中输入对应的距离值并单击"确定"按钮。即可将该块相应地重新定位。

也可以在同一对话框中同一图素上进入和编辑全部智能尺寸值，方法是：在智能图素编辑状态下选择图素，在其中一个智能尺寸上右击，在弹出的快捷菜单中选择"编辑所有智能尺寸"，屏幕上将显示一个对话框，其中有一个包含该图素全部现有智能尺寸值的表。输入相应的值，然后单击"应用"按钮预览结果，或者单击"确定"按钮结束编辑。

7.5.3　利用智能尺寸锁定图素的位置

可以利用智能尺寸把智能图素的位置锁定在其他图素上。若是在移动或重新设置某个图素的"父级"图素时不希望该图素移动，就可以使用这一选项。

利用智能尺寸锁定智能图素位置的操作步骤如下：

1）在智能图素编辑状态下选择图素。

2）在先前应用于图素的线性标注尺寸的各个值显示区中右击，然后从随之出现的弹出的快捷菜单中选择"锁定"。

此时，该图素的位置就在指定智能尺寸值的基础上固定在块上了，各个值的旁边都将显示一个"*"号，表示该智能尺寸已被锁定。所有锁定的智能尺寸在"设计环境浏览器"中显示时，它们的主控图素的下方都会显示为锁上的挂锁，而未锁定的智能尺寸则显示为打开的挂锁。

在编辑智能尺寸的值时，通过在"编辑智能尺寸"对话框中选择"锁定"选项也可以锁定智能尺寸。

被约束的智能尺寸在"设计环境浏览器"中的"约束"目录下也以锁上的挂锁显示。在"浏览器"中的"约束"目录下选择一个图标也可以选定设计环境中的相关零件、装配件或图素。

7.6　重定位定位锚

如前所述，定位锚决定了图素的默认连接点和方向。定位锚以两条绿色线段和一个绿点表示。利用三维球工具，可以对定位锚进行重新定位，以指定其他的连接点和方向。

> **注意**
>
> 在图素或零件的定位锚上右击时，可以利用弹出的快捷菜单设定该图素或零件如何与设计环境中的其他操作对象交互作用。

7.6.1　利用三维球重定位零件的定位锚

1）选定零件的定位锚。选择正确后，定位锚的颜色将变成黄色，定位锚的旁边则出现一个黄色的定位锚图标。

2）激活三维球工具。

3）按需要旋转或移动定位锚的位置。

📖 7.6.2　利用"定位锚"属性表重定位图素的定位锚

1）在零件编辑状态下右击图素，在弹出的快捷菜单中选择"零件属性"。

2）选择"定位锚"标签，显示出定位锚属性选项。

3）为定位锚指定一个新位置，方法是通过旋转或沿着一个二维平面移动定位锚。通过恰当的字段，为多达 3 个的运动方向输入相对于当前位置的距离值，或输入相对于当前位置的一个新的旋转角度。

若要设定某个旋转轴，应在对应的 L、W 或 H 方位字段中输入 1，而在其他字段中输入 0。然后，在"用这个角度"字段中输入相应的旋转角度值。

4）得到满意的新位置后，单击"确定"按钮结束操作。同样的操作过程也适用于由多个智能图素生成的零件或由多个零件/图素生成的装配件的定位锚重定位。

📖 7.6.3　利用"移动定位锚"功能选项重定位图素的定位锚

1）从"设计工具"菜单中选择"移动锚点"。

2）单击，以在该图素上为定位锚选定合适的新位置。定位锚将立即重定位。

依靠定位锚拖放定位操作特征，定位锚一旦被重定位，图素就会重新调整自己的位置，或者在图素下一次移动时调整。之所以进行这种调整，是因为定位锚的重定位动作改变了它"沿曲面滑动"的拖拉定位操作特征。如果定位锚在重定位之前设置了"沿曲面滑动"，它就会保留这一设置；但是，如果对应的图素附着到第二个图素上，该图素就会滑动到它的定位锚上，以便它能够沿着第二个图素的表面滑动。

除三维球工具外，也可以利用智能尺寸和智能捕捉来给定位锚定位。

CAXA 2023

7.7　附着点

尽管在默认状态下，CAXA 实体设计是以对象的定位锚为对象之间的结合点，但是通过添加附着点，也可以使操作对象在其他位置结合。可以把附着点添加到图素或零件的任意位置，然后直接将其他图素贴附在该点。

📖 7.7.1　利用附着点组合图素和零件

1）生成新的设计环境，并且生成一个图素。

2）从"设计工具"菜单中选择"附着点"命令。

3）在零件编辑状态下选定零件，然后把光标移动到该图素，并为附着点选择相应的点。图素的表面将出现一个标记，该标记指明了附着点的位置。

4）从设计元素库中拖出另一个图素并把它放置到附着点处，当附着点变绿时，释放新图素。之后，新图素的定位锚就与第一个图素的附着点连接在一起了。

5）可以将附着点放置在两个零件上并用这些点将两个零件组合在一起。拖动其中一个零件的附着点，把它释放到另一个零件的附着点上。附着操作完成后，如果移动主控零件，附加零件

也会随之移动；然而，如果移动附加零件，附加零件和主控零件之间的附着点约束将会失效。

📖 7.7.2 附着点的重定位和复制

可以利用三维球工具重定位图素或零件附着点。

1）利用三维球工具重定位附着点。在零件编辑状态下选择零件并选择附着点，显示出黄色提示区。单击"装配"选项卡"定位"面板中的"三维球"按钮，或按下 F10 键来激活三维球工具，然后利用本章前面描述的三维球操纵件可转动或移动附着点的位置。

2）利用三维球复制附着点。如果把某个特殊方位设定到某个附着点并想复制它，可以利用三维球进行复制。

📖 7.7.3 删除附着点

选定某个附着点、显示出其黄色提示区，然后按下 Delete 键，就可以删除不再需要的附着点。也可以在选定该附着点后右击，在弹出的快捷菜单中选择"删除附着点"。

📖 7.7.4 附着点属性

在图素或零件上添加附着点时，一个新的选项表就会添加到该图素或零件的标准属性表中。为了查看这些属性，可分别在智能图素或零件编辑状态下右击图素或零件，在弹出的快捷菜单中选择对应的"零件属性"选项，然后选择"附着点"标签。

利用"附着点"选项，可为附着点指定新位置，方法是：使附着点沿着一个二维平面旋转或移动，为多达 3 个的运动方向输入相对于当前位置的距离值，或输入相对于当前位置的一个新的旋转角度。

若要设定某个旋转轴，应在对应的 L、W 或 H 方位字段中输入 1，而在其他选项中输入 0。然后，在"用这个角度"字段中输入相应的旋转角度值。

7.8 "位置"属性表

"位置"属性表中的选项为图素或零件提供了通过相对于背景栅格中心编辑其定位锚位置方式的另一种重定位方法。采用此方法时，图素或零件可根据编辑结果相应地重定位。

利用"位置"属性表重定位图素的操作步骤如下：

1）若有必要，应显示出位置尺寸。在设计环境背景中右击，在弹出的快捷菜单中选择"显示"，选择"位置尺寸"，然后单击"确定"按钮。

2）在零件编辑状态下针对零件右击，在弹出的快捷菜单中选择"零件属性"。

3）选择"位置"标签。

4）在"位置"属性表上为零件定位锚和包围盒角点之间的距离输入新值。

5）必要时，可编辑方位属性使选定的图素旋转。若要指定一个旋转轴，则应在 L、W 或 H 字段中的某个适当字段内输入 1，而在其他两个字段中则输入 0。然后，在"用这个角度"字段输入旋转角度值。

6）单击"确定"按钮，使图素重新定位。

第 8 章

减速器实体设计综合实例

　　本章主要介绍减速器中各个零件的实体设计，包括传动轴、齿轮轴、圆柱齿轮、减速器箱体等。

　　在对减速器零件的设计过程中，将对 CAXA 3D 实体设计软件的图素功能进行系统的学习。在设计的过程中，如何高效、准确地绘制零部件并进行装配是本章的学习目的，也是本章的学习难点。

重点与难点

- 传动轴设计
- 齿轮轴设计
- 直齿圆柱大齿轮设计
- 轴承端盖设计
- 减速器箱体设计
- 油标尺设计
- 减速器装配设计
- 装配体干涉检查
- 装配体物性计算及统计

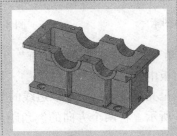

8.1 传动轴设计

8.1.1 设计思路

传动轴（见图 8-1）是机械产品中最常见的零件之一。其主体结构为若干段相互连接的圆柱体，各圆柱体的直径、长度各不相同，所以设计传动轴最简单的方法就是调用设计元素库中的"圆柱体"图素和"孔类键"图素，将其组合成传动轴。

图 8-1 传动轴

8.1.2 设计步骤

1）启动 CAXA 实体设计系统，进入三维设计环境。

2）从设计元素库中的"图素"中选择"圆柱体"图素，如图 8-2 所示，将其拖放入设计环境中。为了符合习惯，可改变视向，使轴接近于水平位置。

图 8-2 选择"圆柱体"图素

3）激活圆柱体智能图素状态，编辑包围盒，如图 8-3 所示，修改圆柱体尺寸为长度 55、宽度 55、高度 16。

4）从设计元素库中选择"圆柱体"图素，然后利用智能捕捉功能，捕捉到中心点时，中心点将变为高亮"绿色"圆点。将第二个圆柱体定位于第一个圆柱体右端面的中心位置，如图 8-4 所示。

5）编辑第二个圆柱体图素包围盒的尺寸，修改为长度 66、宽度 66、高度 12。继续调用圆柱体图素，重复上述操作，再调入 4 个圆柱体，并使用智能捕捉功能，使其端面都相接，以中心定位。4 个圆柱体图素的尺寸由左向右分别为：直径 58、55、50、45，长度 80、30、80、60。单击"显示全部"按钮，显示三维实体全景，如图 8-5 所示。

图 8-3 编辑包围盒

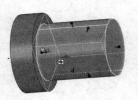

图 8-4 调用第二个圆柱体图素

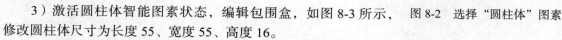
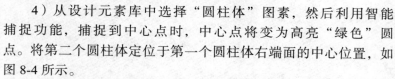
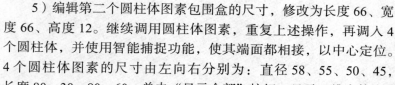

图 8-5 传动轴三维实体

6）执行"修改"｜"边倒角"命令或者单击"特征"工具条中的"边倒角"按钮◻或者单击"特征"选项卡"修改"面板中的"边倒角"按钮◻，弹出"倒角特征"属性管理器，然后拾取传动轴两端的边线，边线呈亮绿色，同时在该边线的某个位置显示出轴向和径向两个方向默认的倒角距离值，如图 8-6 所示。将两个方向的倒角距离均修改为 2，然后单击✔按钮，结果如图 8-7 所示。

图 8-6　默认倒角距离值 　　　　　　　　　　　图 8-7　边倒角

7）选择"修改"｜"圆角过渡"命令或者单击"特征"工具条中的"圆角过渡"按钮，或者单击"特征"选项卡"修改"面板中的"圆角过渡"按钮，弹出"过渡特征"属性管理器，依次拾取传动轴台阶的交线，系统默认圆角半径为2，如图8-8所示。将圆角半径修改为1，单击✔按钮，结果如图8-9所示。

图 8-8　默认圆角过渡半径 　　　　　　　　　　　图 8-9　圆角过渡

8）从设计元素库的"图素"中选择"孔类键"图素，将其拖放入设计环境中，放在轴端表面上，如图 8-10 所示。

9）在智能图素编辑状态下，利用包围盒将孔类键的长度、宽度和高度分别设为 70、16、6，如图 8-11 所示。

10）在孔类键图素处于智能图素编辑状态下，执行"工具"｜"三维球"命令或者单击"标准"工具条中的"三维球"按钮或者单击"装配"选项卡"定位"面板中的"三维球"按钮，激活三维球，如图 8-12 所示。

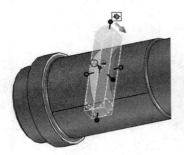

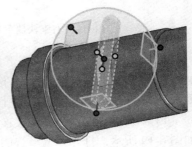

图 8-10　调用"孔类键"图素　　　图 8-11　设定键的尺寸　　　图 8-12　激活三维球

11）单击外控制手柄（一维控制手柄），颜色变为黄色。然后，在三维球内部选定外控制手柄为轴线旋转，如图 8-13 所示。直接输入角度值或右击旋转角度值，编辑旋转角度，如图 8-14 所示，选择"编辑值"命令，选择"编辑值"命令，打开"编辑旋转"对话框，在该对话框中输入角度值 90，如图 8-15 所示，单击"确定"按钮。

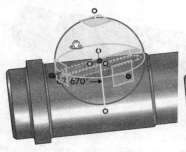

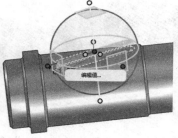

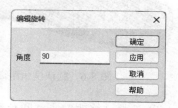

图 8-13　旋转孔类键　　　　　图 8-14　编辑旋转角度　　　　　图 8-15　"编辑旋转"对话框

注意

　　调整键槽的方向还可以采用下面的方法：在智能图素编辑状态下，激活三维球，右击与轴垂直的定向控制手柄，在弹出的快捷菜单中选择"与轴平行"，如图 8-16 所示。然后拾取任意一段轴表面，键槽即可自动与轴线平行，如图 8-17 所示。

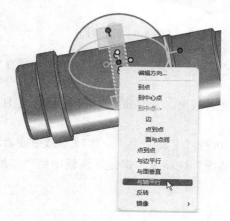

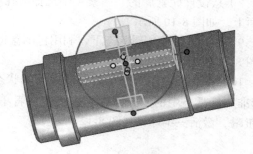

图 8-16　右键快捷菜单　　　　　　　　　　图 8-17　键槽与轴线平行

　　12）在智能图素编辑状态下，单击"工程标注"选项卡"尺寸"面板中的"智能标注"按钮 。按下 Ctrl 键，捕捉键槽的中心点作为线性标注的第一点，将光标移动到轴台阶端面，待面呈亮绿色时，单击即可拾取线性标注的第二点，如图 8-18 所示。

　　13）将尺寸拖动到适当位置，右击此尺寸，在弹出的快捷菜单中选择"编辑智能尺寸"，如图 8-19 所示，打开"编辑智能标注"对话框，在对话框中输入尺寸为 42，单击"确定"按钮。完成键槽在轴上的定位，如图 8-20 所示。

　　14）重复上述设计键槽的方法，在传动轴的右端生成键槽。设置键槽长度、宽度和高度分别为 43、14、5，键槽中心与小端端面的距离为 26.5，如图 8-21 所示。

　　15）在设计过程中，两个键槽在圆周上不一定处于同一个角度，如图 8-22 所示。需要调整键槽在圆周表面上的位置，使其处于同一角度。激活小键槽智能图素编辑状态，激活其三维球，按下空格键，使三维球状态处于仅移动三维球状态，即三维球颜色变为白色，如图 8-23 所示。

图 8-18　线性标注

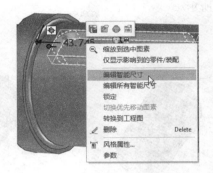

图 8-19　右键快捷菜单

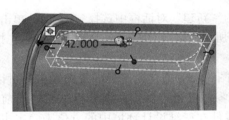

图 8-20　修改尺寸

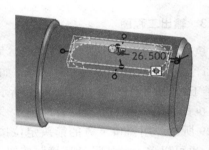

图 8-21　生成传动轴小端键槽

图 8-22　键槽处于不同角度

图 8-23　仅移动三维球

16）右击三维球中心手柄，如图 8-24 所示，在弹出的快捷菜单中选择"到中心点"，然后拾取端面的边线，如图 8-25 所示。

17）按下空格键，恢复三维球与图素的锁定状态。右击与键槽底面垂直的定向控制手柄，在弹出的快捷菜单中选择"与面垂直"，然后拾取大键槽底面，编辑其方向与大键槽底面垂直，如图 8-26 所示。

18）传动轴实体造型设计完毕，将其保存，将文件命名为"传动轴"。实体造型如图 8-1 所示。

  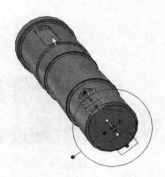

图 8-24　拾取中心手柄　　　　图 8-25　拾取端面边线　　　　图 8-26　定位键槽

8.1.3　输出工程图

1）执行"文件"｜"新文件"命令，在弹出的"新建"对话框中选择"图纸"，单击"确定"按钮，弹出"工程图模板"对话框，如图 8-27 所示，选择"GB-A3"，单击"确定"按钮，出现二维工程图的设计环境，如图 8-28 所示。

2）执行"工具"｜"视图管理"｜"标准视图"命令，弹出"标准视图输出"对话框，如图 8-29 所示。用窗口下方的箭头定位按钮，对零件进行重新定位而获得需要的当前主视图方向。也可以单击"从设计环境"按钮，根据零件在三维设计环境中的方位来确定主视图方向。

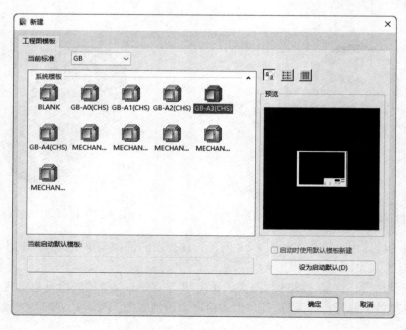

图 8-27　"工程图模板"对话框

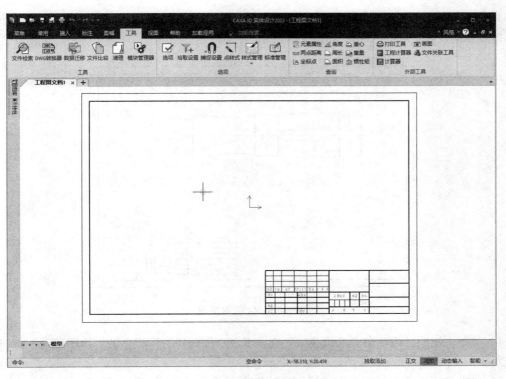

图 8-28 二维工程图设计环境

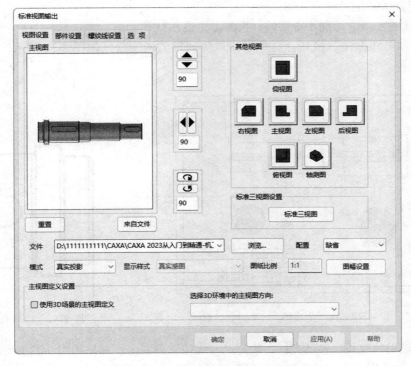

图 8-29 "标准视图输出"对话框

3）在"其他视图"选择框中选择"主视图"，并调整视图方向，即可在工程图设计环境中获得指定方向投影生成的视图，如图 8-30 所示。

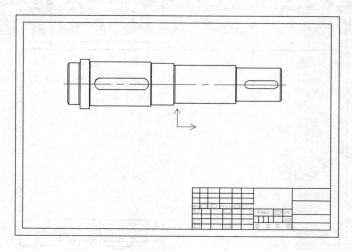

图 8-30　生成主视图

4）单击主视图，再单击"三维接口"选项卡"视图编辑"面板中的"视图移动"按钮，拖动光标，将主视图向左边移动，以便于剖视图的绘制。

5）单击"三维接口"选项卡"视图生成"面板中的"剖面图"按钮，按照系统提示在设计环境的主视图区域中绘制剖切轨迹，选择剖切方向，并指定剖面名称标注点，拖动光标将剖视图定位于合适的位置。

6）重复上述步骤，绘制小键槽的剖视图，如图 8-31 所示。

7）单击"尺寸标注"按钮，再单击拾取传动轴的两端线，如图 8-32 所示，标注总长度尺寸。

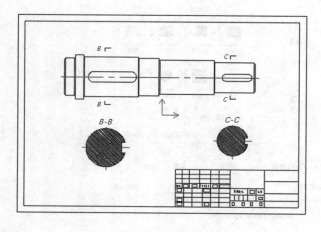

图 8-31　剖视图

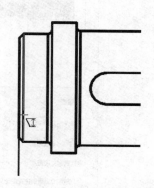

图 8-32　拾取直线

8）标注轴端的直径，移动光标，确定尺寸线位置后右击，弹出如图 8-33 所示的"尺寸标注属性设置"对话框。在此对话框中可以对标注的尺寸进行编辑。在"输出形式"中选择"偏差"选项，输入直径偏差数值：上偏差 +0.021、下偏差 +0.002。单击"确定"按钮，结果如图 8-34 所示。

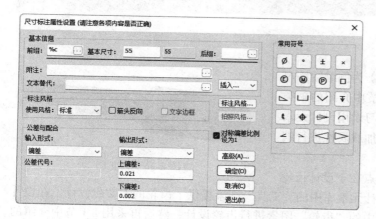

图 8-33　"尺寸标注属性设置"对话框

图 8-34　标注公差

9）重复尺寸标注的操作，对其余尺寸进行标注，结果如图 8-35 所示。

10）单击"文字"按钮，在适当位置标注剖面图名称。双击标题栏，在其中填写单位名称和图纸名称。

11）检查工程图样，确认没有错误，将其保存。至此，完成传动轴零件从实体造型到输出二维工程图样的操作。

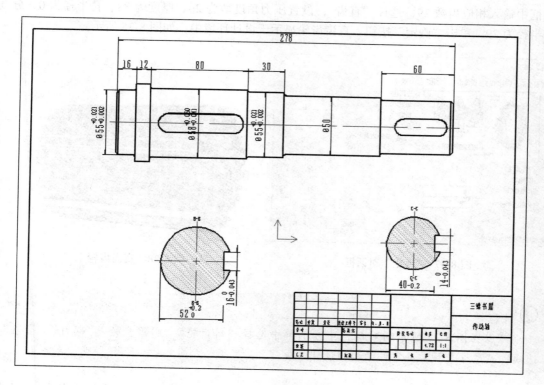

图 8-35　传动轴工程图样

8.2 齿轮轴设计

8.2.1 设计思路

本节将以齿轮轴（见图 8-36）为例继续练习轴类零件的设计。除了熟悉 8.1 节中介绍的轴类零件的设计方法，还将进一步练习调用设计元素库中的"工具"图素及对图素所加载属性进行编辑修改。

图 8-36　齿轮轴

在设计齿轮轴的过程中，重点在于设计齿轮的结构。CAXA 实体设计系统设计元素库中的"工具"图素提供了齿轮的参数化设计。在设计过程中可以先利用"工具"图素中的"齿轮"图素进行齿轮设计，然后再采用 8.1 节中介绍的方法设计齿轮轴的其他结构。

8.2.2 设计步骤

1）启动 CAXA 实体设计系统，进入三维设计环境。

2）调用设计元素库中"工具"图素的"齿轮"图素，将其拖放入设计环境中，这时系统弹出"齿轮"对话框，如图 8-37 所示。由于所需要设计的齿轮模数为 2、齿数为 29，因此在对话框中输入相应齿数 29，选择"直齿"，设置压力角度数为 20、厚度为 88、孔半径为 0、分度圆半径为 29。单击"确定"按钮。直齿齿轮显示于设计环境中，如图 8-38 所示。

图 8-37　"齿轮"对话框

图 8-38　直齿齿轮

> **注意**
>
> 可以在图 8-37 所示的对话框中分别单击选择"斜齿轮""圆锥齿轮""蜗杆""齿条"选项，熟悉这几种常见零件结构的设计方法。

3）设计齿轮两端的 3×45° 倒角。单击"特征"选项卡"特征"面板中的"旋转向导"按钮，选择齿轮左端中心点为 2D 轮廓定位点，如图 8-39 所示。在弹出的"旋转特征向导"对话框中选择"除料"│"实体"，然后单击"下一步"按钮，选择"沿着选择的表面"，设置旋转角度为 360。单击"完成"按钮，出现绘图栅格，如图 8-40 所示。

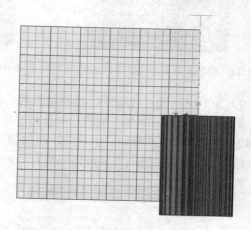

图 8-39　选择 2D 轮廓定位点

图 8-40　绘图栅格

4）经过计算可知，齿轮的齿顶圆半径为 31。单击"二维辅助线"工具条中的"垂直构造直线"按钮，在绘图栅格中绘制一条垂直辅助线，如图 8-41 所示，右击其定位点，在弹出的快捷菜单中选择"编辑位置"，在弹出的"编辑位置"对话框中输入 X 轴位置 28，如图 8-42 所示，单击"确定"按钮。

5）单击"两点线"按钮，拾取垂直辅助线与齿轮上端面投影的交点，绘制一条倾斜直线，右击，弹出"直线长度/斜度编辑"对话框，设置如图 8-43 所示。

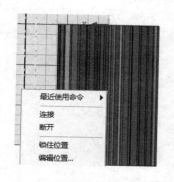

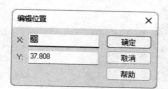

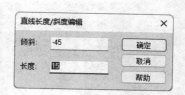

CAXA 2023

图 8-41　绘制垂直辅助线　　图 8-42　编辑垂直辅助线位置　　图 8-43　编辑倾斜直线

6）单击"两点线"按钮，绘制如图 8-44 所示的三角形，面积要大于齿轮边角的投影面积。至此，旋转特征 2D 轮廓绘制完毕。

7）单击"完成特征"按钮，齿轮一端的倒角设计结束，结果如图 8-45 所示。

8）单击"显示设计树"按钮，展开设计环境左侧的设计树。单击"直齿轮"节点，展开其子目录，单击两次子目录"旋转 1"名称，重命名为"倒角 1"。单击其图标，使其处于智能图素编辑状态。单击"三维球"按钮，激活三维球，如图 8-46 所示。

图 8-44　绘制旋转特征 2D 三角形轮廓　　　图 8-45　齿轮一端倒角　　　图 8-46　激活三维球

9）按下空格键，使三维球与图素脱离，三维球处于白色。单击其外控制操作手柄，颜色处于黄色，在外控制操作手柄的右侧手柄端点处右击，在弹出的快捷菜单中选择"编辑距离"，如图 8-47 所示。输入移动三维球的距离值为 44，将三维球向右侧移动到直齿轮的中点处，按下空格键，恢复三维球与图素的锁定状态，如图 8-48 所示。

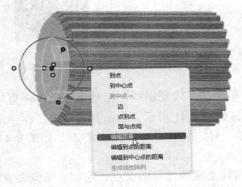

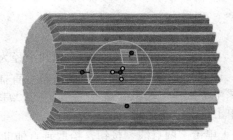

图 8-47　使三维球脱离图素　　　　　　　　图 8-48　移动三维球

10）右击三维球的轴向定向操作手柄，弹出快捷菜单，如图 8-49 所示。选择"镜像"｜"拷贝"，将"倒角 1"图素进行镜像操作。单击"三维球"按钮，关闭图素的三维球，单击设计环境空白处，退出智能图素编辑状态，结果如图 8-50 所示。

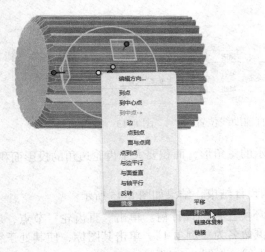

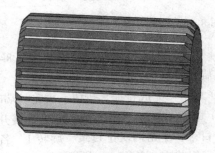

图 8-49　进行三维球镜像　　　　　　　　　图 8-50　镜像结果

11）参考 8.1 节中传动轴的设计方法，根据图 8-51 所示的尺寸，设计齿轮轴的台阶轴部分结构。图 8-51 中未标注圆角的尺寸均为 R2。结果如图 8-52 所示。

12）调用元素设计库的"图素"选项中的"孔类键"图素，将其拖放入齿轮轴上，编辑"孔类键"图素的包围盒尺寸，使键槽长度为 50，宽度为 8，深度为 4。使用"三维球"功能调节其在齿轮轴上的方位，使其与齿轮轴平行，如图 8-53 所示。

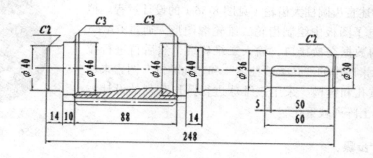

图 8-51 齿轮轴工程图

图 8-52 齿轮轴轮廓

图 8-53 调用"孔类键"图素

13）单击"孔类键"图素两次，使其处于智能图素编辑状态。使用"视向"工具条中的工具放大视图区域。单击"工程标注"选项卡"尺寸"面板中的"智能标注"按钮，根据系统提示，按下 Ctrl 键，单击键槽中心。向左拖动光标，捕捉台阶面的边线，标注键槽与台阶面的距离，如图 8-54 所示。

14）右击标注的键槽位置尺寸，在弹出的快捷菜单中选择"编辑智能标注"，在弹出的对话框中输入数值 30，如图 8-55 所示，单击"确定"按钮。

图 8-54 标注键槽与台阶面的距离

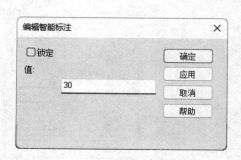

图 8-55 "编辑智能标注"对话框

15）单击"工程标注"选项卡"尺寸"面板中的"智能标注"按钮，再次单击设计环境空白区域，退出此命令。检查齿轮轴造型，若正确则进行保存，将文件命名为"齿轮轴"。设计结果如图 8-36 所示。

8.3 直齿圆柱大齿轮设计

📖 8.3.1 设计思路

本节将要讲述直齿圆柱大齿轮（见图 8-56）的设计过程。拟采用在 CAXA 电子图板中绘制齿轮二维轮廓图形，通过 CAXA 实体设计系统的数据交换接口，输入二维轮廓，然后再进行拉伸。调用设计元素库中的"孔类圆柱体"和"孔类键"图素来绘制中心孔、减重孔和键槽。采用三维球进行圆形阵列的设计方法，在齿轮基体上阵列减重孔。

图 8-56　直齿圆柱大齿轮

📖 8.3.2 设计步骤

1）启动 CAXA 实体设计系统，进入三维设计环境。

2）启动 CAXA 电子图板系统，进入电子图板绘图环境。执行"绘图" ｜ "齿形"命令或者单击"绘图工具Ⅱ"工具条中的"齿轮"按钮 或者单击"常用"选项卡"绘图"面板中的"齿形"按钮 ，弹出"渐开线齿轮齿形参数"对话框，如图 8-57 所示。输入"齿数"为 116、"模数"为 2、"压力角"为 20、"齿顶高系数"选择 1、"齿顶隙系数"选择 0.25。单击"下一步"按钮，在对话框中输入有效齿数为 116，如图 8-58 所示。单击"完成"按钮。单击将齿轮二维轮廓图定位绘图环境中，如图 8-59 所示。

3）单击"保存"按钮，在保存类型中选择"AutoCAD 2023 DXF（*.DXF）"，输入文件名称为"直齿圆柱大齿轮"，将其保存到一个文件夹中。

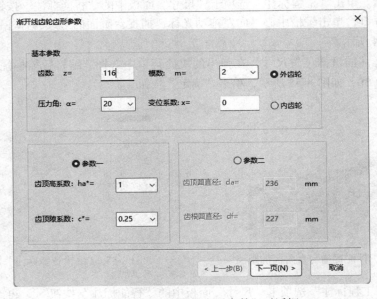

图 8-57　"渐开线齿轮齿形参数"对话框

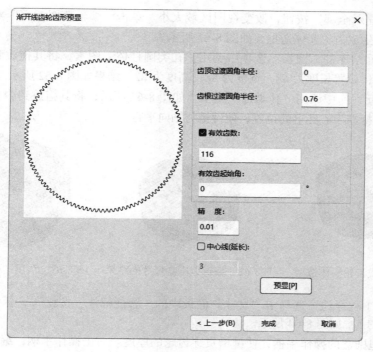

图 8-58 "渐开线齿轮齿形预显"对话框

4）切换到 CAXA 实体设计系统的设计环境中，单击"特征"选项卡"特征"面板中的"拉伸向导"按钮，在"拉伸特征向导"中依次选择"独立实体"｜"实体"，设置拉伸距离为 82。单击"完成"按钮。进入二维截面绘制环境。

5）执行"文件"｜"输入"｜"2D 草图中输入"｜"输入"命令，弹出"输入文件"对话框，如图 8-60 所示。在文件夹中选择齿轮截面图形文件，单击"打开"按钮，弹出"二维草图读入选项"对话框，单击"确定"按钮。系统输入齿轮截面图形数据。

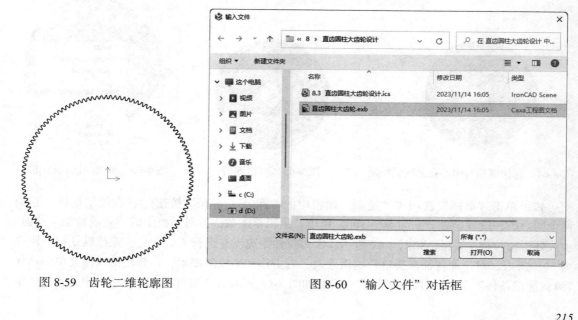

图 8-59 齿轮二维轮廓图   图 8-60 "输入文件"对话框

6）单击"显示全部"按钮，改变视图区域大小。单击"编辑草图截面"对话框中的"完成特征"按钮，生成齿轮实体造型，如图 8-61 所示。

7）从设计元素库的"图素"选项中调用"孔类圆柱体"图素，将其拖放到齿轮中心，编辑其包围盒尺寸，设置长度为 58，宽度为 58，高度为 82，结果如图 8-62 所示。

8）从设计元素库中调用"孔类键"图素，如图 8-63 所示，将其拖放到中心孔的边沿，利用三维球调整键槽在中心孔上的位置，使键槽与轴向平行。

图 8-61　生成齿轮实体造型　　图 8-62　编辑包围盒尺寸的结果　　图 8-63　调用"孔类键"图素

9）单击"工程标注"选项卡"尺寸"面板中的"智能标注"按钮，标注键槽与中心孔之间的距离为 33.5，如图 8-64 所示。

10）拖动包围盒的操作手柄，使键槽贯穿齿轮的厚度。右击操作手柄，编辑包围盒的宽度为 16，如图 8-65 所示。

11）单击"特征"选项卡"特征"面板中的"拉伸向导"按钮，单击齿轮端面，确定 2D 轮廓定位点。在"拉伸特征向导"对话框中选择"除料"｜"实体"，单击"完成"按钮，在设计环境中显示二维绘图栅格。单击"装配"选项卡"定位"面板中的"三维球"按钮，激活绘图栅格的三维球，右击三维球的中心手柄，在弹出的快捷菜单中选择"到中心点"，然后拾取中心孔边线，将绘图栅格中心与齿轮端面中心重合，如图 8-66 所示。单击"装配"选项卡"定位"面板中的"三维球"按钮，关闭三维球功能。

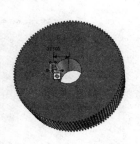  

图 8-64　标注键槽与中心孔之间的距离　　图 8-65　编辑键槽　　图 8-66　调整绘图栅格位置

12）单击"草图"选项卡"绘制"面板中的"圆心 + 半径"按钮，在绘图栅格中绘制两个同心圆，设置半径分别为 50、100。单击"编辑草图截面"对话框中的"完成特征"按钮，生成环形槽拉伸 - 除料，如图 8-67 所示。因为拉伸距离没有进行人为设置，系统默认拉伸距离为 50，所以，对拉伸特征需要进行编辑修改。右击拉伸生成的图素，在弹出的快捷菜单中选择"编辑前端条件"｜"拉伸距离"，在弹出的如图 8-68 所示的"编辑距离"对话框中输入拉伸距离值为33。单击"确定"按钮。生成齿轮端面，如图8-69所示。

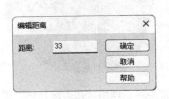

图8-67　拉伸-除料　　　图8-68　"编辑距离"对话框　　　图8-69　齿轮端面

13）单击"特征"选项卡"修改"面板中的"面拔模"按钮，弹出"拔模特征"属性管理器，如图8-70所示，拾取环形槽的外表面为拔模面，再拾取环形槽的底面为中性面，如图8-71所示。输入拔模角度为10，单击✔按钮，生成拔模斜度，如图8-72所示。

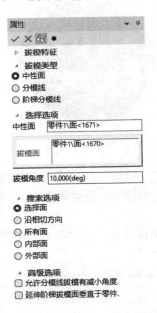

图8-70　"拔模特征"属性管理器　图8-71　拾取环形槽的外表面和底面　图8-72　外表面生成拔模斜度

14）重复上述的操作，对环形槽的内表面进行拔模斜度设计，输入拔模角度为10，结果如图8-73所示。

15）调用设计元素库中的"孔类圆柱体"图素，将其拖放入环形槽内。单击"工程标注"选项卡"尺寸"面板中的"智能标注"按钮，标注"孔类圆柱体"到齿轮中心的距离，编辑距离值为75。调整"孔类圆柱体"图素包围盒尺寸为长度30、宽度30、高度100，使其贯穿齿轮，结果如图8-74所示。

16）删除步骤15）标注的智能尺寸。单击"装配"选项卡"定位"面板中的"三维球"按钮，激活"孔类圆柱体"图素的三维球功能。按下空格键，使三维球与图素暂时脱离，仅将三维球移动到齿轮中心位置，按下空格键，使三维球与图素锁定，如图 8-75 所示。

图 8-73　内表面生成拔模斜度　　　图 8-74　调用"孔类圆柱体"图素　　　图 8-75　调整三维球位置

17）单击三维球的"外控制操作手柄"，如图 8-76 所示。在三维球内按下鼠标右键并拖动，使图素旋转，如图 8-77 所示。释放右键，在快捷菜单中选择"生成圆形阵列"，在弹出的对话框中输入数量 6、角度值 300，单击"确定"按钮，生成减重孔，如图 8-78 所示。

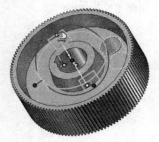

图 8-76　拾取外控制操作手柄　　　　图 8-77　旋转图素　　　　图 8-78　减重孔

18）拾取拉伸特征，单击"装配"选项卡"定位"面板中的"三维球"按钮，使其处于三维球编辑状态。按下空格键，使三维球与图素分离，将三维球沿齿轮轴线移动距离 41，即将三维球移动到齿轮实体的中心位置，如图 8-79 所示。

19）按下空格键，使三维球与图素锁定，然后使用三维球的镜像功能，将"拉伸"图素进行镜像操作。

20）同步骤 13），对镜像后的环形槽进行拔模操作，结果如图 8-80 所示。

21）单击"特征"选项卡"修改"面板中的"圆角过渡"按钮，对齿轮环形槽的边进行倒圆，设置圆角半径为 2，如图 8-81 所示，结果如图 8-56 所示。保存文件，将文件命名为"直齿圆柱大齿轮"。

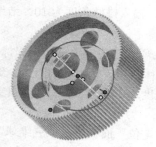

图 8-79　移动三维球　　　　图 8-80　进行拔模操作　　　　图 8-81　绘制环形槽圆角

8.4　轴承端盖设计

8.4.1　设计思路

轴承端盖（见图8-82）为典型的盘套类零件，其结构简单，绘制过程中可以调用"圆柱体"和"孔类圆柱体"图素进行组合，然后再使用"边过渡"和"边倒角"命令对其结构进行细化。

图8-82　轴承端盖

8.4.2　设计步骤

1）启动CAXA实体设计系统，进入三维设计环境。

2）调用设计元素库中的"圆柱体"图素，对其包围盒进行编辑，设置尺寸为长度92、宽度92、高度10，如图8-83所示。单击"确定"按钮，绘制轴承端盖帽。

3）调用"圆柱体"图素，将其拖放在轴承端盖帽上，设置尺寸为长度68、宽度68、高度15，绘制轴承端盖实体轮廓，结果如图8-84所示。

4）调用"孔类圆柱体"图素，将其拖放在轴承端盖实体轮廓上面，设置其尺寸为长度50、宽度50、高度10，结果如图8-85所示。

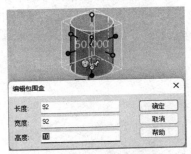

图8-83　调用"圆柱体"图素　　　图8-84　轴承端盖实体轮廓　　图8-85　调用"孔类圆柱体"图素

5）调用"孔类圆柱体"图素，使其贯穿轴承端盖，设置其直径为38，绘制中间孔，如图8-86所示。

6）单击"特征"选项卡"特征"面板中的"旋转向导"按钮，在系统提示下，在实体上任意拾取一点，弹出"旋转特征向导"对话框，如图8-87所示。在该对话框中依次选择"除料"｜"沿着选择的表面"选项，单击"完成"按钮，结果如图8-88所示。

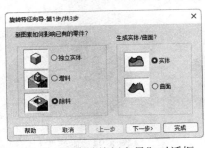

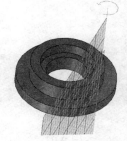

图8-86　绘制中间孔　　　图8-87　"旋转特征向导"对话框　　　图8-88　二维绘图栅格

7）由于绘图栅格的位置不适合用于旋转除料操作，需要将栅格位置进行调整。单击"装配"选项卡"定位"面板中的"三维球"按钮 🔘，激活绘图栅格的三维球，如图 8-89 所示，可以使用三维球工具来调整绘图栅格的位置。右击三维球的中心控制手柄，在弹出的快捷菜单中选择"到中心点"，如图 8-90 所示。拾取任意一个外圆，三维球将移动到轴承端盖中心位置，关闭三维球，结果如图 8-91 所示。

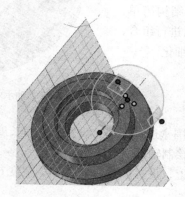

图 8-89　激活三维球

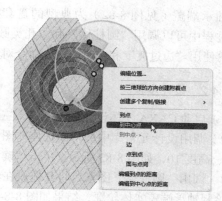

图 8-90　右键快捷菜单

8）单击"指定面"按钮 📦，拾取绘图栅格平面，使栅格平面作为正视图，如图 8-92 所示。

9）单击"草图"选项卡"绘制"面板中的"矩形"按钮 ▭，在二维栅格平面上绘制矩形，设置矩形尺寸与位置如图 8-93 所示，使 4 个端点坐标分别为（21,–16.5）、（10,–16.5）、（21,–21.5）、（10,–21.5），单击"完成"按钮，结果如图 8-94 所示。

10）采用上述操作方法，绘制端盖的退刀槽，退刀槽尺寸为 2×2，结果如图 8-95 所示。

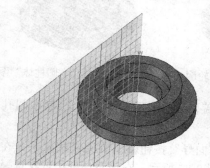

图 8-91　调整栅格位置

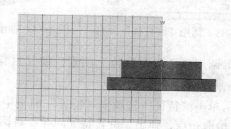

图 8-92　使栅格平面作为正视图

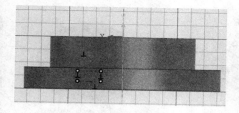

图 8-93　绘制矩形

图 8-94　旋转除料结果

图 8-95　绘制退刀槽

11）单击"特征"选项卡"修改"面板中的"圆角过渡"按钮，对轴承端盖内部进行圆角过渡，设置圆角半径为5；单击"特征"选项卡"修改"面板中的"边倒角"按钮，对轴承端盖帽进行 C2 倒角，结果如图 8-82 所示。

12）轴承端盖设计完毕，将其进行保存，输入文件名为"端盖 1"。

8.5　减速器箱体设计

📖 8.5.1　设计思路

绘制减速器箱体（见图 8-96）可以说是三维图形制作中比较经典的实例，也是使用 CAXA 实体设计 2023 三维绘图功能的综合实例。

绘制减速器箱体的制作思路是：首先绘制减速器箱体的主体部分，从底向上依次绘制减速器箱体底板、中间腔体和顶板，绘制箱体的轴承通孔、螺栓肋板和侧面肋板，接着绘制箱体底板和顶板上的螺纹和销等孔系，最后绘制箱体上的耳片实体和油标尺插孔实体。

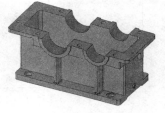

图 8-96　减速器箱体

📖 8.5.2　设计步骤

1）启动 CAXA 实体设计系统，进入三维设计环境。

2）从设计元素库中的"图素"中选择"厚板"图素，将其拖放入设计环境中。然后，通过编辑其包围盒，修改厚板的尺寸为长度 370、宽度 196、厚度 20，将其作为减速器箱体的底板，如图 8-97 所示。

3）调用"长方体"图素，将其放置于底板的上表面中心，如图 8-98 所示。

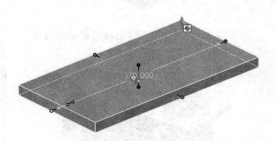

图 8-97　调用"厚板"图素绘制箱体底板

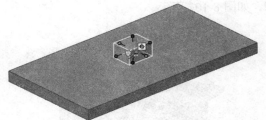

图 8-98　调用"长方体"图素

4）在长方体图素处于智能图素编辑状态下右击，在弹出的快捷菜单中选择"智能图素属性"选项，弹出"拉伸特征"对话框。在此对话框中选择"包围盒"选项，设置包围盒的尺寸为长度 370、宽度 122、高度 158，如图 8-99 所示。修改尺寸后，结果如图 8-100 所示。

> ⛔ **注意**
>
> 此操作中，要在调整尺寸方式选项中均选择"关于定位锚"选项，否则，修改尺寸将向一边延伸。

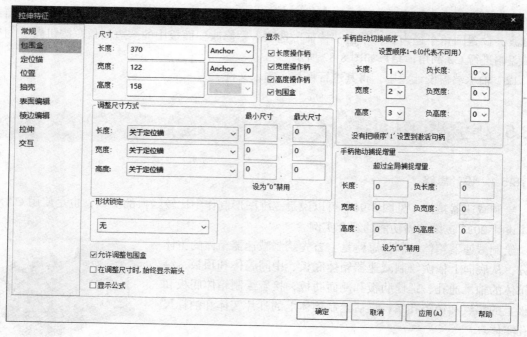

图 8-99　"拉伸特征"对话框

5）重复上述操作，再次调用"厚板"图素，将其放置于长方体上表面上，编辑其尺寸为长度425、宽度186、高度12，作为减速器箱体的顶板，结果如图 8-101 所示。

6）调用"圆柱体"图素，将其放置在减速器箱体的上表面，通过编辑其包围盒，修改其直径尺寸为92，如图 8-102 所示。

图 8-100　绘制减速器箱体腔体

图 8-101　绘制减速器箱体顶板

图 8-102　调用"圆柱体"图素

7）在圆柱体处于智能图素编辑状态下，单击"装配"选项卡"定位"面板中的"三维球"按钮，激活三维球，通过三维球操作，改变圆柱体的轴线方向，使其与减速器箱体的长度方向垂直，如图 8-103 所示。然后关闭三维球。

8）单击"工程标注"选项卡"尺寸"面板中的"智能标注"按钮，标注圆柱体端面圆心到减速器顶板左侧的尺寸，如图 8-104 所示。右击标注的尺寸，在弹出的快捷菜单中选择"编辑智能尺寸"，在弹出的对话框中对智能标注进行编辑，设置圆柱体距顶板左侧距离为 110，如图 8-105 所示。

9）重复上述操作，标注圆柱体端面与减速器箱体顶板侧面的距离，编辑其智能标注，修改值为 −5，将圆柱体端面移动到图 8-106 所示的位置。

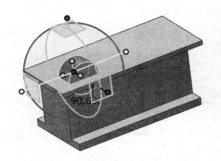

图 8-103　旋转"圆柱体"图素

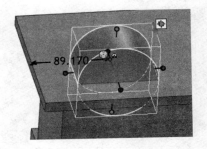

图 8-104　进行线性标注

图 8-105　编辑智能标注

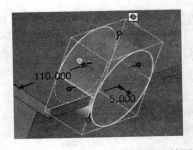

图 8-106　通过智能标注定位圆柱体图素

10）编辑圆柱体图素包围盒，修改其高度为 196，绘制第一个轴承支座实体，结果如图 8-107 所示。

11）采用上述的操作方法，调用"圆柱体"图素，设计第二个轴承支座实体，设置其直径为 114、高度为 196、与第一个圆柱体距离为 145，结果如图 8-108 所示。

图 8-107　绘制第一个轴承支座实体

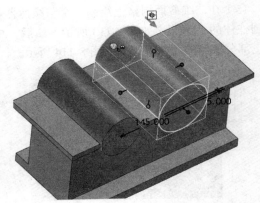

图 8-108　绘制第二个轴承支座实体

12）单击"特征"选项卡"特征"面板中的"拉伸向导"按钮，在系统提示下，拾取减速器箱体顶板上表面，弹出"拉伸特征向导-第1步"对话框。在该对话框中选择"除料"选项，如图 8-109 所示。

13）单击"下一步"按钮，弹出"拉伸特征向导-第2步"对话框，选择"在特征两端之间（双向拉伸）"选项和"沿着选择的表面"选项，如图 8-110 所示。

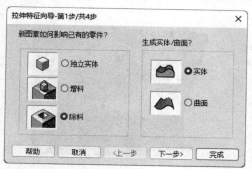

图 8-109 "拉伸特征向导-第1步"对话框

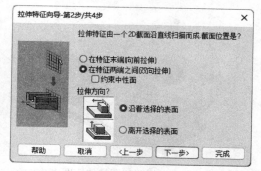

图 8-110 "拉伸特征向导-第2步"对话框

14）单击"下一步"按钮，弹出"拉伸特征向导-第3步"对话框，在对话框中"向前方向"和"向后方向"选项中均选择"贯穿"，如图 8-111 所示。然后，单击"下一步"｜"完成"按钮，将出现与减速器箱体顶板上表面垂直的栅格，如图 8-112 所示。

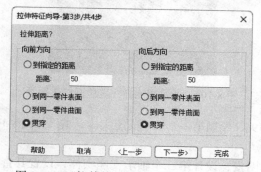

图 8-111 "拉伸特征向导-第3步"对话框

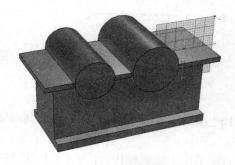

图 8-112 拉伸特征绘图栅格

15）在二维截面栅格上绘制一个与减速器箱体顶板上表面相齐的矩形，使矩形面积覆盖两个圆柱体的上半部，如图 8-113 所示。然后，单击"完成特征"按钮，减速器箱体顶板上表面以上部分实体被切除，结果如图 8-114 所示。

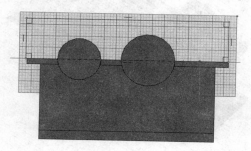

图 8-113 绘制二维截面图形

图 8-114 切除多余部分实体

16）调用"长方体"图素，将其放置在减速器箱体底板上表面上，单击"工程标注"选项卡"尺寸"面板中的"智能标注"按钮↘，拾取长方体长边中点，标注此中点与箱体左侧面距离为82.5，且使其"锁定"，完成肋板位置定位如图 8-115 所示。

17）编辑肋板长方体包围盒，使肋板长度为12、宽度为32，完成第一块肋板绘制，如图 8-116 所示。

图 8-115　定位肋板位置

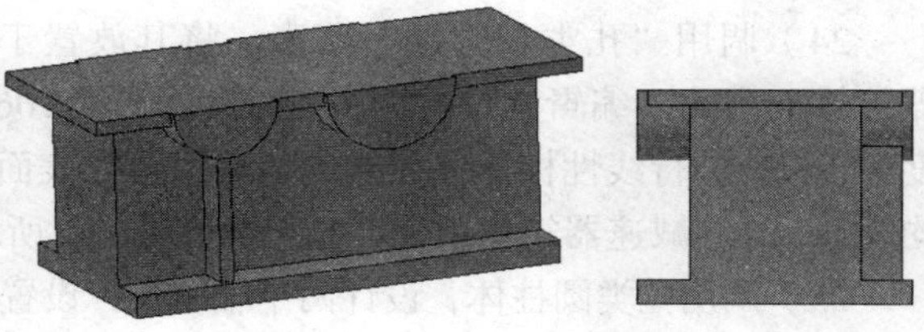

图 8-116　绘制第一块肋板

18）重复上述操作，绘制第二块肋板，设置肋板厚度为12、宽度为32、两块肋板间距离为133，结果如图 8-117 所示。

19）激活第一块肋板的三维球，按下空格键，使三维球与图素脱离，编辑三维球位置，使其处于底面左侧边线的中点处，如图 8-118 所示。

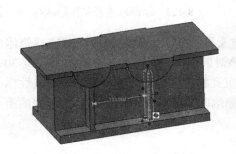

图 8-117　绘制第二块肋板

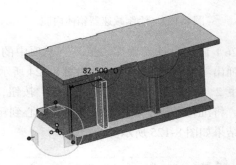

图 8-118　编辑三维球位置

20）拾取三维球定位手柄，如图 8-119 所示。右击，在弹出的快捷菜单中选择"镜像"选项中的"拷贝"，将肋板镜像复制到减速器箱体的另一侧，如图 8-120 所示。

图 8-119　拾取三维球定位手柄

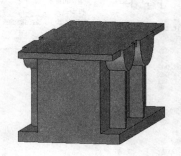

图 8-120　镜像肋板

21）重复上述操作，镜像另一块肋板到箱体另一侧。

22）调用"长方体"图素，将其放置于减速器腔体侧面，然后编辑其尺寸为长度 308.5、高度 32、宽度 28，绘制螺栓孔肋板，如图 8-121 所示。

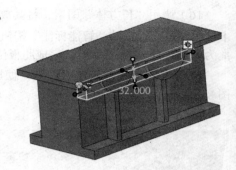

图 8-121　绘制螺栓孔肋板

23）将肋板进行三维球镜像操作，将其镜像复制在箱体的另一个侧面。

24）调用"孔类长方体"图素，将其放置于减速器箱体上表面，编辑其尺寸为长度 354、宽度 106、高度为 157。进行线性标注，使其内侧与箱体外表面距离均为 8，绘制减速器箱体内腔，结果如图 8-122 所示。

25）调用孔类圆柱体，设计两个轴承孔，设置轴承孔直径分别为 68 和 90，如图 8-123 所示。

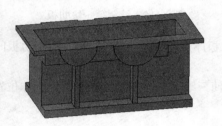

图 8-122　绘制减速器箱体内腔

图 8-123　绘制减速器箱体轴承孔

26）调用设计元素库"工具"选项中的"自定义孔"图素，将其拖放在减速器箱体底板上。弹出"定制孔"对话框，如图 8-124 所示。在该对话框中分别输入孔直径 18、深度 30、沉头深度 2、沉头直径 29。单击"确定"按钮，螺栓沉孔将出现在箱体底板上。通过线性标注的方法，将沉孔定位于底板上，设置孔中心到箱体左侧端面的距离为 40、到箱体前端面的距离为 20，结果如图 8-125 所示。

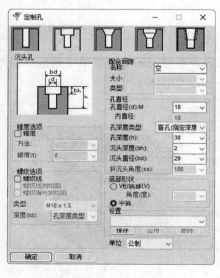

图 8-124　"定制孔"对话框

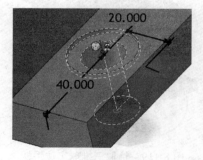

图 8-125　定位沉孔

27）激活沉孔的三维球，拾取一个方向的三维球手柄，右击拾取另一个方向的三维球手柄，弹出快捷菜单如图 8-126 所示。选择"生成矩形阵列"选项，弹出"矩形阵列"对话框，在相应的方向键入相应的数值，如图 8-127 所示，对沉孔进行矩形阵列操作，结果如图 8-128 所示。

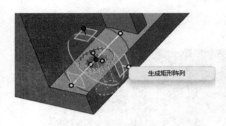

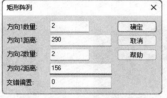

图 8-126　快捷菜单　　　图 8-127　"矩形阵列"对话框　　　图 8-128　矩形阵列沉孔

28）调用"孔类圆柱体"图素，设计减速器箱体顶板上的螺栓通孔及圆柱销孔，孔直径尺寸及其位置尺寸如图 8-129 所示，设计结果如图 8-130 所示。

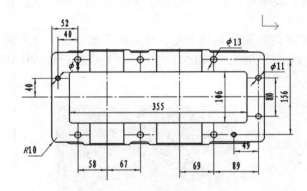

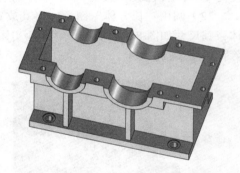

图 8-129　顶板通孔尺寸　　　　　　　图 8-130　设计螺栓通孔及圆柱销孔

29）调用"圆柱体"图素，放置在减速器箱体侧面，设置圆柱体直径为 30、圆柱体轴线与水平面成 45°、距底面距离为 89，如图 8-131 所示。

30）绘制油标尺插孔，设置孔直径为 14、深度为 45、沉孔深度为 2、沉孔直径为 22，结果如图 8-132 所示。

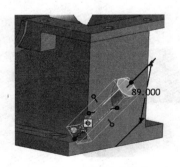

图 8-131　绘制圆柱体　　　　　　　图 8-132　绘制油标尺插孔

> **注意**
>
> 　　这时，观察减速器箱体内腔，发现油标尺插孔体延伸到腔体内，如图 8-133 所示。应该将其多余部分切除。可以单击显示设计树按钮，将设计树中最后的圆柱体向设计树上平移，平移至第一个孔类长方体图素上方，这时可以发现减速器箱体内腔多余部分消失，如图 8-134 所示。

图 8-133　油标尺插孔体延伸减速器箱体内腔　　　　图 8-134　内腔多余实体消失

31）在减速器箱体左侧设计一个放油孔，设置放油孔直径为 12、沉孔直径为 20、沉孔深度为 2、中心线高度为 35，如图 8-135 所示。

32）调用"长方体"图素，将其放置于减速器箱体顶板下面，并且使其居中作为耳片实体，其尺寸如图 8-136 所示。对耳片实体进行圆孔切除，如图 8-137 所示。最后进行长方体切除，如图 8-138 所示。

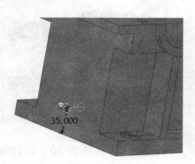
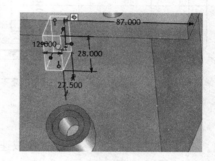

图 8-135　设计放油孔　　　　　　　　　　　图 8-136　绘制耳片长方体

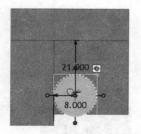
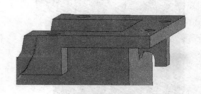

图 8-137　对耳片实体进行圆孔切除　　　　　　图 8-138　长方体切除

33）在减速器箱体另一侧设计耳片。

34）单击"特征"选项卡"修改"面板中的"圆角过渡"按钮，对减速器箱体底板、中间膛体和顶板的各自 4 个直角外沿倒圆，设置圆角半径为 10。

35）重复"圆角过渡"命令，对箱体膛体 4 个直角内沿倒圆角，设置圆角半径为 5。

36）重复"圆角过渡"命令，对箱体前后肋板的各自直角边沿倒圆，设置圆角半径为 3。

37）重复"圆角过渡"命令，对箱体左右两个耳片直角边沿倒圆，设置圆角半径为 5。

38）重复"圆角过渡"命令，对箱体顶板下方的螺栓肋板的直角边沿倒圆，设置圆角半径为 3。设计结果如图 8-139 所示。

39）调用孔类厚板图素，绘制减速器箱体底板凹槽，设置凹槽深度为 5、宽度为 100。然后对凹槽进行倒角，设置倒角半径为 5，结果如图 8-140 所示。

40）减速器箱体实体造型设计完毕，将其保存，并将文件命名为"减速器"。

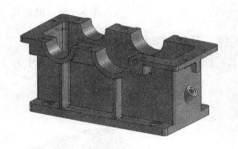

图 8-139　箱体倒角

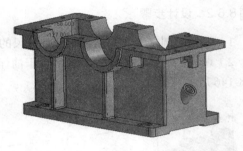

图 8-140　绘制底板凹槽

8.5.3　剖视内部结构

类似于减速器箱体等较为复杂的零部件，在设计过程中经常需要将整个零件进行剖视，以便清楚地看到内部结构。在设计过程中，单击"特征"选项卡"修改"面板中的"分割"按钮，对零件进行剖视操作。其操作步骤如下：

1）调用长方体图素作为工具零件，在减速器箱体处于零件编辑状态下，单击"特征"选项卡"修改"面板中的"分割"按钮，在减速器箱体上选择合适的点作为定位点，调整长方体的大小和位置，如图 8-141 所示。单击"确定"按钮，结果如图 8-142 所示。

2）完成特征的绘制后，设计树中增加了相同"零件"选项，右击将其压缩，可以使长方体隐藏，从而清楚地显示减速器箱体的内部结构，如图 8-143 所示。

图 8-141　调整盒子大小

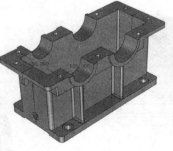

图 8-142　减速器箱体剖视

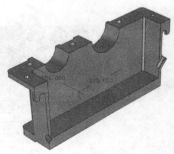

图 8-143　剖视结果

CAXA 2023

8.6　油标尺设计

8.6.1　设计思路

油标尺零件由一系列同轴的圆柱体组成，从下到上分为标尺、连接螺纹和油标尺帽等几个部分，如图 8-144 所示。因此，绘制过程中可以分别调用"圆柱体"和"球体"等图素来组合形成油标尺轮廓实体，然后细化油标尺，完成实体造型设计。

8.6.2　设计步骤

1）调用"圆柱体"图素，组合油标尺的轮廓实体，其尺寸如图 8-145 所示。

2）调用"球体"图素，将其放置于油标尺帽上，使其显示半球，修改其直径尺寸为 5，如图 8-146 所示。

图 8-144　油标尺

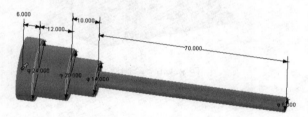

图 8-145　绘制油标尺轮廓实体

图 8-146　调用球体图素

3）单击"特征"选项卡"特征"面板中的"旋转向导"按钮。拾取球体中心，在弹出的对话框中选择"除料" | "沿着选择的表面"选项，单击"完成"按钮，出现二维绘图栅格。在二维栅格上绘制一个圆，设置其直径为 6，编辑圆心位置如图 8-147 所示。单击"完成"按钮，结果如图 8-148 所示。

4）使用"圆角过渡"和"边倒角"命令，对油标尺帽进行圆角过渡，设置圆角半径为 1；对螺纹部分进行倒角，设置倒角尺寸为 C2，结果如图 8-149 所示。

5）油标尺实体造型设计完毕，将其保存，并将文件命名为"油标尺"。

图 8-147　绘制圆

图 8-148　旋转结果

图 8-149　油标尺

8.7　减速器装配设计

8.7.1　设计思路

减速器包括若干个机械零件，如图 8-150 所示。在进行装配时，首先将各个零部件调入到设计环境中，然后利用 CAXA 实体设计的装配工具和装配方法依次进行装配，将其组成一个完整的装配体。CAXA 实体设计具有强大的装配功能，可以快捷、迅速、精确地利用零件上的特征点、线和面进行装配定位。其中，三维球定位装配、无约束定位装配和约束定位装配是 CAXA 实体设计提供的用于零件定位的有效装配方法。不同装配方法有各自的应用范围，在设计过程中可以根据不同的情况选定不同的装配约束方式。在本章的减速器装配设计过程中，将对上述三种装配方法进行介绍。

图 8-150　减速器

8.7.2　设计步骤

1）启动 CAXA 实体设计系统，进入三维设计环境。

2）单击"装配"选项卡中的"插入零件 / 装配"按钮 📎，弹出"插入零件"对话框，如图 8-151 所示。

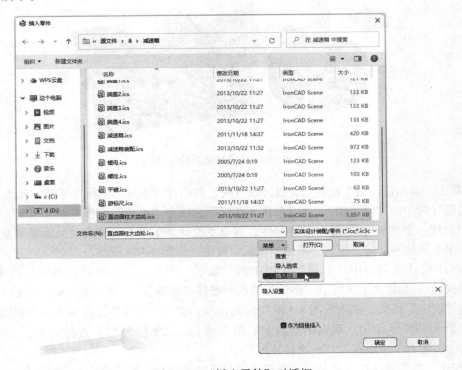

图 8-151　"插入零件"对话框

在该对话框中选择电子资料包目录：\源文件\第 8 章\…，依次选择此目录中的零部件，然后单击"打开"按钮，将所需零件插入到设计环境中，如图 8-152 所示，然后进行装配。

> **⚠ 注意**
>
> 在图 8-151 所示的"插入零件"对话框中，单击"菜单"下拉菜单中的"插入设置"选项，弹出"导入设置"对话框。在"导入设置"对话框中有一个"作为链接插入"选项。
>
> 1）选择该选项，则插入的零件保持不变。装配时仅仅是调用该零件，而不是将其存入此装配件中，以减少装配件所占的存储空间，同时保持装配件与零件的联系。但是如果在以后的修改过程中改变了零件的文件存储位置，那么在打开该装配体时，将会出现系统找不到零件的情况，此时需要设计者自己寻找零件的确切位置，并且在打开所需零件文件之后才能正确地执行后续操作，同时系统会修改关联路径，否则将会丢失该零件在此装配体中的信息。
>
> 2）如果不选择此选项，则装配时会将插入零件的信息完整的读入该装配体中。如果零件很多，会使装配容量非常庞大，从而增加系统负担，影响运行速度。但是移植文件时可以不必考虑路径的匹配。

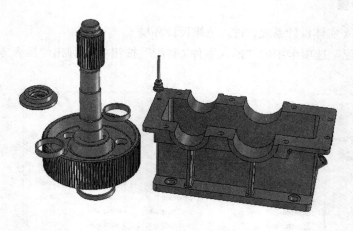

图 8-152　组成减速器的零件

3）单击"显示设计树"按钮 🔺，打开设计树，在设计树中显示出所有零件，如图 8-153 所示。单击设计树中的"减速箱"，然后单击"装配"选项卡"生成"面板中的"装配"按钮 🔲，设计树中出现一个"⊞ 🔲 装配1"的装配件。双击更改此装配件的名称为"减速箱装配"。在设计树中，单击其他零件将其拖入"减速器装配"件中，如图 8-154 所示。

4）调用设计元素库中"工具"选项中的"轴承"图素，将其拖放入设计环境中，弹出"轴承"对话框，如图 8-155 所示。在该对话框中选择"球轴承"，键入轴径 40、外径 68、高度 15，单击"确定"按钮，调入如图 8-156 所示的轴承。重复上述操作，再调入一个相同的轴承，作为齿轮轴上的轴承使用。调入传动轴上的两个轴承，其轴径为 55，外径为 90，高度为 18。在设计树中，将各个轴承拖入"减速器装配"中。

5）在这一操作步骤中，将利用三维球定向与定位功能来装配齿轮轴上的轴承和定距环。

图 8-153　设计树

图 8-154　添加零件

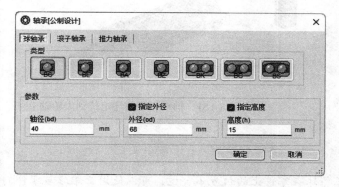

图 8-155　"轴承"对话框

图 8-156　调入轴承

① 在设计环境中，拾取齿轮轴上的轴承，然后激活其三维球。在三维球中，选择其中间的定位手柄，这时，该控制手柄呈黄色高亮显示。右击，在弹出的快捷菜单中选择"与轴平行"，如图 8-157 所示。单击齿轮轴上的圆柱面，将使轴承与齿轮轴平行，如图 8-158 所示。

图 8-157　轴承与齿轮轴平行定向选择

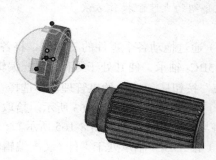

图 8-158　轴承与齿轮轴平行

② 在轴承三维球被激活状态下，单击三维球中心点，然后右击，在弹出的快捷菜单中选择"到中心点"，如图 8-159 所示。然后单击齿轮轴的轴肩外圆处，轴承将被定位到齿轮轴上，如图 8-160 所示。

③ 重复上述操作，将另一个轴承和定位环在齿轮轴上进行定位，结果如图 8-161 所示。

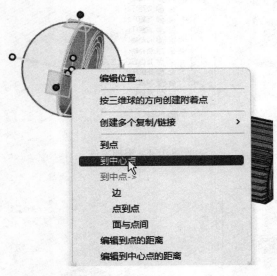

图 8-159　选择"到中心点"

图 8-160　轴承定位到齿轮轴上

图 8-161　轴承和定位环定位到齿轮轴上

> **注意**
>
> 在定向和定位过程中，如果三维球在零件上的位置不合适，可以使用三维球与零件的分离和移动功能来调整三维球在零件上的位置。
>
> 三维球的定向和定位功能仅仅是在装配的过程中精确地确定零件之间的相对位置，并没有在零件之间添加任何约束条件，所以仅用三维球操作定向和定位以后，该零件在装配体中还是可以移动或旋转的。
>
> 无约束装配和约束装配在零件的装配过程中也是非常重要的。约束装配可以添加固定的约束关系，添加后被约束的零件不能任意移动。无约束装配则和三维球装配一样，仅仅是移动了零件之间的空间相对位置，没有添加固定的约束关系。在后面的装配操作中，将重点介绍约束装配操作方法。

6）通过拖动各个零件的三维球，将各个零件拖动到合适的位置，以便于下面的装配操作。单击 55BC- 轴承，使其处于零件 / 装配编辑状态，单击"装配"选项卡"定位"面板中的"定位约束"按钮，弹出约束管理器，选择"同轴"约束类型，如图 8-162 所示。

7）拾取轴承，如图 8-163 所示。拾取轴，如图 8-164 所示。单击"应用并退出"按钮，轴承将与传动轴同轴，如图 8-165 所示。

8）在 55BC- 轴承处于零件 / 装配编辑状态下，单击"装配"选项卡"定位"面板中的"定位约束"按钮，弹出约束管理器，选择"重合"约束类型，单击轴承端面，然后旋转传动轴,拾取传动轴的轴肩端面,单击"应用并退出"按钮 ✓ ,将轴承端面与轴肩端面重合,如图 8-166 所示。

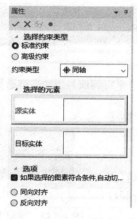

图 8-162 约束管理器

图 8-163 拾取轴承

图 8-164 拾取轴

图 8-165 同轴约束

图 8-166 添加重合约束

9)拾取平键零件,使其处于零件编辑状态。单击"装配"选项卡"定位"面板中的"无约束装配"按钮,拾取平键的一个平面,如图 8-167 所示。移动光标到传动轴键槽底面上,出现定位符号,按空格键或 Tab 键,可以切换不同的定位符号,选择如图 8-168 所示的约束符号,单击,平键将与键槽重合,如图 8-169 所示。

图 8-167 添加重合约束

图 8-168 选择重合表面

图 8-169 无约束重合装配

⊘ 注意

这时,平键还是可以移动的,其并没有被完全约束。关于无约束装配可以参考其他章节讲解,这里不再赘述。

10)使用约束装配方法,使平键端面与传动轴键槽底面重合,如图 8-170 所示。继续进行约束装配,使平键侧面与传动轴键槽侧面重合,如图 8-171 所示。然后,使平键圆弧与键槽圆弧同轴，完成平键与传动轴装配，结果如图 8-172 所示。

图 8-170　平键端面与传动轴键槽底面重合　　　图 8-171　平键侧面与传动轴键槽侧面重合

11）激活直齿圆柱大齿轮的三维球，通过三维球工具控制手柄操作，将直齿圆柱大齿轮移动到传动轴的左侧，从而便于下一步装配，如图 8-173 所示。

12）使用定位约束工具装配，选择"同轴"类型，拾取直齿圆柱大齿轮的内孔面和传动轴的外环面，单击确定。使直齿圆柱大齿轮与传动轴同轴，如图 8-174 所示。

图 8-172　平键与传动轴装配

图 8-173　移动直齿圆柱大齿轮　　　　　图 8-174　直齿圆柱大齿轮与传动轴同轴

13）使用定位约束工具装配命令，选择"重合"类型，拾取直齿圆柱大齿轮键槽侧面，如图 8-175 所示。拾取传动轴上平键的侧面，使直齿圆柱大齿轮与传动轴通过平键定位，如图 8-176 所示。

14）使用定位约束工具装配命令，选择"重合"类型，拾取直齿圆柱大齿轮的端面和传动轴的轴肩端面，单击确定，将直齿圆柱大齿轮进行轴向定位，如图 8-177 所示。

图 8-175　拾取直齿圆柱大齿轮键槽侧面

图 8-176　直齿圆柱大齿轮与传动轴通过平键定位　　　图 8-177　直齿圆柱大齿轮轴向定位

15）使用上述约束装配方法，将传动轴上的定距环和其他轴承进行装配，结果如图 8-178 所示。

16）在前面的操作中，对于齿轮轴上的零件没有使用约束装配，在将齿轮轴向减速器中装配时，其他零件相对齿轮轴的位置将会发生变化。为了便于装配，这里将齿轮轴上的零件也进行约束装配，结果如图 8-179 所示。

图 8-178　传动轴零件装配

图 8-179　齿轮轴零件装配

17）利用齿轮轴圆柱面与减速器箱体轴承孔，使用约束装配"同轴"来约束齿轮轴在减速器中的径向位置。同理，定位传动轴在减速器箱体轴承孔中的径向位置，如图 8-180 所示。

18）为了便于装配，在设计树中建立两个装配件，分别是传动轴装配体和齿轮轴装配体，分别包括其装配零件，如图 8-181 所示。使用约束装配中的"同轴"和"重合"操作，将轴承端盖装配到减速器箱体上，通过轴承端盖将传动轴装配体和齿轮轴装配体进行轴向定位，如图 8-182 所示。

19）装配油标尺，减速器装配设计完毕，结果如图 8-150 所示，将装配体文件保存为"减速器装配 .ics"。

图 8-180　传动轴与齿轮轴径向定位

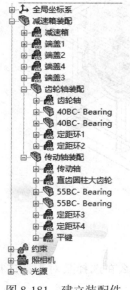

图 8-181　建立装配件

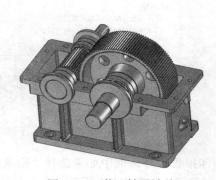

图 8-182　装配轴承端盖

8.8 装配体干涉检查

单个零件设计是否正确必须经过干涉检查加以确认。干涉检查可以检查装配体、零件内部、多个装配体和零件之间的干涉现象。干涉检查时，只有处于"设计树"同一树结构状态的组件才可以进行比较。干涉检查既可以在设计环境中进行，也可以在"设计树"中通过选择组件进行。执行干涉检查的操作步骤如下：

1）选择需要干涉检查的零部件。在设计环境中进行多项选择时，应按住 Shift 键，然后在"主零件"编辑状态下依次单击零件进行选择。若在"设计树"中选择零部件，应在单击时按住 Shift 或 Ctrl 键。若要选择全部设计环境中的组件，可从"编辑"菜单中单击"全选"或用快捷键 Ctrl + A。

2）在设计树中，单击"减速器装配"，选取全部装配零部件，单击"工具"选项卡"检查"面板中的"干涉检查"按钮，系统将对装配体进行干涉检查。

3）在干涉检查结束后，系统会弹出一个信息窗口，报告未检查到任何干涉。如果有干涉现象，则系统弹出一个"干涉报告"对话框，显示存在的干涉，如图 8-183 所示。

在出现干涉时，在设计环境中被选定的零件会显示白色，如图 8-184 所示。在"干涉报告"对话框中还可以选择查看干涉情况。

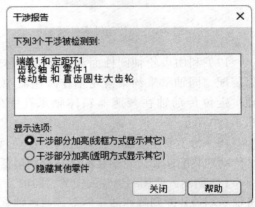

图 8-183 "干涉报告"对话框

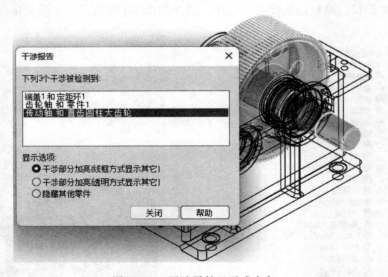

图 8-184 干涉零件显示成白色

在"干涉报告"对话框中如果选择"隐藏其他零件"，那么在选择某对干涉进行观察时，其他图素将被隐藏，如图 8-185 所示。

图 8-185　隐藏其他零件

8.9　装配体物性计算及统计

8.9.1　物性计算

　　利用 CAXA 实体设计的"物性计算"功能，可测量零件和装配件的物理特性。例如，测量零件或装配件的表面面积、体积、重心和转动惯量。其操作步骤如下：

　　1）在适当的编辑层选择相应的装配件或零件，然后单击"工具"选项卡"检查"面板中的"物性计算"按钮 ，弹出"物性计算"对话框，如图 8-186 所示。

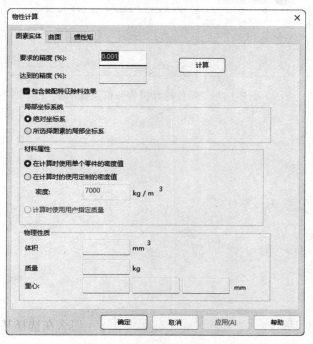

图 8-186　"物性计算"对话框

2）在"要求的精度"文本框中输入一个值，以指定需要的测量精确度。根据零件的复杂程度，在较高精确度下进行测量时，CAXA 实体设计系统可能需要花费较长的时间。如果可能，尽量选择较低的精确度，以获得更快的计算。

3）指明装配件的质量密度（当前单位下单位体积的质量），或者指示 CAXA 实体设计系统采用单个零件的密度。默认的装配件密度为 1.0。如果不希望为整个装配件设定一个质量密度，可勾选在"在计算时使用单个零件的密度值"选项旁边的复选框。

4）单击"计算"按钮，计算显示在属性表中的测量值，装配件或零件的体积、质量和沿各轴的重心等的测量值分别出现在各自的文本框中。CAXA 实体设计系统在"达到的精度"字段中显示的是测量工作取得的估计精确度。

📖 8.9.2　零件统计

与"物性计算"中把装配件或零件当作存在于物理空间的实物进行处理的数据不同，零件的分析数据说明的是其作为一个虚拟对象的表现，如某些统计数据说明装配件或零件包含多少个面、环、边和顶点。这一命令还可报告零件中可能存在的任何问题。

其操作步骤如下：

1）在合适的编辑层选择相应的装配件或零件，然后单击"工具"选项卡"检查"面板中的"统计"按钮 $\sqrt{a}$，弹出"零件统计报告"信息提示框，如图 8-187 所示。

2）单击"确定"按钮，关闭该信息提示框。

图 8-187　"零件统计报告"信息提示框

第 3 篇

CAXA 线切割 2023

计算机辅助设计与制造（CAD/CAM）系列

本篇介绍以下主要知识点：

- 线切割概述
- 轨迹生成
- 代码传输与后置设置
- 图形绘制与线切割加工实例

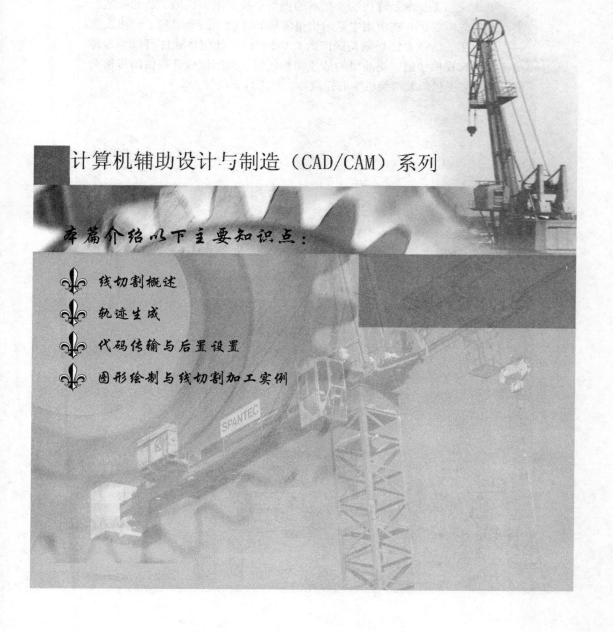

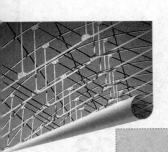

第 9 章

线切割概述

电火花加工技术是现代制造技术的重要手段。电火花加工法能够适应生产发展的需要，并在应用中显示出很多优异性能，因此得到了迅速发展和广泛应用。CAXA 线切割是国产的 CAM 软件，使用该软件可以为各种线切割机床提供快速、高品质的数控编程代码。利用该软件提供的传输功能，可将加工代码发送到机床的控制器，并进行自动加工。

重点与难点
- 电火花线切割概述
- CAXA 线切割 2023 概述

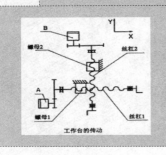

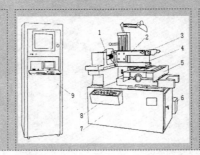

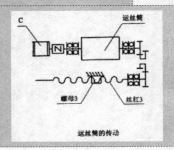

9.1　电火花线切割概述

电火花加工自诞生以来，获得了迅速的发展，已经逐渐成为一种高精度和高自动化的加工方法。其在模具制造、成形刀具加工、难加工材料和精密复杂零件的加工等方面获得了广泛的应用。

📖 9.1.1　电火花加工的概念和特点

电火花加工又称放电加工（Electrical Discharge Machining，简称 EDM）。它是在加工过程中，使工具和工件之间不断产生脉冲性的火花放电，靠放电时产生的局部、瞬时的高温将金属蚀除。这种利用火花放电产生的腐蚀现象对金属材料进行加工的方法叫电火花加工。

电火花加工用脉冲电源，在液性介质支持下，通过工具电极与工件被加工表面之间火花放电，将接触点金属材料熔化甚至汽化蚀除多余金属材料。在粗加工中，电火花加工金属材料蚀除率可达到 $100 \sim 200 \text{mm}^3/\text{min}$，甚至于更高，但是，这一数值仍然远低于用车刀、铣刀等金属切削加工刀具进行切削加工可达到的金属切除率数值；在精加工中，电火花加工金属材料蚀除率虽然只达到 $10 \text{mm}^3/\text{min}$ 左右，但是，这一数值仍然远高于相应条件下用钳工加工方法可达到的金属切除率数值。因此，电火花加工适用于有特殊要求的加工场合，在特定加工条件下显示其优越性。

📖 9.1.2　电火花线切割的原理、应用范围及特点

1. 电火花线切割的原理

电火花加工基于电火花腐蚀原理，是在工具电极与工件电极相互靠近时，极间形成脉冲性火花放电，在电火花通道中产生瞬时高温，使局部金属融化，甚至汽化，从而将金属蚀除。

线切割机床的数量已占电火花机床的大半，其工作原理如图 9-1 所示。绕在运丝筒 4 上的电极丝 1 沿运丝筒 4 的回转方向以一定的速度移动，装在机床工作台上的工件 3 由工作台按预定控制轨迹相对于电极丝 1 做成形运动。脉冲电源的一极接工件，另一极接电极丝。在工件与电极丝之间总是保持一定的放电间隙且喷洒工作液，电极之间的火花放电蚀出一定的缝隙，连续不断的脉冲放电就切出了所需形状和尺寸的工件。

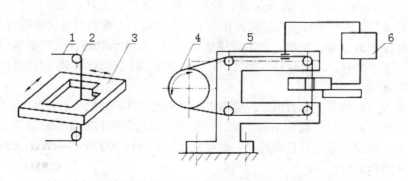

图 9-1　电火花线切割的工作原理

1—电极丝　2—导轮　3—工件　4—运丝筒　5—线架　6—脉冲电源

电极丝的粗细影响切割缝隙的宽窄，电极丝直径越细，切缝越小。电极丝最小的直径可达ϕ0.05mm，但直径太小时，电极丝强度低，容易折断。一般采用直径为 0.1 ~ 0.3mm 的电极丝。

电火花线切割根据电极丝移动速度的大小分为高速走丝线切割和低速走丝线切割。低速走丝线切割的加工质量高，但设备费用、加工成本也高。我国普遍采用高速走丝线切割，近年正在发展低速走丝线切割。高速走丝时，电极丝采用高强度钼丝，钼丝以 8 ~ 10m/s 的速度做往复运动，加工过程中钼丝可重复使用。低速走丝时，多采用铜丝，电极丝以小于 0.2m/s 的速度做单方向低速移动，电极丝只能一次性使用。电极丝与工件之间的相对运动一般采用自动控制，现在已全部采用数字程序控制，即电火花数控线切割。

工作液起绝缘、冷却和冲走屑末的作用。工作液一般为皂化液。

2. 电火花线切割加工的特点和应用

1）电火花线切割能切割加工传统方法难以加工或无法加工的高硬度、高强度、高脆性、高韧性的导电材料及半导体材料。

2）由于电极丝极细，故可以加工细微异形孔、窄缝和形状复杂的零件。

3）工件被加工表面受热影响小，适合加工热敏感性材料。同时，由于脉冲能量集中在很小的范围内，故加工精度较高，线切割加工精度可达 0.02 ~ 0.01mm，表面粗糙度可达 Ra1.6μm。

4）加工过程中工具与工件不直接接触，不存在显著的切削力，有利于加工低刚度工件。

5）由于切缝很细，而且只对工件进行轮廓加工，故实际金属蚀除量很少，材料利用率高，对于贵重金属加工更具有重要意义。

6）与电火花成形相比，电火花线切割以线电极代替成形电极，省去了成形工具电极的设计和制造费用，缩短了生产准备时间。

电火花线切割加工的缺点是生产率低，且不能加工盲孔类零件和阶梯表面。

电火花线切割主要用于各种冲模、塑料模、粉末冶金模等二维及三维直纹面组成的模具及零件。也可切割各种样板、磁钢、硅钢片、半导体材料或贵重金属，还可进行微细加工及异形槽和试件上标准缺陷的加工，在电子仪器、精密机床、轻工和军工等行业应用广泛。

📖 9.1.3　电火花数控线切割机床的组成、传动及功能简介

1. 电火花数控线切割机床的组成

（1）主机。主机由工作台、运丝装置、丝架、锥度装置、夹具、操纵盒、工作液箱、床身、防水罩等组成。工作台和锥度装置均可在水平面内移动，工作台的移动轴称为 X 轴、Y 轴，锥度装置的移动轴称为 U 轴、V 轴。切割带锥度工件时，工作台和锥度装置必须同时移动，从而使电极丝相对于工件有一定的倾斜。把 X、Y、U、V 四轴同时移动称作四轴联动。操纵盒上设有机床的常用开关。

（2）数控装置。数控装置作为机床的编程、控制系统，其内部配备有 CPU 为 486 以上，装有线切割专用软件，通过操作线切割加工软件，能够实现绘制线切割加工轨迹图、进行自动编程并对线切割加工的全过程进行自动控制。也可以利用 Auto CAD 或 CAXA 电子图板等常用绘图软件绘制线切割加工轨迹图。

（3）脉冲电源装置。脉冲电源装置为线切割机床提供符合要求的脉冲电源。脉冲电源装置可单独设置，也可与数控装置合并在一个控制柜内。脉冲电源装置上设有各项脉冲参数选择按

钮（旋钮）。

图 9-2 所示为 FW-1 型电火花数控线切割机床外形图，其主要技术参数见表 9-1。

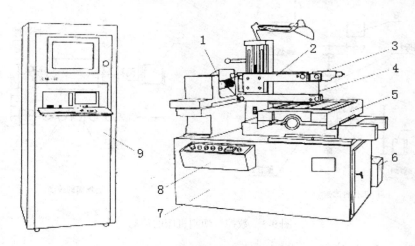

图 9-2　FW-1 型电火花数控线切割机床外形图

1—动丝筒　2—线架　3—锥度装置　4—电极丝　5—工作台　6—工作液箱

7—床身　8—操纵盒　9—控制柜

表 9-1　FW-1 型电火花数控线切割机床技术参数

主机外形尺寸 /mm	1615 × 1222 × 1630
工作台尺寸（长 × 宽）/mm	650 × 420
X 行程 /mm Y 行程 /mm Z 行程 /mm U 行程 /mm V 行程 /mm	350 320 150 18（±9） 18（±9）
工作台最大承重 /kg	200
最大切割厚度 /mm	200
最大切割锥度	±3°（50mm 厚）
脉冲当量 /mm	0.001
最佳表面粗糙度 Ra/μm	2.5
电极丝（钼丝）直径 /mm	0.12～0.20

2. 数控线切割机床的传动

数控线切割机床采用步进电动机带动滚珠丝杠传动，如图 9-3 所示。工作台的传动路线为：

X 向：控制系统发出进给脉冲—步进电动机 A—齿轮 / 齿轮—丝杠 1—螺母 1。

Y 向：控制系统发出进给脉冲—步进电动机 B—齿轮 / 齿轮—丝杠 2—螺母 2。

控制系统每发出一个脉冲，工作台就移动 0.001mm。通过 X、Y 向两个手柄也可以使工作台实现 X、Y 向移动。

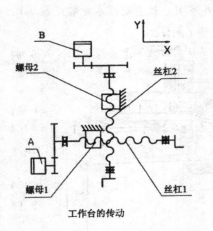 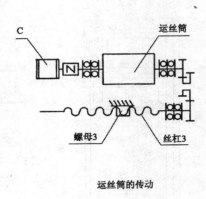

图 9-3　数控线切割机床的传动

运丝装置的传动路线为：

运丝电动机 C—联轴节—运丝筒高速旋转—齿轮 / 齿轮—丝杠 3—螺母 3 带动拖板—行程开关。运丝装置带动电极丝按一定的速度运行，并将电极丝整齐地围绕在运丝筒上，行程开关控制运丝筒的正反转。

运丝筒旋转带动电极丝做往返运动，排丝轮、导轮保持电极丝轨迹，导电块通电。通过手柄转动丝杠，带动上悬臂上下移动。

锥度装置位于线架上悬臂的头部，两个步进电动机分别控制锥度装置做 U、V 两个方向运动，实现锥度切割。

3. 数控线切割机床控制系统的功能特点

以 FW-1 型电火花数控线切割机床为例，该机床为数控高速走丝线切割机床，采用计算机控制，可 X、Y、U、V 四轴联动，能与其他计算机和控制系统方便地交换数据，放电参数可自动选取与控制，采用国际通用的 ISO 代码编程，也可使用 3B/4B 格式，配有 CAD/CAM 系统。主要系统功能如下：

- 镜像加工
- 比例缩放
- 单段运行
- 程序编辑
- 模拟运行
- 1/2 移动
- 接触感知
- 公英制转换
- 自动找孔中心
- 图形描画
- X-Y 轴交换
- 子程序调用

- 常规锥度切割
- 上下异形切割
- 四轴联动切割
- 自动电极丝半径补偿
- 加工条件自动转换
- 丝杠螺距补偿
- 丝找正
- 图形实时跟踪
- 中、英、印尼、日、葡、法、西班牙文界面
- 各模块直接进入，操作快捷
- 在线操作提示，使用方便

9.2　CAXA 线切割 2023 概述

CAXA 线切割是一个面向线切割机床数控编程的软件系统，它是面向线切割加工行业的计算机辅助自动编程工具软件。CAXA 线切割可以为各种线切割机床提供快速、高效率、高品质的数控编程代码，极大地简化了数控编程人员的工作；对于在传统编程方式下很难完成的工作，都可以快速、准确地完成；提供的线切割机床的自动编程工具可提高效率；可用交互方式绘制需切割的图形，生成带有复杂形状轮廓的两轴线切割加工轨迹；支持快走丝线切割机床；可输出 3B 后置格式。

9.2.1　CAXA 线切割 2023 的主要功能

1. 图形绘制

使用 CAXA 线切割 2023 能够快速准确地绘制各种图形，包括基本曲线点、直线、圆弧、组合曲线、二次曲线、等距线，以及对曲线的裁剪、过渡、平移、缩放、阵列等几何变换。

高精度列表曲线：采用了国际上 CAD/CAM 软件中最通用、表达能力最强的 NURBS 曲线，可以随意生成各种复杂曲线，并对加工精度提供了灵活的控制方式。

公式曲线：将公式输入软件，即可由软件自动生成图形，并生成线切割加工代码，切割公式曲线。

2. 高级设计

CAXA 线切割 2023 提供了两个实用的零件设计模块，即齿轮设计和花键设计，可解决任意参数的齿轮加工问题。输入任意的模数、齿数等齿轮相关参数，都可由软件自动生成内齿轮、外齿轮、花键的加工代码。

CAXA 线切割 2023 还提供了位图矢量化功能，通过扫描仪将图片或实物转换为图像，输入电脑，软件对输入的图像进行矢量化处理，生成矢量图，并生成加工代码。用此方法可解决无尺寸图形，或有实物、无图纸的零件加工编程。

3. 轨迹生成

用户使用 CAXA 线切割 2023，可以方便地定义加工参数、生成加工轨迹、实现轨迹间的跳步，取消已有的跳步轨迹及查看已生成的加工代码。

4. 代码生成

CAXA 线切割 2023 能结合特定机床把系统生成的加工轨迹转化成机床代码指令，生成的指令可以直接输入数控机床用于加工。这是本系统的最终目的。

5. 后置处理

CAXA 线切割 2023 具有丰富的后置处理能力，可以满足国内外任意机床对代码的要求，能够输出 G 代码及 3B、4B/R3B 代码。

9.2.2　CAXA 线切割 2023 的运行环境

CAXA 线切割 2023 以 PC 为运行平台，其配置要求为：

硬件环境：CPU 为 586 以上、主频 166MHz 以上、内存 32MB 以上。

软件环境：中西文 Windows 95/Windows 98/Windows 2000/Windows XP/Windows NT 4.0 以

上版本（西文环境需加外挂中文平台）。

9.2.3 CAXA 线切割 2023 的运行界面

CAXA 线切割 2023 采用全中文界面，贴近用户，简明易懂。启动 CAXA 线切割 2023，就进入了 CAXA 线切割 2023 的工作界面，如图 9-4 所示。

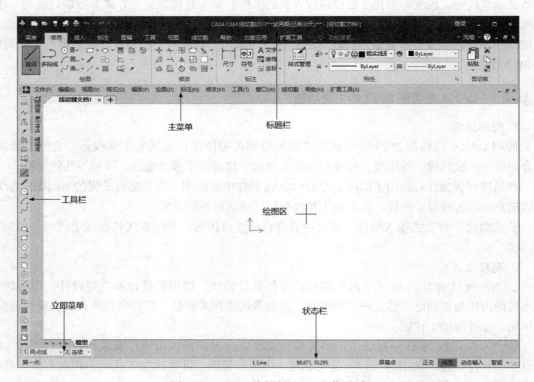

图 9-4　CAXA 线切割 2023 工作界面

1. 标题栏

标题栏位于窗口左上角，用来显示当前文件的文件名以及当前软件的版本。通过标题栏，可以很方便地知道当前打开或者正在操作的文件的名称。

2. 菜单系统

CAXA 线切割 2023 的菜单系统包括主菜单、立即菜单、工具菜单、光标菜单。下面分别予以介绍。

（1）主菜单：位于工作窗口顶部，它由一行菜单条及其子菜单组成，如图 9-5 所示。

图 9-5　主菜单和下拉菜单

单击主菜单的每一个菜单项，都会弹出一个子菜单，称为下拉菜单。有的下拉菜单中，右面有小三角图标，将光标移到该菜单项时，会弹出子菜单。

（2）立即菜单：是 CAXA 系列产品独有的菜单形式，它取代了传统的逐级问答式选择和输入方式，使得绘图更为方便。

将光标移动到"绘制工具"工具栏，在弹出的当前绘制工具栏中单击任一图标按钮，系统会弹出一个"立即菜单"。立即菜单描述了执行该项功能可能遇到的各种情况和使用条件。在立即菜单环境下，单击其中的某一项，就会在其上方出现一个选项菜单供用户选择，或者提供相关数据供用户确认或者修改。例如，单击"直线"绘制按钮 ╱ ，弹出如图 9-6 所示的立即菜单，在该立即菜单中可以选择绘制直线的各种方式和类型。

（3）工具菜单：包括点工具菜单和拾取工具菜单两种。当系统处于绘制状态、需要输入特征点时，只需按下空格键，就会在屏幕上弹出点工具菜单，如图 9-7 所示。工具点的默认状态为屏幕点。在绘制图形时，利用点工具菜单可以很方便地捕捉到需要的特征点，极大地方便了用户绘图。

（4）光标菜单：系统的状态不同或者光标的位置不同，右击，将弹出不同的光标菜单。例如，在拾取某个图形实体后右击，将弹出如图 9-8 所示的光标菜单。

图 9-6 立即菜单　　　　图 9-7 点工具菜单　　　　图 9-8 光标菜单

利用该光标菜单可以对被拾取图形实体进行各种操作。

3. 工具栏

工具栏中每一个按钮都和菜单栏中的一个命令相对应。在工具栏中，将光标在图标按钮上停留片刻，系统将提示该按钮的功能。当单击某个按钮时，就开始执行相应的功能操作。系统默认工具栏包括"标准"工具栏、"颜色图层"工具栏、"编辑工具"工具栏和"绘图工具"工具栏等，如图 9-9 所示。

"标准"工具栏

"颜色图层"工具栏

"常用工具"工具栏　　　　　　　　　　　　　　　　"编辑工具"工具栏

"绘图工具"工具栏

图 9-9　系统默认工具栏

4. 绘图区

绘图区是用户进行绘图设计的工作区，位于整个屏幕的中心位置，占据了屏幕的大部分面积，从而为图形提供了尽可能多地展示空间。在绘图区中央设置了一个二维直角坐标系，该坐标系即为世界坐标系。它的坐标原点为（0.000,0.000），水平方向为 X 轴，并且向右为正，向左为负；垂直方向为 Y 方向，向上为正，向下为负。用户也可以根据需要建立自己的坐标系，即用户坐标系。

5. 状态栏

状态栏位于工作界面的最下端，用来显示系统的当前状态，如图 9-10 所示。

| 第二点 | | | L Line | @354.705 <0.000° | | 屏幕点 | | 正交 | 线宽 | 动态输入 | 自由 ∨ |

图 9-10　状态栏

状态栏可分为 4 个区域，下面按照在状态栏上由左到右的位置关系，介绍各区域的功能：

（1）命令与数据输入区：该区域位于状态栏左侧，用于键盘输入命令或数据，它还向用户提示当前命令的执行情况，或者提醒用户下一步应进行的操作。

（2）当前点坐标提示区：用于显示在当前命令下可能存在的几种绘图方式的命令。

（3）工具点菜单提示区：该区域用于显示工具菜单的状态，即自动显示当前点的性质或实体拾取方式。例如，点可能是屏幕点、切点、中点、独立点等，拾取方式为添加状态或者移出状态等。

（4）点捕捉状态设置区：该区域用于显示和设置点的捕捉状态，其捕捉状态分别为自由、智能、导航和栅格。

在任何时候，均可用 F6 键在这四种状态之间切换。

第 **10** 章

轨迹生成

    CAXA 线切割 2023 提供了功能强大、使用简捷的轨迹生成手段，可按加工要求生成各种复杂图形的加工轨迹，并可实现跳步及锥度加工。利用 CAXA 线切割 2023 可以方便地定义加工参数、生成加工轨迹、实现轨迹间的跳步，取消已有的跳步轨迹及查看已生成的加工代码。

重点与难点

- 基本概念与参数设置
- 轨迹生成、跳步、仿真
- 线切割加工工艺分析
- 综合实例

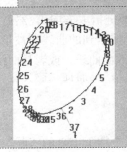

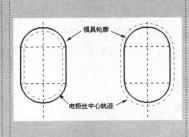

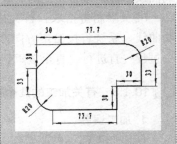

10.1 基本概念与参数设置

📖 10.1.1 基本流程

1）绘制图形得到 CAD 轮廓。

2）生成线切割加工轨迹。

3）生成后置代码。

4）将代码传输到机床上。

5）在机床上进行线切割加工。

其中，前面 3 步完全在 CAXA 线切割平台上进行，第 4 步在计算机和机床之间传输数据，第 5 步在线切割机床上完成。

📖 10.1.2 轮廓线

1. 轮廓线分类

轮廓线是指一系列首尾相连的曲线，可以包含一条或者多条曲线。从线切割加工的角度来说，轮廓线分为开轮廓曲线、封闭轮廓曲线和带自交点轮廓曲线 3 种，分别如图 10-1 所示。

开轮廓　　　封闭轮廓　　　带自交点轮廓

图 10-1　轮廓线示例

在进行线切割加工编程之前，需要指定图形的轮廓。如果轮廓是用来界定加工区域的，那么轮廓必须是封闭的。如果被加工的是轮廓本身，则轮廓可以封闭，也可以不封闭。对线切割加工来说，指定的轮廓线不能有自交点。编程者在实际操作时，必须注意线切割对轮廓线的要求。

2. 轮廓拾取

在 CAXA 线切割 2023 的操作交互过程中，会提示用户拾取轮廓线。此时可以看到屏幕左下角弹出如图 10-2 所示的轮廓拾取方式拾取轮廓。

图 10-2　轮廓拾取方式

轮廓拾取方式菜单中的 3 个选项含义如下：

（1）单个拾取：拾取过程中每次只拾取一条曲线。

（2）链拾取：首先拾取一条曲线，然后给定一个搜索方向（即链拾取方向），系统将按给定方向搜索与已拾取的曲线首尾相连的曲线，搜索到的曲线即被拾取。这一过程一直进行，直到曲线断开，或搜索到的曲线已经是被拾取的曲线。

（3）限制链拾取：首先拾取一条曲线，给定一个搜索方向（即链拾取方向），然后给定限制曲线，系统将按给定方向搜索与已拾取的曲线首尾相连的曲线，搜索到的曲线即被拾取。这一过程一直进行，直至搜索到的曲线为限制曲线，或者已经是被拾取的曲线，或者是曲线断开。

📖 10.1.3 有关加工的几个概念

1. 加工误差

任何加工都不可能做到 100% 的精确。简单地说，加工误差就是加工出来的实际尺寸（工件）与要求尺寸（图样）之间的差值，如图 10-3 所示。在线切割加工中，直线和圆弧的误差较小。对于样条曲线，一般是使用圆弧和直线逼近样条来减少误差。

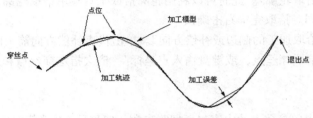

图 10-3　加工误差示意图

2. 加工余量

加工余量是指加工过程中所切去的厚度。余量有总加工余量和工序余量之分。由毛坯转变为零件的过程中，在某加工表面上切除金属层的总厚度，称为该表面的总加工余量（也称毛坯余量）。一般情况下，总加工余量并非一次切除，而是分在各工序中逐渐切除，故每道工序所切除的金属层厚度称为该工序加工余量（简称工序余量）。工序余量是相邻两工序的工序尺寸之差，毛坯余量是毛坯尺寸与零件图样的设计尺寸之差。

10.2　轨迹生成

1. 功能

通过"平面切割"按钮、"锥度切割"按钮和"异形切割"按钮给定被加工的轮廓及加工参数，生成线切割加工轨迹，本节以"平面切割"按钮来讲解轨迹的生成。

2. 操作步骤

1）单击"轨迹生成"工具栏"平面切割"按钮，或执行"线切割"选项卡"轨迹生成"面板中的"平面切割"按钮，弹出"创建：平面切割"对话框，如图 10-4 所示。

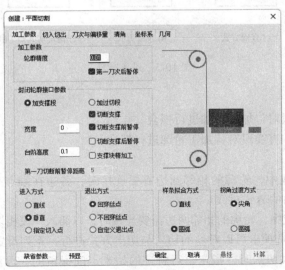

图 10-4　"创建：平面切割"对话框

2）在加工参数面板中选择合适的选项，或者输入相应的数值，并单击"确定"按钮进入下一步操作。

3）系统提示："拾取轮廓"。此时可以利用轮廓拾取工具菜单拾取轮廓，线切割的加工方向与拾取的轮廓方向相同。拾取完毕右击确认。

4）系统提示："拾取加工的侧边或补偿方向"。单击代表补偿方向箭头即可。

5）系统提示："拾取穿丝点，或键盘输入点坐标"。依次指定穿丝点和退出点位置，即可生成加工轨迹。

3. 参数

线切割轨迹参数生成参数表的内容包括切割参数、偏移量 / 补偿值两项。

（1）加工参数：加工参数是一个需要用户填写的参数表。

1）加工参数：

◆ 轮廓精度：轮廓有样条时的离散误差，对由样条曲线组成的轮廓系统将按给定的误差把样条离散成直线段或圆弧段，用户可按需要来控制加工的精度。

2）封闭轮廓接口参数：该项可以对封闭轮廓的接口参数进行一系列设置。

3）进入方式：

◆ 直线：丝直接从穿丝点切入到加工起始段的起始点，如图 10-5a 所示。

◆ 垂直：丝从穿丝点垂直切入到加工起始段，以起始段上的垂点为加工起始点。当在起始段上找不到垂点时，丝直接从穿丝点切入到加工起始段的起始点，此时等同于直线方式切入，如图 10-5b 所示。

◆ 指定切入点：丝从穿丝点切入到加工起始段，以指定的切入点为加工起始点，如图 10-5c 所示。

4）退出方式：该项可以设置加工结束后丝的退出位置。

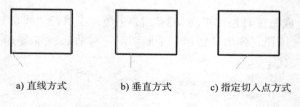

a) 直线方式　　　　　b) 垂直方式　　　　c) 指定切入点方式

图 10-5　进入方式

5）样条拟合方式：

◆ 直线：用直线段对待加工轮廓进行拟合。

◆ 圆弧：用圆弧和直线段对待加工轮廓进行拟合。

6）拐角过渡方式：

◆ 尖角：轨迹生成中，轮廓的相邻两边需要连接时，各边在端点处沿切线延长后相交形成尖角，以尖角的方式过渡。

◆ 圆弧：轨迹生成中，轮廓的相邻两边需要连接时，以插入一段相切圆弧的方式过渡连接。

（2）切入切出：该选项卡可以对丝的切入与切出方式进行一系列设置。

◆ 宽度：进行多次切割时，指定每行轨迹的始末点间保留的一段没切割部分的宽度。当切割次数为一次时，支撑宽度值无效。

（3）刀次与偏移量：选择"创建：平面切割"中的"刀次与偏移量"选项卡，对话框变为如图 10-6 所示。

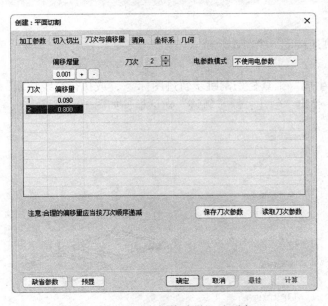

图 10-6　"刀次与偏移量"选项卡

◆ 刀次：加工工件次数，最多为 10 次。

◆ 偏移增量：指的是刀具在加工过程中相对于工件的位置偏移量。

在此对话框中可对每次切割的偏移量进行设置。该对话框内最多显示 10 次可设置的偏移量，如切割次数为 2 时，就只能设置两次偏移量。

对以下几种加工条件的组合，系统不予支持。

1）多次切割（切割次数大于 1），锥度角大于 0，且采用轨迹生成时实现补偿。

2）多次切割，锥度角大于 0，支撑宽度大于 0。

3）多次切割，支撑宽度大于 0，且采用机床补偿方式。

4. 实例

如图 10-7a 所示为某工件的轮廓线，图 10-7b 为其线切割加工轨迹。

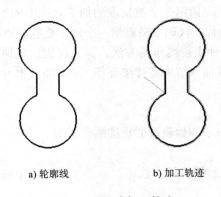

a) 轮廓线　　　　　　　b) 加工轨迹

图 10-7　生成加工轨迹

10.3 轨迹跳步

1. 功能

将多个加工轨迹连接成一个跳步轨迹。

2. 操作步骤

1）单击"轨迹生成"工具栏切割跳步轨迹图标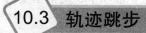，或执行"线切割"|"轨迹生成"|"切割跳步轨迹"命令，弹出"创建：跳步轨迹"对话框，如图 10-8 所示。

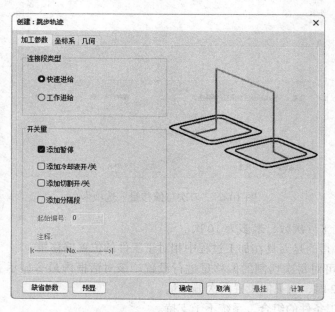

图 10-8 "创建：跳步轨迹"对话框

2）单击"确定"按钮，依次拾取几条加工轨迹并右击确认，所选中的轨迹将按照顺序连接成一条跳步加工轨迹。

3. 说明

1）因为将选择的轨迹用跳步线连成一个加工轨迹，所以新生成的跳步轨迹中只能保留一个轨迹的加工参数，系统中只保留第一个被拾取的加工轨迹中的加工参数。此时，如果各轨迹采用的加工锥度不同，生成的加工代码中只有第一个加工轨迹的锥度角度。

2）系统还提供了另外一种实现跳步的方法，详见代码生成模块中的生成 G 码及生成 3 代码功能，这部分内容在本书其他章节中有详细介绍。在实际工作中，这种实现跳步的方法更为常用。

4. 实例

图 10-10 所示为图 10-9 所示原始轨迹的轨迹跳步实例。

5. 删除跳步

打开"管理树"，右击要删除的跳步轨迹，单击"删除"按钮，将一个轨迹分解成多个独立的加工轨迹。

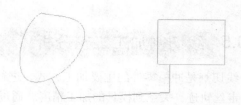

图 10-9　原始轨迹　　　　　　　　　　　　　图 10-10　轨迹跳步结果

10.4　轨迹仿真

1. 功能

对已有的加工轨迹进行加工过程模拟，以检查加工轨迹的正确性。

2. 操作步骤

1）单击"线切割"工具栏轨迹仿真图标⊗，或执行"线切割"|"仿真"|"轨迹仿真"命令，弹出"线框仿真"对话框，如图 10-11 所示。

图 10-11　"线框仿真"对话框

2）单击"拾取"按钮，根据系统提示，依次拾取加工轨迹并右击确认，则系统将完整模拟切割全过程，如图 10-12 所示。

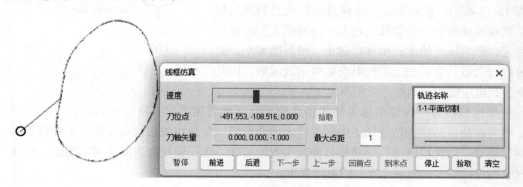

图 10-12　轨迹仿真

3. 说明

对系统生成的加工轨迹，仿真时用生成轨迹时的加工参数，即轨迹中记录的参数；对从外部反读进来的刀位轨迹，仿真时用系统当前的加工参数。

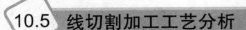

10.5 线切割加工工艺分析

线切割是冲模零件的主要加工方式，进行合理的工艺分析，正确计算数控编程中电极丝的设计走丝轨迹，关系到模具的加工精度。通过穿丝孔的确定与切割路线的优化，改善切割工艺，对于提高切割质量和生产率是一条行之有效的重要途径。

📖 10.5.1 轨迹计算

大量的统计数据表明，线切割加工后的实际尺寸大部分处于公差带的中位值（或称"中间尺寸"）附近，因此对于冲模零件图样中标注公差的尺寸，应采用中位值尺寸作为实际切割轨迹的编程数据，其计算公式为：中位值尺寸 = 公称尺寸 +（上极限偏差 + 下极限偏差）/2。例如：图样尺寸外圆半径 R 为 $25-0.04$mm，其中位值尺寸为 $[25+（0-0.04）/2]$mm = 24.98mm。

由于线切割放电加工的特点，工件与电极丝之间始终存在放电间隙。因此，切割加工时，工件的理论轮廓（图样）与电极丝的实际轨迹应保持一定的距离，即电极丝中心轨迹与工件轮廓的垂直距离（称为偏移量 f_0 或称为补偿值）。

$$f_0 = R_丝 + \delta_电$$

式中　$R_丝$——电极丝半径；

　　　$\delta_电$——单边放电间隙。

在使用线切割加工冲模的凸、凹模时，应综合考虑电极丝半径 $R_丝$、单边放电间隙 $\delta_电$ 以及凸模、凹模之间的单边配合间隙 $\delta_配$，以确定合理的间隙补偿值 f_0。例如，加工冲孔模（即要求保证工件的冲孔尺寸）以冲孔的凸模为基准，故凸模的间隙补偿值为 $f_凸 = R_丝 + \delta_电$，凹模尺寸应增加 $\delta_配$；而加工落料模（即要求保证冲下的工件尺寸）以落料的凹模为基准，凹模的间隙补偿值 $f_凹 = R_丝 + \delta_电$，凸模的尺寸应增加 $\delta_配$，如图 10-13 所示。偏移量的大小将直接影响线切割的加工精度和表面质量。若偏移量过大，则间隙太大，放电不稳定，影响尺寸精度；偏移量过小，则间隙太小，会影响修切余量。修切加工时的电参数将依次减弱，因此非电参数也应做相应调整，以提高加工质量。

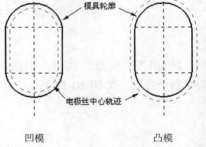

图 10-13　凸模与凹模的间隙补偿值

根据实践经验，线切割加工冲裁模具的配合间隙应比实际上所流行的"大"间隙冲模小些，因为在凸、凹模线切割加工中，工件表面会形成一层组织脆松的熔化层，电参数越大，表面质量越差，熔化层越厚。随着模具冲裁次数的增加，这层脆松的表层会逐渐磨损，使模具的配合间隙逐渐增大，满足"大"间隙的要求。

📖 10.5.2 穿丝孔的确定

穿丝孔的位置与加工精度及切割速度的关系甚大。通常穿丝孔的位置最好选在已知轨迹尺寸的交点处或便于计算的坐标点上，以简化编程中有关坐标尺寸的计算，减少误差。当切割带有封闭型孔的凹模工件时，穿丝孔应设在型孔的中心，这样既可准确地加工穿丝孔，又较方便地控制坐标轨迹的计算，但无用的切入行程较长。对于大的型孔切割，穿丝孔可设在临近加工轨迹的边角处，以缩短无用行程。在切割凸模外形时，应将穿丝孔选在型面外，最好设在临近切割起始点处。切割窄槽时，穿丝孔应设在图形的最宽处，不允许穿丝孔与切割轨迹发生相交现象。此外，在同一块坯件上切割出两个以上工件时，应设置各自独立的穿丝孔，不可仅设一个穿丝孔一次切割出所有工件。切割大型凸模时，有条件时可沿加工轨迹设置数个穿丝孔，以便切割中发生断丝时能够就近重新穿丝，继续切割。

穿丝孔的直径大小应适宜，一般为 $\phi2 \sim \phi8mm$。孔径过小，既增加钻孔难度又不方便穿丝；若孔径太大，则会增加钳工工作量。如果要求切割的型孔数较多，孔径太小，排布较为密集，应采用较小的穿丝孔（$\phi0.3 \sim \phi0.5mm$），以避免各穿丝孔相互打通或发生干涉现象。

📖 10.5.3　切割路线的优化

切割路线的合理与否关系到工件变形的大小，因此优化切割路线有利于提高切割质量和缩短加工时间。切割路线的安排应有利于工件在加工过程中始终与装夹支撑架保持在同一坐标系内，避免应力变形的影响，并遵循以下原则：

1）一般情况下，最好将切割起始点安排在接近夹持端，将工件与其夹持部分分离的切割段安排在切割路线的末端，将暂停点设在接近坯件夹持端部位。

2）切割路线的起始点应选择在工件表面较为平坦、对工件性能影响较小的部位。对于精度要求较高的工件，最好将切割起始点取在坯件上预制的穿丝孔中，不可从坯件外部直接切入，以免引起工件切开处发生变形。

3）为减小工件变形，切割路线与坯件外形应保持一定的距离，一般不小于 5mm。

线切割加工中对于一些具体的工艺要求，应重点关注切割路线的优化：

1）二次（或多次）切割法。对于一些形状复杂、壁厚或截面变化大的凹模型腔零件，为减小变形，保证加工精度，宜采用二次切割法。通常，精度要求高的部位留 2～3mm 余量先进行粗切割，待工件释放较多变形后，再进行精切割至要求尺寸。若为了进一步提高切割精度，在精切割之前，留 0.20～0.30mm 余量进行半精切割，即为 3 次切割法，第 1 次为粗切割，第 2 次为半精切割，第 3 次为精切割。这是提高模具线切割加工精度的有效方法。

2）尖角切割法。当要求工件切割成"尖角"（或称"清角"）时，可采用方法一，在原路线上增加一小段超切路程，如图 10-14 所示的 A0-A1 段，使电极丝切割的最大滞后点达到 A0 点，然后再前进到附加点 A1，并返回至 A0 点，接着再执行原程序，便可切割出尖角。也可采用如图 10-15 所示的方法二的切割路线，在尖角处增加一段过切的小正方形或小三角形路线作为附加程序，这样便可保证切割出棱边清晰的尖角。

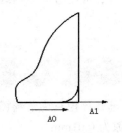

图 10-14　尖角切割法一

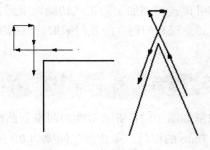

图 10-15　尖角切割法二

3）拐角的切割法。线切割在放电加工过程中，由于放电的反作用力造成电极丝的实际位置比机床 X、Y 坐标轴移动位置滞后，从而造成拐角精度较差。电极丝的滞后移动则会造成工件的外圆弧加工过亏，而内圆弧加工不足，致使工件拐角处精度下降。为此，对于工件精度要求高的拐角处，应自动调慢 X、Y 轴的驱动速度，使电极丝的实际移动速度与 X、Y 轴同步，也就是说，加工精度要求越高，拐角处的驱动速度应越慢。

4）小圆角切割法。若发现图样要求的内圆角半径小于切割时的偏移量，将会造成圆角处"根切"现象。为此，应明确图样轮廓中最小圆角必须大于最后一遍修切的偏移量，否则应选择直径更细的电极丝。在主切割加工及初修切割加工中，可根据各遍加工时不同的偏移量，设置不同的内圆角半径，即对于同段轮廓编制不同的内圆角半径子程序，子程序中的内圆角半径应大于此遍切割的偏移量，这样就可切割出很小的圆角，并获取较好的圆角切割质量。

📖 10.5.4　工件准备

为了减少切割过程中模具变形及提高加工质量，切割前凸、凹模零件应满足以下要求：

1）工件上、下两平面的平行度误差应小于 0.05mm。

2）工件应加工一对正交立面，作为定位、校验与测量基准。

3）模具切割应采用封闭式切割，以降低切割温度，减小变形。

4）切割工件的四周边料留量应以模具厚度的 1/4 为宜，一般边缘留量不小于 5mm。

5）为减小模具变形，并正确选择加工方法和严格执行热处理规范，对于精度要求高的模具，最好进行两次回火处理。

6）工件淬火前应将所有销孔、螺钉孔加工成形。

7）模具热处理后，穿丝孔内应去除氧化皮与杂质，防止导电性能降低而引起断丝故障。

8）线切割前，工件表面应去除氧化皮和锈迹，并进行消磁处理。

📖 10.5.5　其他要求

在编程完成后正式切割加工之前，应对编制的程序进行检查与验证，确定其正确性。线切割机床的数控系统提供程序验证的方法，常用的有：画图检验法，主要用于验证程序中是否存在错误语法及是否符合图样加工轮廓；空行程检验法，可检验程序的实际加工情况，检查加工中是否存在碰撞或干涉现象，以及机床行程是否满足加工要求等；动态模拟加工检验法，通过模拟动态加工实况，对程序及加工轨迹路线进行全面验证。通常按编制的程序全部运行一遍，观察图形是否"回零"。对于一些尺寸精度要求高、凸模和凹模配合间隙小的冲模，可先用薄板料试切割，检查有关尺寸精度与配合间隙，如发现不符要求处，应及时修正程序，直至验证合格，方可正式切割加工。正式切割结束后，不可急于拆下工件，应检查起始与终结坐标点是否一致，如发现有问题，应及时采取补救措施。

10.6　综合实例

编制如图 10-16 所示零件的凹模和凸模的线切割程序。已知该模具为落料模，电极丝为直径 $\phi 0.17mm$ 的钼丝，单边放电间隙为 0.17mm，单边配合间隙为 0.01mm。

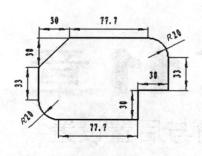

图 10-16 零件图

编制切割程序的过程如下：

1）计算凹模间隙补偿量。因为该模具为落料模，冲下的零件尺寸由凹模决定，配合间隙在凸模上扣除，故凹模间隙补偿量为

$$f_0 = R_{\text{丝}} + \delta_{\text{电}} = (0.17/2 + 0.015)\,\text{mm} = 0.1\,\text{mm}$$

2）计算凸模间隙补偿量。配合间隙在凸模上扣除，故凸模间隙补偿量为

$$F_1 = R_{\text{丝}} + \delta_{\text{电}} - \delta_{\text{配}} = (0.17/2 + 0.015 - 0.01)\,\text{mm} = 0.09\,\text{mm}$$

3）生成凹模加工轨迹。单击"线切割"选项卡"轨迹生成"面板中的"平面切割"按钮
🔲，在弹出的"创建：平面切割"中设置加工参数，设置偏移量为 0.1mm，选择加工侧边为向轮廓线内的方向，生成凹模加工轨迹，如图 10-17 所示。

4）生成凸模加工轨迹。单击"线切割"选项卡"轨迹生成"面板中的"平面切割"按钮
🔲，在弹出的"创建：平面切割"中设置加工参数，设置偏移量为 0.09mm，选择加工侧边为向轮廓线外的方向，生成凸模加工轨迹，如图 10-18 所示。

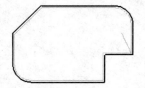

图 10-17 凹模加工轨迹

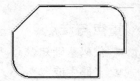

图 10-18 凸模加工轨迹

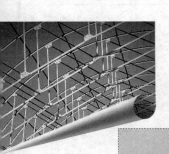

第 11 章

代码传输与后置设置

结合特定机床把系统生成的加工轨迹转化成机床代码指令，生成的指令可以直接输入数控机床用于加工，这是 CAM 系统的最终目的。CAXA 线切割 2023 针对不同的机床，可以生成符合机床控制器要求的、特定的数控代码程序格式，同时还可以对生成的机床代码进行正确性校核。

重点与难点

- 代码基础知识
- 代码生成
- 代码传输
- R3B 后置设置

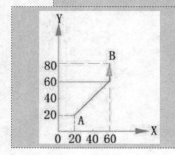

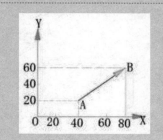

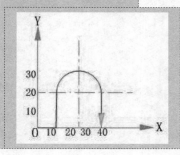

11.1 代码基础知识

目前高速线切割机床主要采用 3B、4B 格式代码，而低速线切割机床主要采用 ISO 格式代码，本节将对常用的代码格式做详细介绍。

11.1.1 3B 代码格式程序

1. 3B 代码概述

3B 代码是国内线切割最常用的一种代码。3B 格式是结构比较简单的一种控制格式，它是以 X 向或 Y 向溜板进给计数的方法决定是否到达终点。

五指令 3B 程序格式：B X B Y B J G Z。

其中，B 为分隔符；X、Y、J 为数值，最多 6 位，J 是计数长度，有时需要补前零，G 为计数方向，有 GX 和 GY 两种；Z 为加工码，有 12 种，即 L1、L2、L3、L4、NR1、NR2、NR3、NR4、SR1、SR2、SR3、SR4。

3B 代码示例：

```
N 01 : B7940 B0 B7940 GXL1;
N 02 : B7940 B0 B15880 GYNR1;
N 03 : B0 B10000 B10000 GYL4;
N 04 : B7940 B0 B15880 GYNR3;
N 05 : B0 B10000 B10000 GYL2;
DD ****** 结束符 ******
```

2. 代码直线的表示方法

（1）直线的表示方法：在上面的例子中，第一个 B 后的数值是直线终点相对起点的 X 值；第二个 B 后的数值是直线终点相对起点的 Y 值；第三个 B 后的数值是计数长度 J 值，其确定的方法是当计数方向确定后，计数长度取计数方向从起点到终点拖板移动的总距离，也就是计数方向坐标轴上投影长度的总和。

G 计数方向的确定方法如下：选择 GX 和 GY 中的一种，比较直线终点相对起点的 X、Y 值，选择值大者的方向，即选用进给距离比较长的一个方向作为进给长度控制方向，如图 11-1 所示 G 计数方向应选择 GX。

直线加工指令为一些特殊字符，共有 12 种，分别为 L1、L2、L3、L4、NR1、NR2、NR3、NR4、SR1、SR2、SR3、SR4，属于直线表示的有 4 种 L1、L2、L3、L4。L 代表直线，数字代表象限，L1 代表终点在 I 象限的直线，如图 11-2 所示。

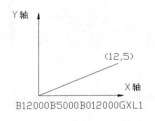

图 11-1　G 计数方向的确定

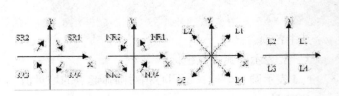

图 11-2　直线加工指令

（2）圆弧的表示方法：图 11-3 所示为一个圆弧指令的实例。

在这段代码中，第一个 B 后的数值是圆弧起点相对圆心的 X 值；第二个 B 后的数值是圆弧起点相对圆心的 Y 值；第三个 B 后的数值是计数长度 J 值，其确定的方法是当计数方向确定后，计数长度取计数方向上从起点到终点拖板移动的总距离，计数长度为 9 + 9.22 + 7.22 = 25.44。

G 计数方向的确定方法如下：选择 GX 和 GY 中的一种。与直线加工不同的是，当圆弧终点靠近 X 轴时计数方向选择 Y 轴，输出为 GY；当圆弧终点靠近 Y 轴时计数方向选择 X 轴，输出为 GX。

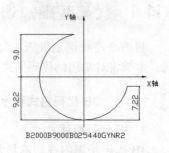

图 11-3　圆弧指令

圆弧加工指令为一些特殊字符，共有 12 种，表示圆弧的有 8 种，NR 代表逆弧，SR 代表顺弧，数字代表象限。NR2 代表起点在 Ⅱ 象限的逆时针圆弧，SR4 代表起点在 Ⅳ 象限的顺时针圆弧。

11.1.2　ISO 代码格式程序

1. G00 快速定位指令

快速定位指令的功能是在线切割机床不放电的情况下，使指定的某轴快速移动到指定位置。

快速定位指令的编程格式为：G00X ~ Y ~ 。X、Y 的坐标值为移动终点的坐标值。例如，指令 G00 X60000 Y80000 所表示的路径如图 11-4 所示。

2. G01 直线插补指令

直线插补指令用于线切割机床在各个坐标平面内加工任意斜率的直线轮廓和用直线逼近曲线轮廓。

直线插补指令的编程格式为：G01X ~ Y ~（ U ~ V ~ ）。X、Y 的坐标值为直线终点的坐标值。

例如，指令 G92 X40000 Y20000

G01 X80000 Y60000

所表示的路径如图 11-5 所示。

3. G02、G03 圆弧插补指令

G02：顺时针加工圆弧的插补指令。

G03：逆时针加工圆弧的插补指令。

圆弧插补指令的编程格式为：

G02 X ~ Y ~ I ~ J ~

或 G03 X ~ Y ~ I ~ J ~

其中各项含义如下：

X、Y 表示圆弧终点坐标。

I、J 表示圆心坐标，是圆心相对圆弧起点的增量值，I 是 X 方向坐标值，J 是 Y 方向坐标值。

4. 实例

对图 11-6 所示的零件（电极丝直径与放电间隙忽略不计）进行编程如下：

```
P1                          // 程序名
N01 G92 X0 Y0          // 确定加工程序起点，设置加工坐标系
N02 G01 X10000 Y0
N03 G01 X10000 Y20000
N04 G02 X40000 Y20000 I15000 J0
N05 G01 X40000 Y0
N06 G01 X0 Y0
N07 M02                     // 程序结束
```

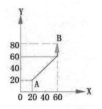

图 11-4　快速定位指令

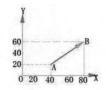

图 11-5　直线插补指令

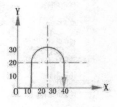

图 11-6　零件

11.2　代码生成

CAXA 线切割 2023 针对不同的机床，可以生成符合机床控制器要求的代码，本节将介绍详细操作过程。

11.2.1　生成 3B 代码

1. 功能

生成 3B 代码格式的数控程序。

2. 操作步骤

1）单击"线切割"工具栏成 B 代码图标，或执行"线切割"|"后置处理"|"生成 B 代码"命令，弹出"生成 B 代码"对话框，如图 11-7 所示。

2）单击"拾取"按钮，根据系统提示拾取所需的轨迹。拾取完毕后右击确认。结果如图 11-8 所示。

3）在输出设置中设置参数，或者输入相应的内容。

3. 输出设置

（1）文本格式：

1）指令校验格式：在生成数控代码的同时，将每段轨迹的终点坐标也一同输出，以供检验代码之用，如图 11-9a 所示。

2）紧凑指令格式：只输出数控程序，并且各个指令字符紧密排列，如图 11-9b 所示。

3）对齐指令格式：各程序段的代码对齐，相邻指令之间用空格隔开，如图 11-9c 所示。

4）详细校验格式：在生成数控代码的同时，列出各轨迹段的起点、中点坐标、圆心坐标、圆弧半径等信息，如图 11-9d 所示。

图 11-7　"生成 B 代码"对话框一　　　　图 11-8　"生成 B 代码"对话框二

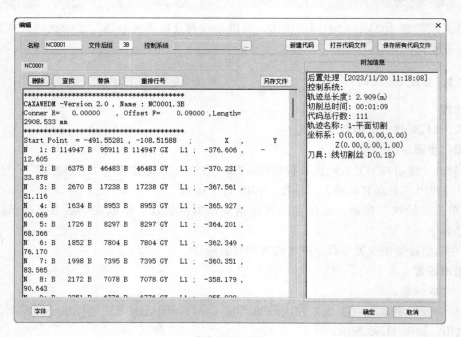

a) 指令校验格式代码

图 11-9　文本格式

b) 紧凑指令格式代码

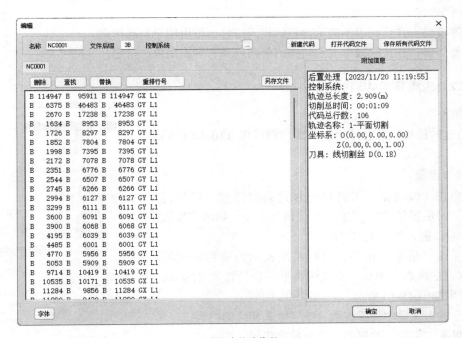

c) 对齐指令格式代码

图 11-9 文本格式(续)

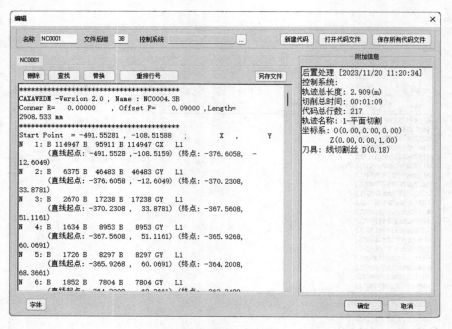

d) 详细校验格式代码

图 11-9 文本格式（续）

（2）代码定义：

1）停机码：在代码段中表示停机的代码符号，可由用户自己指定。

2）暂停码：在代码段中表示暂停的代码符号，可由用户已指定。

11.2.2 生成 R3B/4B 代码

1. 功能

按给定的停机码和暂停码生成线切割机床 R3B/4B 代码文件。

2. 操作步骤

1）单击"线切割"工具栏成 B 代码图标 ![]，或执行"线切割"|"后置处理"|"生成 B 代码"命令，弹出"生成 B 代码"对话框，如图 11-7 所示。

2）单击"拾取"按钮，根据系统提示拾取所需的轨迹。拾取完毕后右击确认。将代码类型一项设置成 R3B/4B 代码，结果如图 11-10 所示。

3）在输出设置中设置参数，或者输入相应的内容。

4）单击"后置"按钮即可生成数控代码。

3. 说明

1）在 R3B/4B 格式中，有"R3B 格式""4B 格式 1"和"4B 格式 2"三个选项可供选择，用户可根据需要选择

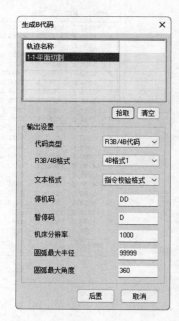

图 11-10 "生成 B 代码"对话框三

不同的文件格式。

2）当拾取多个加工轨迹同时生成加工代码时，各轨迹之间按拾取的先后顺序自动实现跳步。与轨迹生成模块中的轨迹跳步功能相比，用这种方式实现跳步，各轨迹仍保相互独立。

11.2.3 查看/打印代码

1. 功能

查看已生成加工代码文件的内容或其他文件的内容，并将已生成的加工代码文件通过Windows下安装的打印机打印出来。

2. 操作步骤

1）单击"线切割"工具栏浏览代码图标圖，或执行"线切割"|"后置处理"|"浏览代码"命令，弹出"浏览代码"对话框，如图11-11所示。

图11-11 "浏览代码"对话框

2）在"文件类型"下拉列表中选择格式，如图11-12所示，在对话框中选择文件代码，并单击"打开"按钮，系统弹出窗口，显示文件中程序代码的内容。

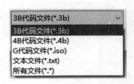

图11-12 "文件类型"下拉列表

11.2.4 粘贴代码

1. 功能

将当前代码文件粘贴到绘图区。

2. 操作步骤

1）打开原有的代码文件或者生成新的代码文件，选中全部代码，如图11-13所示。

2）同时按下Ctrl键与C键复制全部代码，回到绘图区，同时按下Ctrl键与V键，出现如

图 11-14 所示的立即菜单。

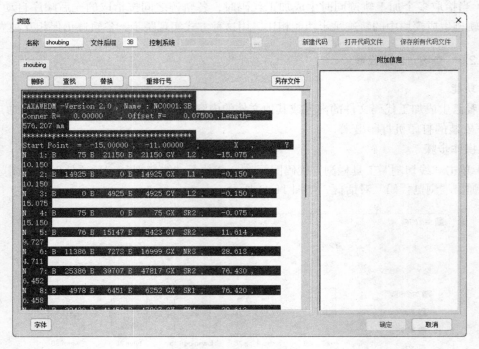

图 11-13 选中全部代码

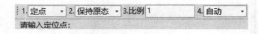

图 11-14 "粘贴"立即菜单

3）根据系统提示，输入定位点和旋转角度即可在绘图区生成代码文字。

4）双击生成的代码文字，弹出"文本编辑器-多行文字"对话框，如图 11-15 所示。在其中设置文字标注的内容和字体格式后，单击"确定"按钮，即可完成在绘图区得到想要的代码文字。

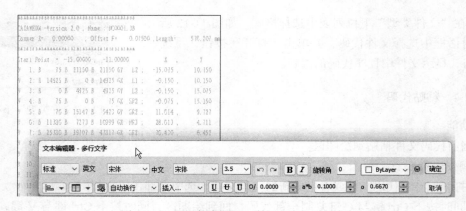

图 11-15 "文本编辑器-多行文字"对话框

11.3 代码传输

代码传输是指将在软件平台上生成的加工程序代码传输到机床上，CAXA 线切割 XP 提供了多种传输代码的方式，本节将分别予以介绍。

11.3.1 应答传输

1. 功能

将生成的 3B 加工代码以模拟电报头读纸带的方式传输给线切割机床。

2. 操作步骤

1）单击"线切割"工具栏应答传输图标 ，或执行"线切割"|"代码传输"|"应答传输"命令，弹出"发送代码"对话框，如图 11-16 所示。

2）单击 按钮，弹出"打开"对话框，如图 11-17 所示。在"文件类型"下拉列表中选择一种文件格式，在对话框中选择文件代码，单击"打开"按钮，即可进行代码传输。

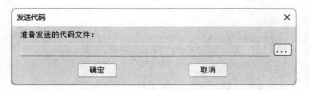

图 11-16　"发送代码"对话框一

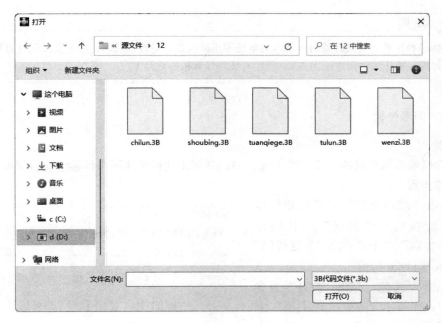

图 11-17　"打开"对话框

3）确定要传输代码后，返回"发送代码"对话框，如图 11-18 所示。

4）按 Enter 键，或者单击"确定"按钮。此时，代码已经开始传输，传输过程中按 Esc 键可退出传输。

5）系统提示"正在检测机床信号状态"，此时系统正在确定机床发出的信号的波形，并发送测试码。这时操作机床，让机床读入纸带，如果机床发出的信号状态正常，系统的测试码被正确发送，即正式开始传输文件代码，并提示"正在传输"；如果机床的接收信号（读纸带）已经发出，而系统总处于检测机床信号的状态，不进行传输，则说明计算机无法识别机床信号，此时可按 Esc 键退出。在系统传输的过程中可随时按 Esc 键终止传输。如果传输过程中出错，系统将停止传输，提示"传输失败"，并给出失败时正在传输的代码的行号和传输的字符。出错的情况一般是电缆上或电源的干扰造成的。

6）停止传输后，单击或按 Esc 键，可结束命令。

7）如果没有连接外部机床，则会导致传输失败，并弹出 11-19 所示对话框。

图 11-18　"发送代码"对话框二

图 11-19　检测机床失败警告对话框

 说　明

执行传输程序前，连接计算机与机床的电缆要正确连接；电缆插拔时，一定要关闭计算机与机床的电源，并确保机床的输出电压为 5 V，否则有烧坏计算机的危险！

11.3.2　同步传输

1. 功能

用计算机模拟编程机的方式，将生成的 3B/4B 加工代码快速同步传输给线切割机床。

2. 操作步骤

1）单击"线切割"工具栏同步传输图标 ，或执行"线切割"|"代码传输"|"同步传输"命令，弹出"发送代码"对话框，如图 11-20 所示。

2）单击 按钮，弹出"打开"对话框，如图 11-21 所示。在"文件类型"下拉列表中选择一种文件格式，在对话框中选择文件代码，单击"打开"按钮，即可进行代码传输。

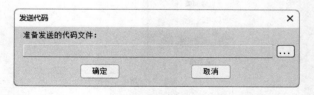

图 11-20　"发送代码"对话框三

3）确定要传输代码后，返回"发送代码"对话框，如图 11-22 所示。

4）按 Enter 键，或单击，代码开始传输。传输过程中按 Esc 键可退出传输。

5）停止传输后，单击或按 Esc 键，可结束命令。

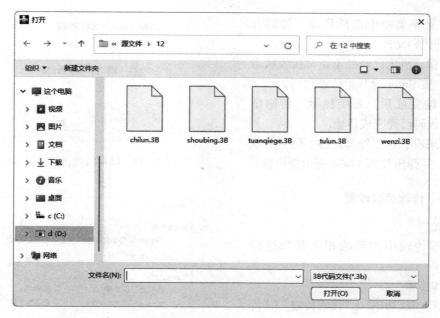

图 11-21　"打开"对话框

图 11-22　"发送代码"对话框四

11.3.3　串口传输

1. 功能

将生成的加工代码以计算机串口通信的方式传输给线切割控制器，适用于有标准通信接口的控制器。

2. 操作步骤

1）单击"线切割"工具栏串口传输图标 ，或执行"线切割"|"代码传输"|"串口传输"命令，弹出"串口传输"对话框，如图 11-23 所示。

2）严格按照控制器的串口参数在"串口传输"对话框中依次设置波特率、奇偶校验、数据位、停止位数、端口、反馈字符等内容。计算机和控制器的参数务必完全一致，只有这样才能保证代码能够顺利传输。

3）设置完参数后，单击"确定"按钮，弹出"发送代码"对话框。

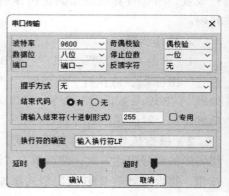

图 11-23　"串口传输"对话框

273

4）在立即菜单中选择获取文件的方式，并打开代码文件。

5）在保证机床已经处于正常接收状态的情况下，按 Enter 键开始传输代码。

6）传输完成后，系统提示"传输结束"，表示代码已经完成传输。

7）如果没有连接外部设备，则会导致传输失败，并弹出如图 11-24 所示提示框。

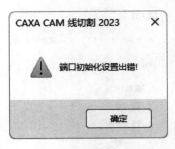

图 11-24　端口初始化错误提示框

11.3.4　传输参数设置

1. 功能

对代码传输中用到的相关参数进行设置。

2. 操作步骤

1）执行"线切割"|"代码传输"|"传输设置"命令，弹出"传输参数设置"对话框，如图 11-25 所示。

2）根据传输方式和使用的机床设备等情况在该对话框中进行设置。

3）设置完参数后，单击"确定"按钮即可。

图 11-25　"传输参数设置"对话框

11.4　R3B 后置设置

1. 功能

R3B 设置是针对不同机床的 R3B 代码存在一些差异而添加的功能，通过对它进行设置，可让计算机输出满足机床的 R3B 代码。

2. 操作步骤

1）单击"线切割"工具栏"R3B 后置设置"图标，或执行"线切割"|"后置处理"|"R3B 后置设置"命令，弹出"R3B 后置设置"对话框，如图 11-26 所示。

2）根据机床要求的实际格式，修改代码中的符号表达方式，然后单击"添加"按钮，将设置好的 R3B 代码格式添加到序列中。

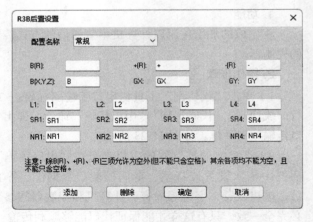

图 11-26　"R3B 后置设置"对话框

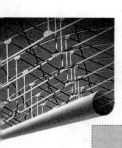

第 **12** 章

图形绘制与线切割加工实例

　　本章通过手柄轮廓、平面凸轮、齿轮和文字等常用图形的线切割实例，详细介绍利用 CAXA 线切割 2023 进行图形绘制、轨迹生成、加工代码生成到代码传输的全过程。通过学习本章，读者将全面掌握使用 CAXA 线切割 2023 的功能、方法和技巧。

重点与难点

- 手柄轮廓加工实例
- 平面凸轮加工实例
- 齿轮加工实例
- 线切割文字实例
- 图案切割实例

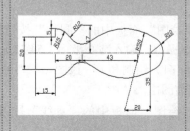

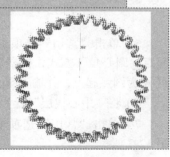

12.1 手柄轮廓加工实例

本实例将利用线切割来加工如图 12-1 所示的手柄轮廓。已知配合间隙为 0.01mm，采用 $\phi0.15$mm 的钼丝，单边放电间隙为 0.01mm。下面将依次介绍其绘制、生成轨迹、仿真、生成加工代码和传输代码的详细操作步骤。

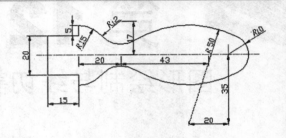

图 12-1　手柄轮廓

📖 12.1.1　绘制手柄轮廓图形

1）切换当前图层。单击"常用"选项卡"特性"面板中的按钮，弹出"层设置"对话框，单击"细实线层"，然后单击"设为当前"按钮，将"细实线层"设置为当前图层，再单击"确定"按钮，完成切换当前图层。也可以通过单击"颜色图层"工具栏 中下拉按钮，在下拉菜单中单击选择当前图层。执行"绘图"｜"直线"命令或者单击绘图工具栏中的 按钮或者单击"常用"选项卡"绘图"面板中的"直线"按钮 ，设置立即菜单的各选项如图 12-2 所示。

2）根据系统提示，依次输入直线的端点坐标（-15,0）、（-15,-10）、（0,-10）和（0,-15），每输入一个点坐标，都按 Enter 键确认。输完 4 个点的坐标后右击确认，在屏幕上完成连续的 3 条直线的绘制，结果如图 12-3 所示。

图 12-2　"绘制直线"立即菜单

3）单击"常用"选项卡"绘图"面板中的"圆弧"按钮 ，在立即菜单中选择"圆心＿起点＿圆心角"方式，并根据系统提示，依次输入圆心坐标（0,0）、起点坐标（0,-15）和圆心角 50，绘制完成一段圆弧，结果如图 12-4 所示。

4）单击"常用"选项卡"绘图"面板中的"圆弧"按钮 ，在立即菜单中选择"圆心＿起点＿圆心角"方式，根据系统提示，输入圆心坐标（23,-17），用光标捕捉图 12-4 中的圆弧端点 A 为圆弧起点，并输入圆心角 -82，绘制和上一段圆弧相切的圆弧，结果如图 12-5 所示。

图 12-3　绘制直线　　　　　　　　　　图 12-4　绘制圆弧

5）单击"常用"选项卡"绘图"面板中的"圆弧"按钮 ，在立即菜单中选择"圆心＿起点＿圆心角"方式，根据系统提示，输入圆心坐标（54,35），用光标捕捉图 12-5 中的圆弧端点 A 为圆弧起点，并输入圆心角 61，绘制和上一段圆弧相切的圆弧，结果如图 12-6 所示。

6）将"中心线层"置为当前图层。

7）单击"常用"选项卡"绘图"面板中的"直线"按钮 ，设置立即菜单的各选项如图 12-7 所示。

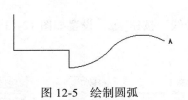

图 12-5　绘制圆弧　　　　　　　　　　　　图 12-6　绘制圆弧

8）根据系统提示，用光标拾取图 12-6 中的 A 点为起点，输入直线的长度为 105，并按 Enter 键确认，结果如图 12-8 所示。

图 12-7　"绘制直线"立即菜单　　　　　　　图 12-8　绘制中心线

9）单击"常用"选项卡"修改"面板中的"拉伸"按钮，用光标拾取步骤 8）绘制的中心线为拉伸对象，并如图 12-9 所示设置"拉伸"立即菜单。根据系统提示输入长度 5，将中心线向左拉伸，结果如图 12-10 所示。

图 12-9　"拉伸"立即菜单　　　　　　　　　图 12-10　拉伸中心线

10）单击"常用"选项卡"修改"面板中的"镜像"按钮，选择图 12-10 中心线以下的所有图线为镜像对象，以中心线为轴线做镜像操作，结果如图 12-11 所示。

11）将"细实线层"置为当前图层。

12）单击"常用"选项卡"绘图"面板中的"圆弧"按钮，在立即菜单中选择"两点_半径"方式。依次选择图 12-11 中的 A、B 两点为第一点和第二点，并输入半径为 8，绘制圆弧，结果如图 12-12 所示。至此，完成了手柄轮廓的绘制。

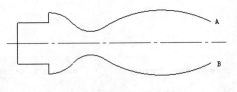

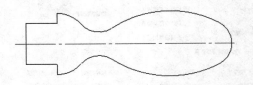

图 12-11　镜像图形　　　　　　　　　　　图 12-12　完成手柄轮廓的绘制

📖 12.1.2　生成加工轨迹

1）计算补偿量。由于采用线切割加工，因此需要先计算加工补偿量，方法如下：

补偿量 = 加工线半径 + 放电间隙 - 配合间隙 = (0.15/2 + 0.01 - 0.01) mm = 0.075mm

2）绘制辅助图形。

① 将"虚线层"置为当前图层。

② 单击"常用"选项卡"修改"面板中的"等距线"按钮，设置如图 12-13 所示的立即菜单。

| 1. 链拾取 ▼ | 2. 指定距离 ▼ | 3. 单向 ▼ | 4. 尖角连接 ▼ | 5. 空心 ▼ | 6.距离 5 | 7.份数 1 | 8. 保留源对象 ▼ |

拾取首尾相连的曲线： Offset 0 X:-835.177, Y:652.497

图 12-13 "等距线"立即菜单

③ 根据系统提示，拾取轮廓线，并在立即菜单 6 中输入距离为 0.075，将轮廓线向外等距，结果如图 12-14 所示。

④ 单击"常用"选项卡"绘图"面板中的"点"按钮，选择"孤立点"方式，输入坐标（-15,-11），生成穿丝点 P，结果如图 12-15 所示。

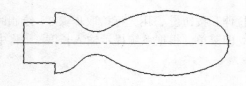

图 12-14 等距结果

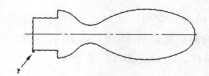

图 12-15 生成穿丝点

3）生成轨迹。

① 单击"线切割"选项卡"轨迹生成"面板中的"平面切割"按钮，在弹出的"创建：平面切割"中设置参数，如图 12-16 所示。设置完毕后，单击"确定"按钮。

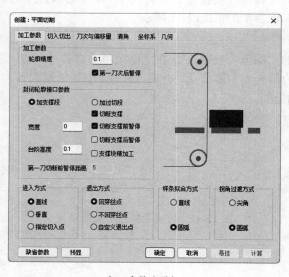

加工参数选项卡

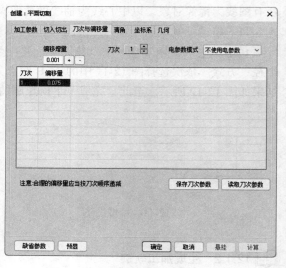

刀次与偏移量选项卡

图 12-16 设置参数

② 根据系统提示，拾取等距后的轮廓线，如图 12-17 所示。此时，系统提示"请选择链拾取方向"。

③ 拾取图 12-17 中向右的箭头为链拾取方向，结果如图 12-18 所示。此时，系统提示"选择加工的侧边或补偿方向"。

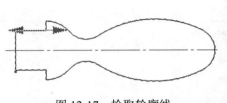

图 12-17　拾取轮廓线　　　　　　图 12-18　选择链拾取方向

④ 拾取图 12-18 中向上的箭头为加工侧边，系统提示"输入穿丝点位置"。

⑤ 拾取绘制的孤立点为穿丝点，系统提示"输入退出点（按 Enter 键则与穿丝点重合）"。

⑥ 按 Enter 键，使退出点与穿丝点重合，则系统自动计算出加工轨迹。

📖 12.1.3　轨迹仿真

单击"线切割"选项卡"仿真"面板中的"轨迹仿真"按钮⊗，弹出"线框仿真"对话框，单击"拾取"按钮并拾取前面生成的加工轨迹，即可完整地模拟线切割的全过程，如图 12-19 所示。

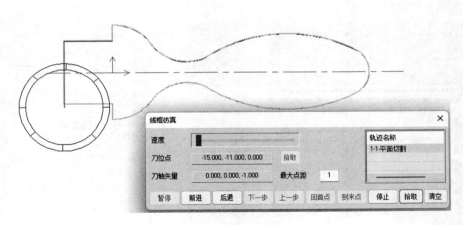

图 12-19　轨迹仿真

📖 12.1.4　生成加工代码

1）单击"线切割"选项卡"后置处理"面板中的"生成 B 代码"按钮，弹出"生成 B 代码"对话框，选择前面绘制的轨迹，如图 12-20 所示。

2）不改变输出设置默认的参数，单击"后置"按钮，系统生成数控代码，设置好文件名称，如图 12-21 所示。单击"保存所有代码文件"按钮，保存代码。

图 12-20 "生成 B 代码"对话框

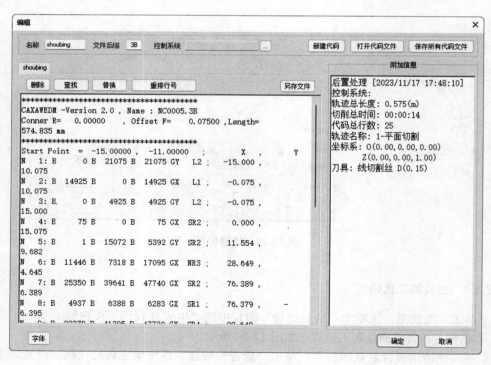

图 12-21 生成数控代码

12.1.5　传输代码

1. 利用同步方式传输代码

1）单击"线切割"选项卡"代码传输"面板中的"同步传输"按钮 ，弹出如图 12-22 所示的对话框。

2）保证机床处于接收状态，按 Enter 键，代码开始传输。

3）停止传输后，单击或按 Esc 键，可结束命令。

图 12-22　"发送代码"对话框

2. 利用串口方式传输代码

1）调用"串口传输"命令，弹出"串口传输"对话框。

2）在该对话框中设置串口传输的相关参数。注意：计算机和控制器的参数必须完全一致，才能保证代码能够顺利传输。

3）设置完参数后，单击"确认"按钮，弹出立即菜单，选择打开文件的方式，打开代码文件。

4）保证机床已经处于正常接收状态，按 Enter 键开始传输代码。

5）传输完成后，系统提示"传输结束"。

12.2　平面凸轮加工实例

如图 12-23 所示为平面凸轮的零件图，本实例将采用线切割加工其内孔和外轮廓。采线切割采用的钼丝直径为 $\phi12mm$，已知单边放电间隙为 0.01mm。下面将依次介绍其绘制、生成轨迹、仿真、生成加工代码和传输代码的详细操作步骤。

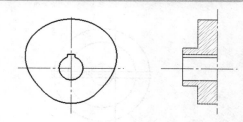

12.2.1　图形绘制

图 12-23　平面凸轮零件图

1）将"细实线层"置为当前图层。单击"常用"选项卡"绘图"面板中的"圆"按钮 ⊙，以坐标原点为圆心，依次以 20mm、60mm 和 85mm 为半径绘制一组同心圆，结果如图 12-24 所示。

2）单击"常用"选项卡"绘图"面板中的"中心线"按钮 ／，在立即菜单中设置延伸长度为 5mm，并拾取半径为 85mm 的圆，绘制同心圆的中心线，结果如图 12-25 所示。

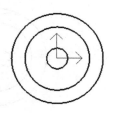

图 12-24　绘制同心圆

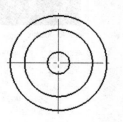

图 12-25　绘制中心线

3）单击"常用"选项卡"修改"面板中的"等距线"按钮 🖉，设置立即菜单如图 12-26 所示，绘制水平中心线的两条等距线，结果如图 12-27 所示。

| 1. 单个拾取 ▾ | 2. 指定距离 ▾ | 3. 双向 ▾ | 4. 空心 ▾ | 5. 距离 6 | 6. 份数 1 | 7. 保留源对象 ▾ | 8. 使用源对象属性 ▾ |

拾取曲线：   Offset O   X:-202.479, Y:415.069

图 12-26 "等距线"立即菜单一

4）设置"等距线"立即菜单如图 12-28 所示，绘制竖直中心线左侧的等距线，如图 12-29 所示。

5）单击"常用"选项卡"修改"面板中的"裁剪"按钮 ✂，在立即菜单中选择"快速裁剪"，对图形进行裁剪，并删除掉多余的图线，结果如图 12-30 所示。

6）单击"常用"选项卡"绘图"面板中的"公式曲线"按钮 📐，在弹出的"公式曲线"对话框中设置参数，如图 12-31 所示，设置完成后，单击"确定"按钮。拾取坐标原点为曲线定位点，绘制公式曲线，结果如图 12-32 所示。

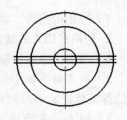

图 12-27 绘制等距线一

| 1. 单个拾取 ▾ | 2. 指定距离 ▾ | 3. 单向 ▾ | 4. 空心 ▾ | 5. 距离 24 | 6. 份数 1 | 7. 保留源对象 ▾ | 8. 使用源对象属性 ▾ |

拾取曲线：   Offset O   X:-202.479, Y:415.069

图 12-28 "等距线"立即菜单二

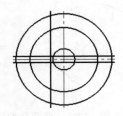

图 12-29 绘制等距线二

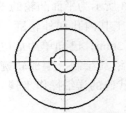

图 12-30 裁剪图形

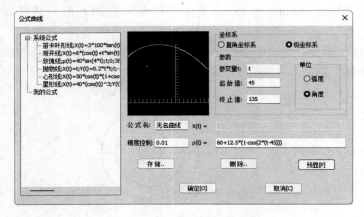

图 12-31 设置公式曲线参数

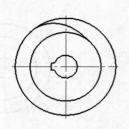

图 12-32 绘制公式曲线

7）单击"常用"选项卡"绘图"面板中的"公式曲线"按钮 ，在弹出的"公式曲线"对话框中设置参数，如图12-33所示。设置完成后，单击"确定"按钮。拾取坐标原点为曲线定位点，结果如图12-34所示。

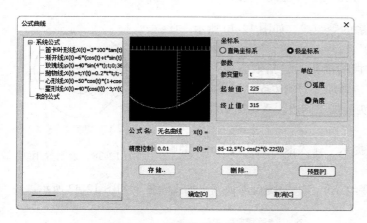

图 12-33　设置公式曲线参数

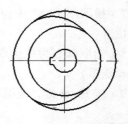

图 12-34　绘制公式曲线

8）单击"常用"选项卡"修改"面板中的"裁剪"按钮 ，在立即菜单中选择"快速裁剪"，对图12-34所示的图形进行裁剪，并删除掉多余的图线，结果如图12-35所示。

9）单击"常用"选项卡"修改"面板中的"旋转"按钮 ，选择图12-35中的所有图线为旋转对象，拾取坐标原点为基点，指定旋转角度为 −90°，做旋转操作，结果如图12-36所示，即完成图形的绘制。

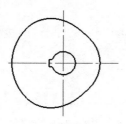

图 12-35　裁剪图形

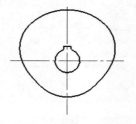

图 12-36　旋转图形

12.2.2　生成加工轨迹

1. 生成轴孔加工轨迹

1）由于采用线切割加工，因此需要先计算加工补偿量。方法如下：

$$补偿量 = 加工线半径 + 放电间隙 = (0.12/2 + 0.01)\,mm = 0.07\,mm$$

2）将"虚线层"置为当前图层。

3）单击"常用"选项卡"修改"面板中的"等距线"按钮 ，设置立即菜单如图12-37所示。将孔轮廓线向内等距，外轮廓线向外等距，结果如图12-38所示。

4）单击"线切割"选项卡"轨迹生成"面板中的"平面切割"按钮 ，在弹出的"创建：平面切割"对话框中设置参数，如图12-39所示，设置完毕后，单击"确定"按钮。

图 12-37　"等距线"立即菜单

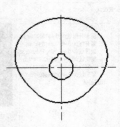

5）根据系统提示，拾取孔轮廓的等距线，如图 12-40 所示。此时，系统提示"请选择链拾取方向"。

6）拾取图 12-40 中向右下方向的箭头为链拾取方向，结果如图 12-41 所示。此时，系统提示"选择加工的侧边或补偿方向"。

7）拾取图 12-41 中向上的箭头为加工侧边，系统提示"输入穿丝点位置"。

8）拾取圆心为穿丝点，系统提示"输入退出点（按 Enter 键则与穿丝点重合）"。

图 12-38　绘制等距线

9）按 Enter 键，使退出点与穿丝点重合，系统自动计算出加工轨迹，如图 12-42 所示。

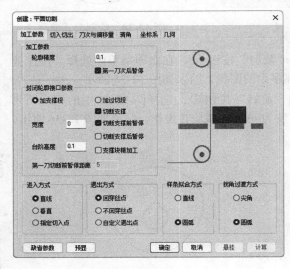

加工参数选项卡

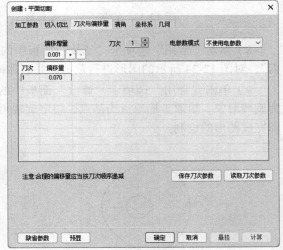

刀次与偏移量选项卡

图 12-39　设置加工参数

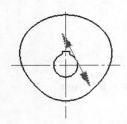

图 12-40　拾取孔轮廓等距线

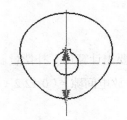

图 12-41　选择链拾取方向

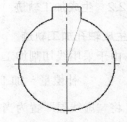

图 12-42　生成轴孔加工轨迹

2. 生成轮廓加工轨迹

1）单击"线切割"选项卡"轨迹生成"面板中的"平面切割"按钮，在弹出的"创建：

平面切割"对话框中设置参数，如图 12-43 所示，设置完毕后，单击"确定"按钮。

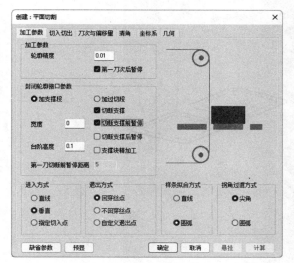
加工参数选项卡

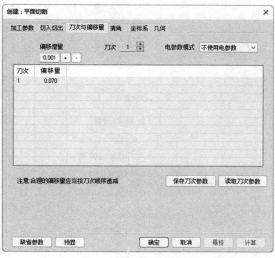
刀次与偏移量选项卡

图 12-43　设置加工参数

2）根据系统提示，拾取外轮廓的等距线，如图 12-44 所示。此时，系统提示"请选择链拾取方向"。

3）拾取图 12-44 中向左下方向的箭头为链拾取方向，结果如图 12-45 所示。此时，系统提示"选择加工的侧边或补偿方向"。

4）拾取图 12-45 中向右下的箭头为加工侧边，系统提示"输入穿丝点位置"。

5）输入坐标（0,-70）为穿丝点坐标，并单击使退出点与穿丝点重合，系统自动计算出加工轨迹，结果如图 12-46 所示。

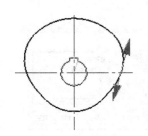　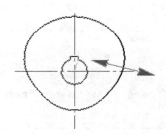　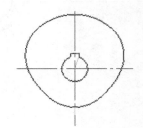

图 12-44　拾取外轮廓等距线　　图 12-45　选择链拾取方向　　图 12-46　生成轮廓加工轨迹

12.2.3　轨迹仿真

1）单击"线切割"选项卡"轨迹生成"面板中的"切割跳步轨迹"按钮 ，弹出"创建：跳步轨迹"对话框，如图 12-47 所示，单击"确定"按钮拾取前面生成的加工轨迹。

2）单击"线切割"选项卡"仿真"面板中的"轨迹仿真"按钮 ，并拾取前面生成的加工轨迹，即可完整地模拟线切割的全过程，如图 12-48 所示。

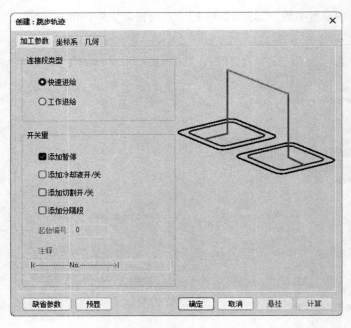

图 12-47 "创建：跳步轨迹"对话框

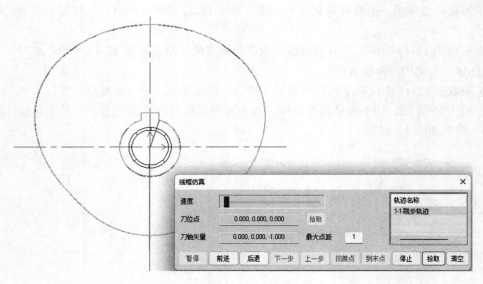

图 12-48 轨迹仿真

12.2.4 生成加工代码

1）单击"线切割"选项卡"后置处理"面板中的"生成 B 代码"按钮，弹出"生成 B 代码"对话框，选择前面绘制的轨迹。

2）不改变输出设置默认的参数，单击"后置"按钮，系统生成数控代码，设置好文件名称，如图 12-49 所示。单击"保存所有代码文件"按钮，保存代码。

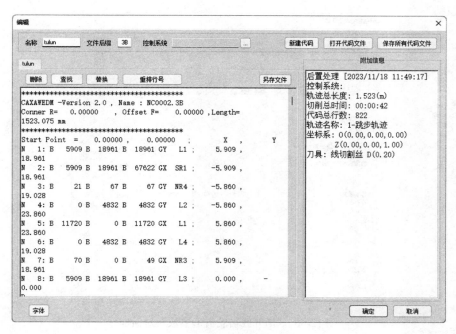

图 12-49　生成数控代码

12.2.5　传输代码

传输代码的操作步骤和本章前面的手柄轮廓实例相同，请参考 12.1.5 节。

12.3 齿轮加工实例

本实例将使用线切割加工一个内齿轮。其中，内齿轮的模数为 2，齿数为 36，采用 ϕ0.16mm 的钼丝，单边放电间隙为 0.01mm。

12.3.1　图形绘制

1）单击"常用"选项卡"绘图"面板中的"齿形"按钮，弹出"渐开线齿轮齿形参数"对话框，设置参数如图 12-50 所示。设置完毕后，单击"下一步"按钮。

2）弹出"渐开线齿轮齿形预显"对话框，设置参数如图 12-51 所示。单击"预显"按钮可以预览齿形。

3）结束参数设置后，单击"完成"按钮，系统提示"齿轮定位点"。拾取坐标原点为定位点，即完成齿轮齿形的绘制，结果如图 12-52 所示。

4）单击"常用"选项卡"修改"面板中的"分解"按钮，将图 12-52 所示的图块分解。

 说　明

绘制的齿轮为图块，如果不将其分解，则在选择加工轮廓时不能被拾取。

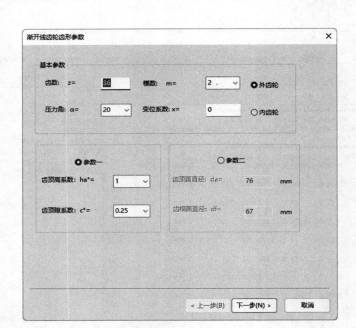

图 12-50 "渐开线齿轮齿形参数"对话框

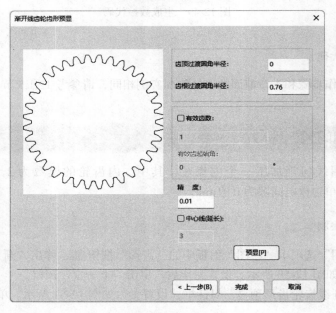

图 12-51 "渐开线齿轮齿形预显"对话框

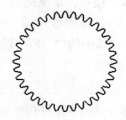

图 12-52 绘制齿轮齿形

12.3.2 生成加工轨迹

1）单击"线切割"选项卡"轨迹生成"面板中的"平面切割"按钮 ，在弹出的"创建：平面切割"对话框中设置参数，如图 12-53 所示。设置完毕后，单击"确定"按钮。

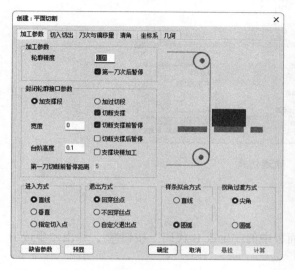
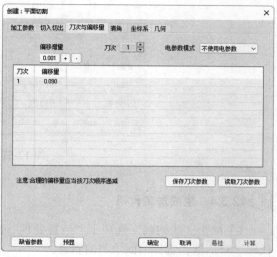

加工参数选项卡　　　　　　　　　　　刀次与偏移量选项卡

图 12-53　设置参数

2）根据系统提示，拾取齿轮轮廓线，如图 12-54 所示。此时，系统提示"请选择链拾取方向"。

3）拾取图 12-54 中向右方向的箭头为链拾取方向，结果如图 12-55 所示。此时，系统提示"选择加工的侧边或补偿方向"。

4）拾取图 12-55 中向内的箭头为加工侧边，系统提示"输入穿丝点位置"。

5）拾取坐标原点为穿丝点，并单击使退出点与穿丝点重合，则系统自动计算出加工轨迹，结果如图 12-56 所示。

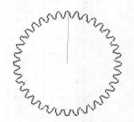

图 12-54　拾取齿轮轮廓线　　　图 12-55　选择链拾取方向　　　图 12-56　生成加工轨迹

12.3.3 轨迹仿真

单击"线切割"选项卡"仿真"面板中的"轨迹仿真"按钮 ⊗，并拾取前面生成的加工轨迹，即可完整地模拟线切割的全过程，如图 12-57 所示。

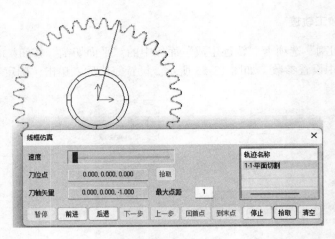

图 12-57　轨迹仿真

12.3.4　生成加工代码

1）单击"线切割"选项卡"后置处理"面板中的"生成 B 代码"按钮■，弹出"生成 B 代码"对话框，选择前面绘制的轨迹。

2）"文本格式"一栏中选择"对齐指令格式"，单击"后置"按钮，系统生成数控代码，设置好文件名称，如图 12-58 所示，"保存所有代码文件"按钮，保存代码。

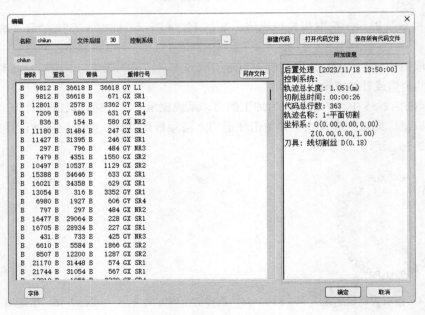

图 12-58　生成数控代码

12.3.5　传输代码

传输代码的操作步骤同本章前面的实例，请参考 12.1.5 节的内容。

12.4 线切割文字实例

利用 CAXA 线切割 2023 可以方便地绘制文字图形以及一些常用符号，并采用线切割精确地切割出来。

12.4.1 图形绘制

1）单击"标注"选项卡"标注样式"面板中的"文本样式"按钮 **A**，弹出"文本风格设置"对话框，在对话框中设置参数如图 12-59 所示。单击"确定"按钮完成设置。

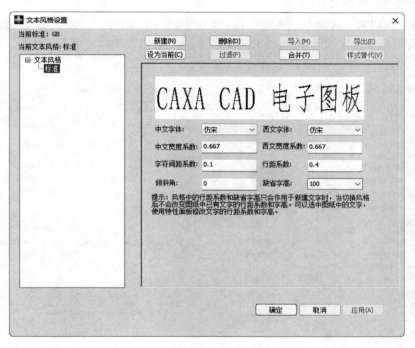

图 12-59 "文本风格设置"对话框

2）单击"常用"选项卡"标注"面板中的"文字"按钮 **A**，依次指定（0,0）和（300,150）为标注文字的矩形区域的两个角点坐标，弹出"文本编辑器 - 多行文字"对话框，如图 12-60 所示。

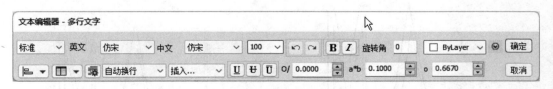

图 12-60 "文本编辑器 - 多行文字"对话框

3）在文本框中输入文字"CAM"，单击"确定"按钮，文字即出现在绘图区，结果如图 12-61 所示。

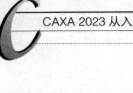

图 12-61　文字轮廓

4）单击"常用"选项卡"修改"面板中的"分解"按钮 ，将图 12-61 所示的图块分解。

📖 12.4.2　生成切割轨迹

1）单击"线切割"选项卡"轨迹生成"面板中的"平面切割"按钮 ，在弹出的"创建：平面切割"对话框中设置加工参数，如图 12-62 所示。设置完毕后，单击"确定"按钮。

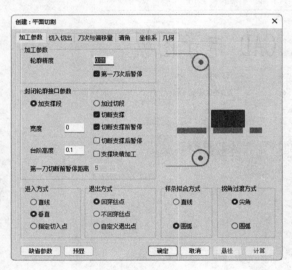
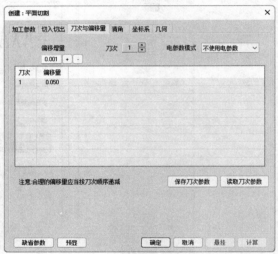

加工参数选项卡　　　　　　　　　　　　　　　　刀次与偏移量选项卡

图 12-62　设置加工参数

2）系统提示"拾取轮廓"。拾取第一个文字轮廓线，如图 12-63 所示。

3）系统提示"请选择链拾取方向"。选择向右的箭头，结果如图 12-64 所示。

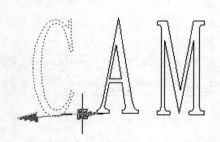
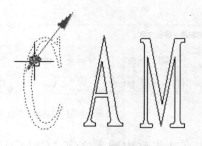

图 12-63　拾取第一个文字轮廓线　　　　　　图 12-64　选择链拾取方向

4）系统提示"选择加工的侧边或补偿方向"。选择指向文字轮廓内部的箭头。

5）系统提示"输入穿丝点位置"。在图 12-65 所示的位置拾取点作为穿丝点的位置并右击，使退出点与穿丝点重合，即可生成第一条轨迹，如图 12-66 所示。

图 12-65　指定穿丝点位置　　　　　　　　　图 12-66　生成第一条轨迹

6）用和上述步骤相同的参数和方法依次生成后面两段文字轮廓的加工轨迹，结果如图 12-67 所示。

7）单击"线切割"选项卡"轨迹生成"面板中的"切割跳步轨迹"按钮，单击"确定"按钮拾取前面生成的加工轨迹。结果如图 12-68 所示。

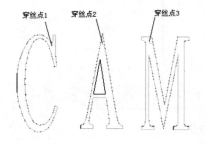

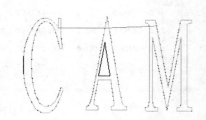

图 12-67　生成 3 条轨迹　　　　　　　　　　图 12-68　生成跳步轨迹

12.4.3　轨迹仿真

单击"线切割"选项卡"仿真"面板中的"轨迹仿真"按钮，并拾取前面生成的加工轨迹，即可完整地模拟线切割的全过程，如图 12-69 所示。

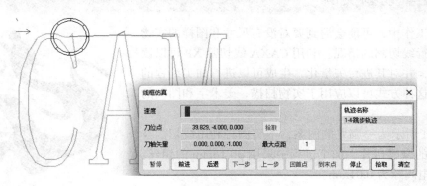

图 12-69　轨迹仿真

12.4.4　生成加工代码

1）单击"线切割"选项卡"后置处理"面板中的"生成 B 代码"按钮，弹出"生成 B 代码"对话框，选择前面绘制的轨迹。

2）不改变立即菜单默认的参数，单击"后置"按钮，系统生成数控代码，设置好文件名称，如图 12-70 所示。单击"保存所有代码文件"按钮，保存代码。

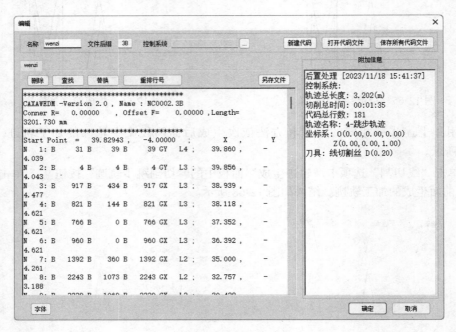

图 12-70　生成数控代码

12.4.5　传输代码

传输代码的操作步骤同本章前面的实例，请参考 12.1.5 节的内容。

12.5　图案切割实例

在实际工作中，可能会遇到要对没有尺寸和图样的实物或者图案进行线切割的情况。利用 CAXA 线切割 XP 可以读入图像文件，并对其进行矢量化，生成可以进行加工编程的轮廓图形。这种方式可以应用于实物扫描、美术字和图画的图案切割。

图 12-71 所示为一幅龙的图案，本实例将利用线切割技术加工出它的金属切片，加工过程中采用 ϕ0.16mm 的钼丝。已知单边放电间隙为 0.01mm。

对于这种类型的加工，一般的操作步骤是：

图 12-71　龙的图案

1）扫描图片或实物。

2）将位图矢量化。

3）生成加工轨迹。

4）生成加工代码。

5）进行代码传输。

6）实际加工。

📖 12.5.1 绘制图形

位图矢量化

1）单击"插入"选项卡"图片"面板中的"插入图片"按钮▥，弹出"打开"对话框，如图 12-72 所示，选择"dragon.bmp"文件，并单击"打开"按钮，将位图文件打开。

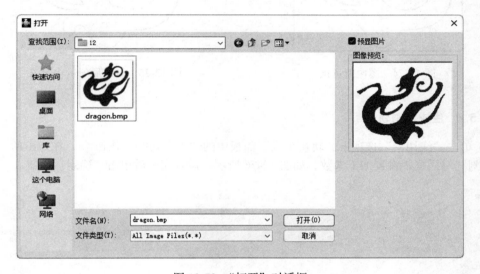

图 12-72 "打开"对话框

2）打开位图文件的同时弹出"图像"对话框，设置各选项如图 12-73 所示。

图 12-73 "图像"对话框

3）单击"确定"按钮，将图片放置适当的位置。

4）单击"线切割"选项卡"轨迹生成"面板中的"图像矢量化"按钮 ，系统将对图像进行矢量化处理，生成龙图案的外形轮廓线，如图 12-74 所示。

5）调用图形绘制和编辑命令，对图形中不符合要求的部分进行修改，结果如图 12-75 所示。注意，轮廓图形中一定不能出现有自交的情况。

图 12-74　图像矢量化

图 12-75　修改后矢量化图像

📖 12.5.2　生成切割轨迹

1）单击"线切割"选项卡"轨迹生成"面板中的"平面切割"按钮 ，在弹出的"创建：平面切割"对话框中设置加工参数，如图 12-76 所示。设置完毕后单击"确定"按钮。

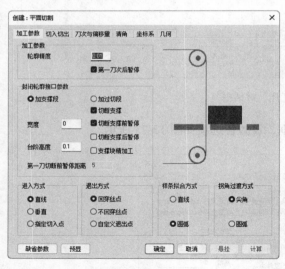

加工参数选项卡

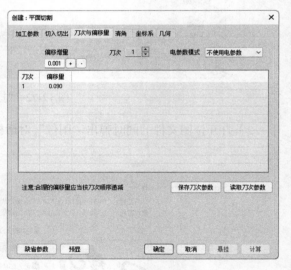

刀次与偏移量选项卡

图 12-76　设置加工参数

2）根据系统提示，拾取轮廓线，如图 12-77 所示。此时，系统提示"请选择链拾取方向"。

3）拾取图 12-77 中向下的箭头为链拾取方向，结果如图 12-78 所示。此时，系统提示"选择加工的侧边或补偿方向"。

4）拾取图 12-78 中向左的箭头为加工侧边，系统提示"输入穿丝点位置"，结果如图 12-79 所示。

图 12-77　拾取轮廓线

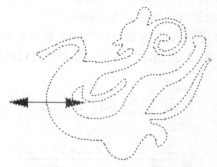

图 12-78　选择链拾取方向

5）拾取图 12-79 中所示的点为穿丝点，并右击使退出点与穿丝点重合，则系统自动计算出加工轨迹，结果如图 12-80 所示。

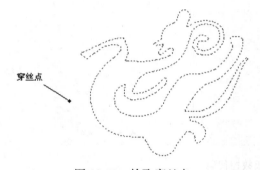

图 12-79　拾取穿丝点

图 12-80　生成加工轨迹

12.5.3　轨迹仿真

单击"线切割"选项卡"仿真"面板中的"轨迹仿真"按钮 ⊗，并拾取前面生成的加工轨迹，即可完整地模拟线切割的全过程，如图 12-81 所示。

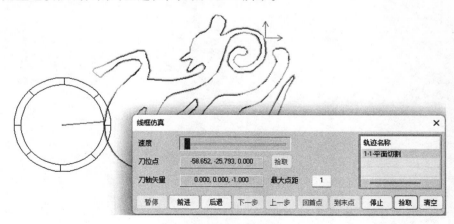

图 12-81　轨迹仿真

12.5.4 生成加工代码

1）单击"线切割"选项卡"后置处理"面板中的"生成 B 代码"按钮 ，弹出"生成 B 代码"对话框，选择前面绘制的轨迹。

2）不改变立即菜单默认的参数，单击"后置"按钮，系统生成数控代码，设置好文件名称，如图 12-82 所示。单击"保存所有代码文件"按钮，保存代码。

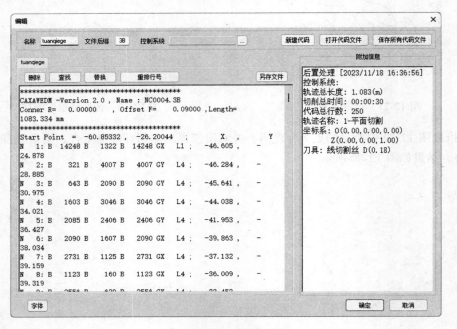

图 12-82　生成数控代码

12.5.5 传输代码

传输代码操作步骤同本章前面的实例，请参考 12.1.5 节的内容。

第 4 篇

CAXA 制造工程师 2023

计算机辅助设计与制造（CAD/CAM）系列

本篇介绍以下主要知识点：

- CAXA 制造工程师 2023 概述
- 曲面造型
- 实体造型
- 数控加工基础
- 刀具轨迹生成
- 制造工程师加工实例

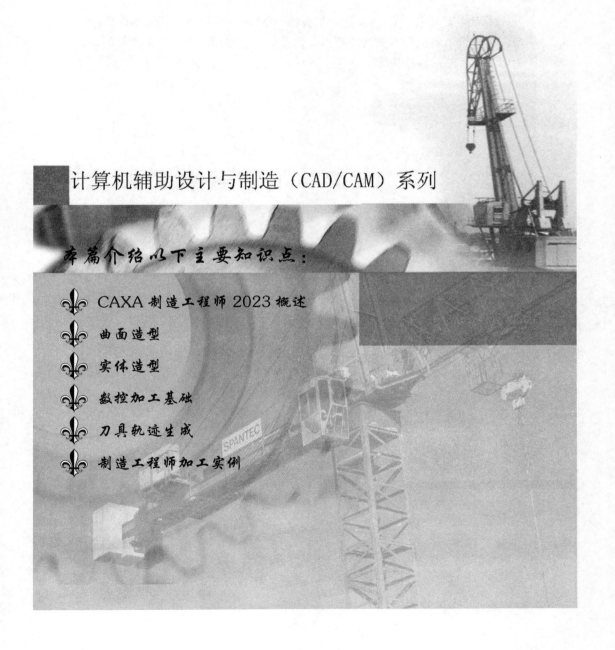

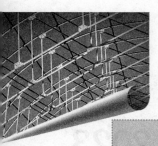

第 13 章

CAXA 制造工程师 2023 概述

本章主要介绍了 CAXA 制造工程师 2023 的基本特点。通过本章的学习，读者可了解该软件的功能特点，熟悉软件的布局。本章的主要目的是为后续章节的内容打基础。

重点与难点

- CAXA 制造工程师 2023 功能特点
- CAXA 制造工程师用户界面

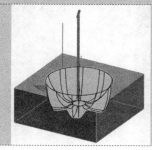

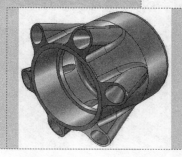

13.1　CAXA 制造工程师 2023 功能特点

CAXA 制造工程师 2023 是在 Windows 环境下运行的 CAD/CAM 一体化的数控加工编程软件。该软件集成了数据接口、几何造型、加工轨迹生成、加工过程仿真检验、数控加工代码生成和加工工艺单生成等一整套面向复杂零件和模具的数控编程功能。CAXA 制造工程师 2023 是 CAXA 制造工程师 2016 的升级版，新增加了部分精加工功能，删除了一些粗加工功能。

📖 13.1.1　实体曲面结合

1. 方便的特征实体造型

采用精确的特征实体造型技术，可将设计信息用特征术语来描述，简便而准确。通常的特征包括孔、槽、型腔、凸台、圆柱体、圆锥体、球体和管子等。CAXA 制造工程师 2023 可以方便地建立和管理这些特征信息。先进的"精确特征实体造型"技术完全抛弃了传统的体素拼合和交、并、差的繁琐方式，使整个设计过程直观、简单。

实体模型的生成可以用增料方式，通过拉伸、旋转、导动、放样、加厚或加厚曲面来实现，也可以通过减料方式，从实体中减掉实体或用曲面裁剪来实现。当然，还可以用等半径过渡、变半径过渡、倒角、打孔、增加拔模斜度和抽壳等高级特征功能来实现。

2. 强大的 NURBS 自由曲面造型

CAXA 制造工程师 2023 继承和发展了 CAXA 制造工程师 2016 版本的曲面造型功能，从线框到曲面，提供了丰富的建模手段，可通过列表数据、数学模型、字体文件及各种测量数据生成样条曲线，通过扫描、放样、拉伸、导动、等距、边界和网格等多种形式生成复杂曲面，并可对曲面进行任意裁剪、过渡、延伸、缝合、拼接、相交和变形等，建立任意复杂的零件模型。通过曲面模型生成的真实感图，可直观显示设计结果。

3. 灵活的曲面实体复合造型

基于实体的"精确特征造型"技术，使曲面融合进实体中，形成统一的曲面实体复合造型模式。利用这一模式，可实现曲面裁剪实体、曲面约束实体等混合操作，是设计产品（见图 13-1）和模具的有力工具。

📖 13.1.2　优质高效的数控加工

图 13-1　生成的缸体零件

CAXA 制造工程师 2023 将 CAD 模型与 CAM 加工技术无缝集成，可直接对曲面、实体模型进行一致的加工操作。它支持先进实用的轨迹参数化和批处理功能，明显提高了工作效率。支持高速切削，大幅度提高了加工效率和加工质量。通用的后置可向任何数控系统输出加工代码。

1. 2 轴到 3 轴的数控加工功能

（1）2 轴到 3 轴加工方式：可直接利用零件的轮廓曲线生成加工轨迹指令，而无须建立其三维模型；提供轮廓加工和区域加工功能，加工区域内允许有任意形状和数量的岛；可分别指定加工轮廓和岛的拔模斜度，自动进行分层加工。

（2）轴加工方式：多样化的加工方式可以安排从粗加工、半精加工、精加工、补加工和清

根加工的加工工艺方案。

2. 参数化轨迹编辑和轨迹批处理

CAXA 制造工程师 2023 的"轨迹再生成"功能可实现参数化轨迹编辑。用户只需选中已有的数控加工轨迹，修改原定义的加工参数表，即可重新生成加工轨迹。自动生成的加工刀具轨迹如图 13-2 所示。

CAXA 制造工程师 2023 可以先定义加工轨迹参数，而不立即生成轨迹。工艺设计人员可先将大批加工轨迹参数事先定义并在某一集中时间内批量生成，这样就优化了工作流程。

3. 支持高速加工

CAXA 制造工程师 2023 支持高速切削工艺，提高了产品精度，降低了代码数量，使加工质量和效率大大提高。

4. 加工工艺控制

提供丰富的工艺控制参数，可以方便地控制加工过程，使编程人员的经验得到充分的体现。

5. 加工轨迹仿真

轨迹仿真手段可以检验数控代码的正确性。它可以通过实体真实感仿真如实地模拟加工过程，展示加工零件的任意截面，显示加工轨迹。

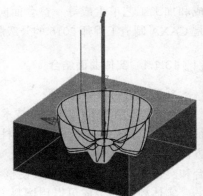

图 13-2　加工刀具轨迹

6. 通用后置处理

通过后置处理器，无须生成中间文件就可直接输出 G 代码控制指令。系统不仅可以提供常见的数控系统的后置格式，还可以让用户定义专用数控系统的后置处理格式。

📖 13.1.3　最新技术的知识库加工功能

针对复杂曲面的加工，CAXA 制造工程师 2023 为用户提供了一种零件整体加工思路，只需观察出零件整体模型是平坦或是陡峭，运用老工程师的加工经验，就可以快速地完成加工过程。老工程师的编程和加工经验是靠知识库的参数设置来实现的。知识库参数的设置应由有丰富编程和加工经验的工程师来完成，设置好后可以保存为一个文件，文件名可以根据用户的习惯任意设置。有了知识库加工功能，就可以使老的编程者工作起来更轻松，也可以使新的编程者直接利用已有的加工工艺和加工参数，很快地学会编程，先进行加工，再进一步深入学习其他的加工功能。

📖 13.1.4　Windows 界面操作

CAXA 制造工程师 2023 基于微机平台，采用原创 Windows 菜单和交互，全中文界面，让用户一见如故，可以轻松、流畅地学习和操作。它全面支持英文、简体中文和繁体中文 Windows 环境。它具备流行的 Windows 原创软件特色，支持图标菜单、工具条和快捷键的定制，还可自由创建符合用户自己习惯的操作环境。

📖 13.1.5　丰富流行的数据接口

CAXA 制造工程师 2023 是一个开放的设计 / 加工工具，具有丰富的数据接口，包括直接读取市场上流行的三维 CAD 软件，如 CATIA 数据接口、Pro/E 数据接口、基于曲面的 DXF 和 IGES 标准图形接口、基于实体的 STEP 标准数据接口、基于 Parasolid 几何核心的 X_T、X_B 格式文件、基于 ACIS 几何核心的 SAT 格式文件、面向快速成型设备的 STL 以及面向 Internet 和虚拟现实的 VRML（虚拟现实标记语言）接口。这些接口保证了与目前流行的 CAD 软件进行双向数据交换，使企业可以跨平台和跨地域与合作伙伴进行虚拟产品的开发和生产。

13.2　CAXA 制造工程师用户界面

　　界面是交互式 CAD/CAM 软件与用户进行交流的中介。系统通过界面反映当前信息状态及将要执行的操作，用户按照界面提供的信息做出判断，并经由输入设备进行下一步的操作。

　　CAXA 制造工程师 2023 的用户界面（见图 13-3）和其他 Windows 风格的软件一样，各种应用功能通过菜单和工具栏驱动，状态栏指导用户进行操作并提示当前状态和所处位置，使用设计环境设计树 / 加工设计树记录历史操作和相关系，绘图区显示各种功能操作的结果。同时，绘图区和设计环境设计树 / 加工设计树为用户提供了数据交互功能。

　　CAXA 制造工程师 2023 功能区中每一个按钮都对应一个菜单命令，单击按钮和执行菜单命令的操作是一样的。

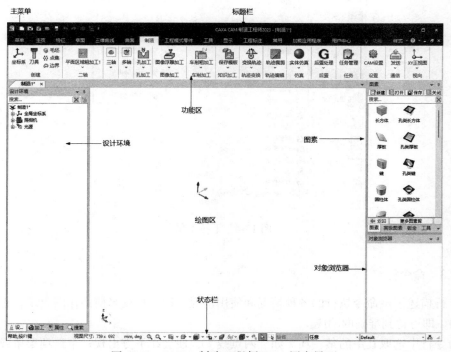

图 13-3　CAXA 制造工程师 2023 用户界面

13.2.1　绘图区

　　绘图区是用户进行绘图设计的工作区域，如图 13-3 所示的中间空白区域。它位于程序界面的中心部分，并且占据了大部分面积，广阔的绘图区模型提供了良好的显示环境。

在绘图区的中央设置了一个三维直角坐标系，该坐标称为世界坐标系。它的坐标原点为（0,0,0）。用户在操作过程中使用的所有坐标系均以此坐标系的原点为基准。

13.2.2　主菜单

主菜单包括文件、编辑、显示、造型、加工、工具、设置和帮助。每个菜单都含有若干个下拉菜单。

单击主菜单中的任意一个菜单，都会弹出一个下拉菜单，如图 13-4 所示。光标指针指向某一个菜单项时会弹出其子菜单。

执行"生成"｜"曲线"｜"直线"命令，界面左侧设计树下面会弹出一个命令行，并在状态栏中显示相应的操作提示和执行命令状态。对于除命令行和工具点菜单以外的其他菜单来说，某些菜单选项要求用户以对话的形式给予回答。单击这些菜单时，系统会弹出一个对话框，用户可根据当前操作做出响应。

图 13-4　下拉菜单

13.2.3　命令行

命令行描述了该命令执行的各种情况和使用情况。用户根据当前的作图要求，正确地选择某一选项，即可得到准确的响应。

在命令行中选取其中的某一项（如"两点线"），便会在下方出现一个选项菜单或者改变该项的内容。

13.2.4　快捷菜单

光标处于不同位置时右击，会弹出不同的快捷菜单。熟练地使用快捷菜单，可以提高绘图速度。将光标移动到设计树中 XY、YZ、XZ 三个基准平面上右击，弹出的快捷菜单如图 13-5a 所示。

図 13-5　快捷菜单

将光标移动到设计树的草图上右击，弹出的快捷菜单如图 13-5b 所示。

将光标移动到设计树中的特征上右击，弹出的快捷菜单如图 13-5c 所示。

将光标移动到绘图区的实体上右击，弹出的快捷菜单如图 13-5d 所示。

在非草图状态下单击曲线，再右击，弹出的快捷菜单如图 13-5e 所示。

在草图状态下，拾取草图曲线右击，弹出的快捷菜单，如图 13-5f 所示。

在空间曲线、曲面上选中曲线或者加工轨迹曲线，然后单击鼠标右键，弹出的快捷菜单如图 13-5g 所示。

13.2.5 对话框

某些菜单选项要求用户以对话的形式予以回答，单击这些菜单时，系统会弹出一个对话框，如图 13-6 所示。用户可根据当前操作做出响应。

13.2.6 当前平面

当前平面是指当前的作图平面，是当前坐标系下的坐标平面，即 XY 面、YZ 面、XZ 面中的某一个，可通过按 F5、F6、F7 三个功能键进行选择。系统会在确定作图平面的同时调整视向，使用户面向该坐标平面。

系统使用连接两坐标轴正向的斜线标识当前坐标平面，如图 13-7 所示。

13.2.7 光标反馈

拾取反馈

在实体、曲面或曲线上进行"点""线""面"拾取的时候，系统通过不同的光标显示，提示用户当前所捕捉到的图形对象的类型。此时单击即可拾取到光标所提示类型的图形对象。CAXA 制造工程师所提供的拾取反馈信息包括以下几种：

当光标显示为 ⬚ 时，拾取到"实体"或"零件"。

当光标显示为 ⬚ 时，拾取到实体的一个"曲面"或"平面"。

当光标显示为 ⬚ 时，拾取到实体的一条"棱边"。

当光标显示为 ⬚ 时，拾取到点。

13.2.8 功能区

在功能区中，可以通过单击相应的按钮进行操作，界面上的选项卡包括：

（1）"主页"选项卡：包含了"新文件"面板、"命令"面板和"保存"面板，如图 13-8 所示。

（2）"特征"选项卡：包含了"参考"面板、"特征"面板、"特征移除"面板、"快速生成图素"面板和"修改"面板等，如图 13-9 所示。

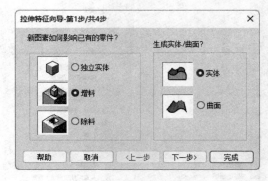

图 13-6　对话框

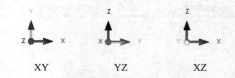

图 13-7　当前坐标平面

图 13-8　"主页"选项卡

图 13-9　"特征"选项卡

（3）"草图"选项卡：包含了"草图"面板、"绘制"面板、"修改"面板、"约束"面板和"显示"面板，如图 13-10 所示。

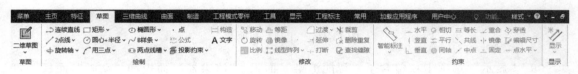

图 13-10　"草图"选项卡

（4）"三维曲线"选项卡：包含了"绘制"面板、"修改"面板和"约束"面板等，如图 13-11 所示。

图 13-11　"三维曲线"选项卡

（5）"曲面"选项卡：包含了"曲面"面板和"曲面编辑"面板，如图 13-12 所示。

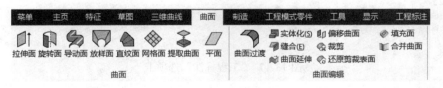

图 13-12　"曲面"选项卡

（6）"制造"选项卡：包含了"创建"面板、"二轴"面板、"孔加工"面板、"图像加工"面板和"车削加工"面板等，如图 13-13 所示。

（7）"工程模式零件"选项卡：包含了"基准操作"面板、"体操作"面板、"零件类型模式"面板等，如图 13-14 所示。

（8）"工具"选项卡：包含了"定位"面板、"检查"面板和"明细表"面板等按钮，如图 13-15 所示。

图 13-13 "制造"选项卡

图 13-14 "工程模式零件"选项卡

图 13-15 "工具"选项卡

（9）"显示"选项卡：包含了"智能渲染"面板、"渲染器"面板和"动画"面板，如图 13-16 所示。

图 13-16 "显示"选项卡

（10）"工程标注"选项卡：包含了"尺寸"面板、"文字"面板和"COG Display"面板，如图 13-17 所示。

图 13-17 "工程标注"选项卡

（11）"常用"选项卡：包含了"编辑"面板、"显示"面板、"格式"面板、"设计元素"面板和"窗口"面板，如图 13-18 所示。

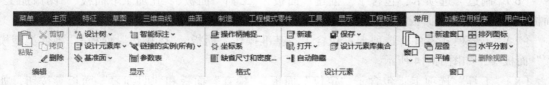

图 13-18 "常用"选项卡

（12）树管理器：

1）设计环境设计树。设计环境设计树记录了零件生成的操作步骤，用户可以直接在设计树中对零件特征进行编辑，如图 13-19 所示。

2）加工设计树。加工设计树记录了所生成刀具轨迹的刀具、几何元素和加工参数等信息，用户可以在加工设计树上编辑上述信息，如图 13-20 所示。

3）属性设计树。属性设计树显示元素属性查询的信息，支持曲线、曲面的最大和最小曲率半径、圆弧半径等，如图 13-21 所示。

图 13-19　设计环境设计树

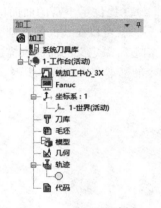

图 13-20　加工设计树

图 13-21　属性设计树

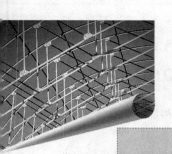

第 **14** 章

曲面造型

　　CAXA 制造工程师 2023 提供了丰富的曲面造型方式，在构造完毕决定曲面形状的关键线框后，就可以在线框的基础上，选用各种曲面的生成和编辑方法，在线框上构造所需定义的曲面来描述零件的外表面。本章将系统地讲解各种曲面命令的基本功能和操作步骤。

重点与难点

- 曲面生成
- 曲面编辑

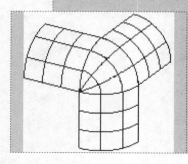

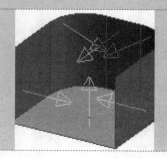

14.1 曲面生成

根据曲面特征线的不同组合方式，可以组织不同的曲面生成方式。

14.1.1 直纹面

直纹面是由一根直线两端点分别在两曲线上匀速运动而形成的轨迹曲面。直纹面生成有曲线 - 曲线、曲线 - 点、曲线 - 面和垂直于面 4 种方式，如图 14-1 所示。

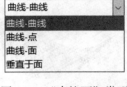

图 14-1 "直纹面"类型

1. 曲线 - 曲线

该方式是在两条自由曲线之间生成直纹面。操作步骤如下：

1）执行"生成"｜"曲面"｜"直纹面"命令或者单击"曲面"选项卡"曲面"面板中的"直纹面"按钮。

2）在命令行中选择"曲线 - 曲线"方式。

3）按提示选择两条曲线，单击 ✔ 按钮直纹面完成，如图 14-2 所示。

图 14-2 "曲线 - 曲线"方式生成直纹面

2. 曲线 - 点

该方式是在一点和一条曲线之间生成直纹面。操作步骤如下：

1）单击"曲面"选项卡"曲面"面板中的"直纹面"按钮，在命令行里选择"曲线 - 点"方式。

2）按提示选择一个点和一条曲线，单击 ✔ 按钮直纹面完成，如图 14-3 所示。

3. 曲线 - 面

该方式是在一条曲线和一个平面之间生成直纹面。操作步骤如下：

1）单击"曲面"选项卡"曲面"面板中的"直纹面"按钮，在命令行里选择"曲线 - 面"方式。

2）按提示选择曲面、曲线和方向，直纹面完成，如图 14-4 所示。

图 14-3 "曲线 - 点"方式生成直纹面

图 14-4 "曲线 - 面"方式生成直纹面

4. 垂直于面

该方式是通过一条曲线生成垂直于一个平面的直纹面。操作步骤如下：

1）单击"曲面"选项卡"曲面"面板中的"直纹面"按钮👆，在命令行里选择"垂直于面"方式。

2）按提示选择曲面、曲线和方向，单击✔按钮直纹面完成，如图 14-5 所示。

图 14-5 "垂直于面"方式生成直纹面

📖 14.1.2 旋转面

旋转面是按指定的起始角度和终止角度将曲线绕旋转轴旋转而生成的轨迹曲面。操作步骤如下：

1）执行"生成"│"曲面"│"旋转面"命令或者单击"曲面"选项卡"曲面"面板中的"旋转面"按钮📖。

2）在命令行里设置旋转起始角度和旋转终止角度，默认值为 0 和 360，即旋转一周。

3）按状态栏提示，选取空间线为旋转轴线并确定方向，方向将决定素线的旋转方向，箭头与素线旋转方向遵循右手螺旋法则，如图 14-6 所示。

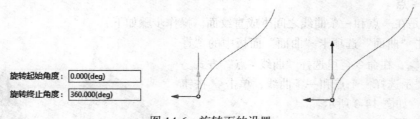

图 14-6 旋转面的设置

4）选择母线后单击✔按钮生成旋转面，如图 14-7a 所示。图 14-7b 所示为旋转起始角度为 0°、旋转终止角度为 180° 的情况。

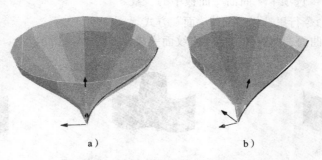

图 14-7 旋转面的生成过程

14.1.3　拉伸面

拉伸面是将二维封闭草图或平面沿指定方向以一定的锥度扫描生成为三维曲面。操作步骤如下：

1）执行"生成"｜"曲面"｜"拉伸面"命令或者单击"曲面"选项卡"曲面"面板中的"拉伸面"按钮📄。

2）选择平面或者草图。

3）根据需要在命令行中选择"方向 1 的深度"的方式，输入"拔模值""高度值"等参数。

4）拾取一条边或者空间曲线为拉伸方向，单击✔按钮完成面的拉伸，如图 14-8 所示。

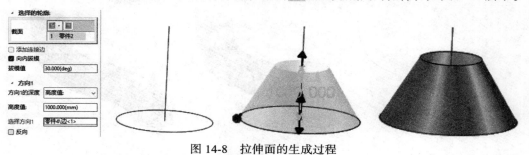

图 14-8　拉伸面的生成过程

14.1.4　导动面

导动面是让特征截面线沿着特征轨迹线的某一个方向扫描生成的曲面。导动面的生成方式如图 14-9 所示，可选择需要的生成方式。

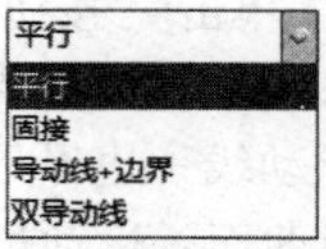

截面线用来控制曲面一个方向上的形状，它的运动轨迹形成了导动面。截面线可以是曲面边界线或是曲面与平面的交线。

图 14-9　导动面的生成方式

1. 平行导动

平行导动是指截面线沿导动线的趋势始终平行地移动而生成曲面。截面线在运动过程中没有任何旋转。操作步骤如下：

1）执行"生成"｜"曲面"｜"导动面"命令或者单击"曲面"选项卡"曲面"面板中的"导动面"按钮🌮。在命令行里选择"平行"方式。

2）拾取截面（小圆），如图 14-10a 所示。

3）拾取导动线（曲线），选择方向，如图 14-10b 所示。

4）单击✔按钮完成导动面的生成，如图 14-10c 所示。

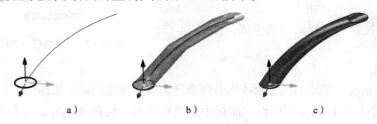

a)　　　　　　　　　b)　　　　　　　　　c)

图 14-10　导动面的生成过程 1

2. 固接导动

固接导动是指在导动过程中，截面线和导动线保持固接关系，即让截面线平面与导动线的切矢方向保持相对角度不变，而且截面线在自身相对坐标中的位置保持不变，截面线沿导动线变化的趋势导动生成曲面。操作步骤如下：

1）单击"曲面"选项卡"曲面"面板中的"导动面"按钮 🥯，在命令行里选择"固接"方式。

2）拾取截面（圆），如图 14-11a 所示。

3）拾取导动线（样条曲线），选择方向，如图 14-11b 所示。

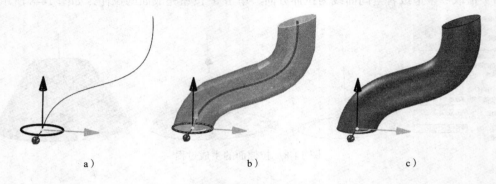

a)   b)   c)

图 14-11   导动面的生成过程 2

4）单击 ✔ 按钮完成导动面的生成，如图 14-11c 所示。

3. 导动线 + 边界

导动线 + 边界是指截面线按以下规则沿一条导动线生成曲面：运动过程中截面线平面始终与导动线垂直；运动过程中截面线平面与两边界线需要有两个交点；对截面线进行缩放，将截面线横跨于两个交点上。操作步骤如下：

1）单击"曲面"选项卡"曲面"面板中的"导动面"按钮 🥯，在命令行里选择"导动线 + 边界"方式。

2）选择"高度类型"为"固接"如图 14-12 所示。

3）拾取截面，如图 14-13a 所示。

4）拾取导动线（过原点的线）和两条边界线并选择导动方向，如图 14-13b 所示。

5）单击 ✔ 按钮完成导动面的生成，如图 14-13c 所示。

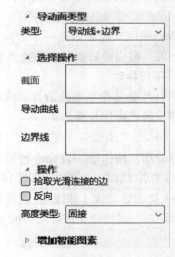

图 14-12   "导动线 + 边界"命令管理栏

4. 双导动线

双导动线是指将一条或两条截面线沿着两条导动线匀速地扫动生成曲面。操作步骤如下：

1）单击"曲面"选项卡"曲面"面板中的"导动面"按钮 🥯，在命令行里选择"双导动线"方式。

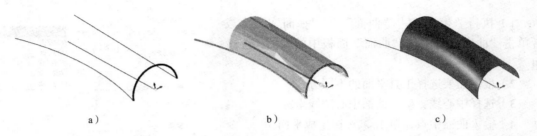

图 14-13 导动面的生成过程 3

2）选择"高度类型"为"固接"如图 14-14 所示。

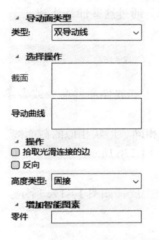

图 14-14 "双导动线"命令管理栏

3）拾取截面，如图 14-15a 所示。

4）选择第两条导动线，并选择导动方向，如图 14-15b 所示。

5）单击 ✔ 按钮完成导动面的生成，如图 14-15c 所示。

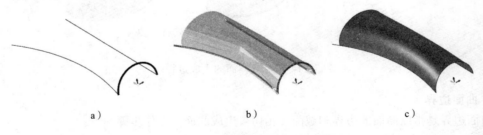

图 14-15 导动面的生成过程 4

14.1.5 平面

平面是可以通过三点平面、向量平面、曲线平面、坐标平面等多种方式创建指定大小的平面。工具平面共有 6 种生成方式，如图 14-16 所示。操作步骤如下：

1）执行"生成"｜"曲面"｜"平面"命令或者单击"曲面"选项卡"曲面"面板中的"平面"按钮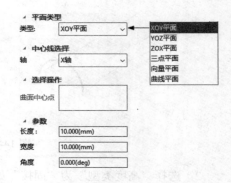

2）根据需要选择工具平面的不同方式。

3）选择中心线，确定曲面中心法线坐标。

4）输入曲面中点，单击 ✔ 按钮生成平面。

图 14-16 "平面"命令管理栏

14.1.6 放样面

以一组互不相交、方向相同、形状相似的特征线（或截面线）为骨架进行形状控制，通过这些曲线生成的曲面为放样面。

1. 截面曲线

操作步骤如下：

1）执行"生成"｜"曲面"｜"放样面"命令或者单击"曲面"选项卡"曲面"面板中的"放样面"按钮。

2）绘制一组互不相交、方向相同、形状相似的截面线，如图 14-17a 所示。

3）拾取一组放样曲线，如图 14-17b 所示。

4）选择封闭或者不封闭放样。

5）单击 ✔ 按钮完成放样面的生成，如图 14-17c 所示。

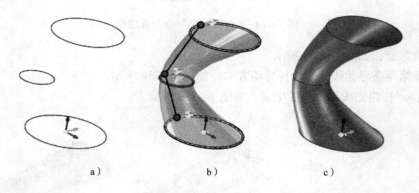

a）　　　　　　　　b）　　　　　　　　c）

图 14-17　放样面的生成过程

2. 曲面边界

曲面边界是指以曲面的边界和截面线相切来生成曲面。操作步骤如下：

1）单击"曲面"选项卡"曲面"面板中的"放样面"按钮。

2）在第一个曲面上选取边界线。

3）按提示拾取空间曲线为截面曲线。

4）在第二个曲面上拾取边界线，单击 ✔ 按钮，生成曲面边界方式的放样面，如图 14-18 所示。

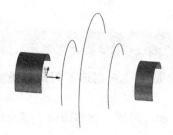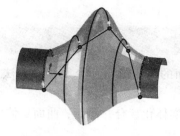

图 14-18 放样面（曲面边界）

📖 14.1.7 网格面

以网格曲线为骨架，蒙上自由曲面生成的曲面称为网格面。网格曲线是由特征线组成横竖相交线，由其生成的网格面如图 14-19 所示。操作步骤如下：

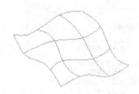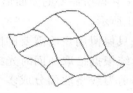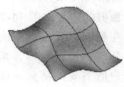

图 14-19 网格面

1）执行"生成"｜"曲面"｜"网格面"命令或者单击"曲面"选项卡"曲面"面板中的"网格面"按钮◈。

2）拾取空间曲线为 U 向截面线，依此顺序选择曲线。

3）拾取空间曲线为 V 向截面线，依此顺序选择曲线，单击✔按钮完成操作。

📖 14.1.8 提取曲面

提取曲面是指把通过特征生成的实体表面提取出来而形成一个独立的曲面。操作步骤如下：

1）执行"生成"｜"曲面"｜"提取曲面"命令或者单击"曲面"选项卡"曲面"面板中的"提取曲面"按钮🖿。

2）按提示拾取实体表面，单击✔按钮完成曲面的提取，如图 14-20 所示。

图 14-20 提取曲面

14.2 曲面编辑

曲面编辑主要讲述有关曲面的常用编辑命令及操作方法，是 CAXA 制造工程师的重要功能。

曲面编辑包括裁剪、缝合、实体化、合并曲面、曲面延伸、曲面过渡、偏移曲面、填充面和还原剪裁表面 9 种功能。

14.2.1 裁剪

裁剪是对生成的曲面或者体进行修剪，去掉不需要的部分。

在曲面裁剪功能中，可以选用各种元素，包括各种曲线和曲面来修理和剪裁曲面，获得所需要的曲面形态。

裁剪的命令如图 14-21 所示。

在裁剪方式中，系统只保留用户所需要的曲面部分，其他部分将都被裁剪掉。系统根据拾取曲面时光标的位置来确定用户所需要的部分，即剪刀线将曲面分成多个部分，用户在拾取曲面时单击哪个曲面部分，就保留哪一部分。

1. 用曲线裁剪曲面

用曲线裁剪曲面是将空间曲线沿给定的固定方向投影到曲面上，形成剪刀线来裁剪曲面。操作步骤如下：

1）绘制一个曲面和一条空间曲线，如图 14-22a 所示。

2）执行"修改"｜"曲面"｜"裁剪"命令或者单击"曲面"选项卡"曲面编辑"面板中的"裁剪"按钮 。

3）选择曲面为目标零件，空间曲线为元素，如图 14-22b 所示。

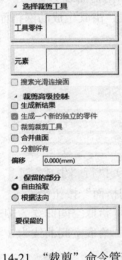

图 14-21 "裁剪"命令管理栏

4）选择要保留的部分，单击 按钮完成曲线裁剪曲面，如图 14-22c 所示。

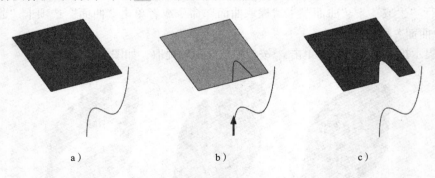

a)   b)   c)

图 14-22 曲线裁剪曲面的过程

2. 用曲面裁剪曲面

曲面裁剪曲面是对剪刀曲面和被裁剪曲面求交，用求得的交线作为剪刀线来裁剪曲面。操作步骤如下：

1）绘制两个相交的曲面，如图 14-23a 所示。

2）单击"曲面"选项卡"曲面编辑"面板中的"裁剪"按钮 。

3）拾取被裁剪的曲面和剪刀曲面，如图 14-23b 所示。

4）选择要保留的部分，单击 ✔ 按钮完成曲面的裁剪，如图 14-23c 所示。

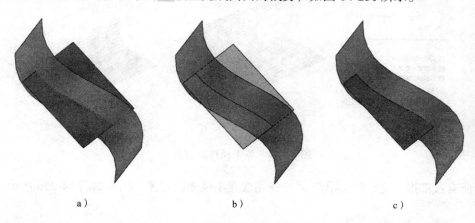

a）　　　　　　　　　　　b）　　　　　　　　　　　c）

图 14-23　曲面裁剪曲面的过程

14.2.2　曲面过渡

曲面过渡可在给定的曲面之间以一定的方式作给定半径或半径规律的圆弧过渡面，以实现曲面之间的光滑过渡。曲面过渡就是用截面为圆弧的曲面将两个曲面光滑连接起来，过渡面不一定过原曲面的边界。

"曲面过渡"命令行如图 14-24 所示。

曲面过渡支持等半径过渡和变半径过渡。变半径过渡是指沿着过渡面半径在变化的过渡方式。不管是线性变化半径还是非线性变化半径，系统都能提供有力的支持。用户可以通过给定导引边界线或给定半径变化规律的方式来实现变半径过渡。

1. 等半径过渡

1）执行"修改"｜"曲面"｜"曲面过渡"命令或者单击"曲面"选项卡"曲面编辑"面板中的"曲面过渡"按钮 。

2）在命令行中选择"等半径"和是否裁剪曲面，输入半径值。如图 14-24a 所示。

3）拾取第一个曲面，并选择方向，如图 14-24b 所示。

4）拾取第二个曲面，并选择方向，单击 ✔ 按钮完成曲面过渡，结果如图 14-24 所示。

2. 变半径过渡

1）单击"曲面"选项卡"曲面编辑"面板中的"曲面过渡"按钮 ，在命令行中选择"变半径"和是否裁剪曲面。

2）在图 14-25a 中拾取第一个曲面并选择方向，再拾取第二个曲面并选择方向。

3）拾取参考曲线，指定曲线，如图 14-25b 所示。

4）指定参考曲线上点并定义半径，可以指定多点及其半径。指定点后，可以在对话框中输入半径值，如图 14-25c 所示。

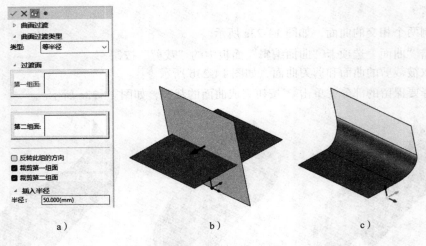

图 14-24　等半径过渡过程

5）所有点都指定完毕后，单击 ✓ 按钮完成变半径曲面过渡，结果如图 14-25d 所示。

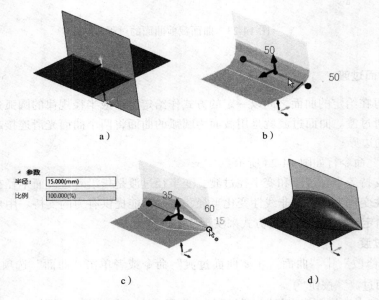

图 14-25　变半径过渡过程

3. 曲线曲面过渡

一个曲面和一条曲线生成曲面过渡。控制过渡的半径值。当不能通过传统的相交或者过渡命令生成过渡的时候，这个过渡生成工具允许生成过渡。操作步骤如下：

1）单击"曲面"选项卡"曲面编辑"面板中的"曲面过渡"按钮 🐦，在命令行中选择"曲线曲面"方式。

2）拾取需要过渡的曲面并选择方向，如图 14-26a 所示。

3）输入半径值并选择过渡到的曲线，如图 14-26b 所示。

4）单击 ✔ 按钮完成曲线曲面过渡，如图 14-26c 所示。

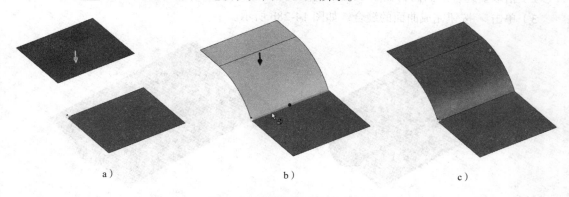

　　a)　　　　　　　　　　　b)　　　　　　　　　　　c)

图 14-26　曲线曲面过渡过程

4. 曲面上线过渡

　　曲面上线过渡是在为两曲面作过渡面时，指定第一曲面上的一条线为过渡面的导引边界线的过渡方式。系统生成的过渡面将和两个曲面相切，并以导引线为过渡面的一个边界，即过渡面过此导引线和第一曲面相切。操作步骤如下：

　　1）单击"曲面"选项卡"曲面编辑"面板中的"曲面过渡"按钮 🖐，在命令行中选择"曲面上线"方式。

　　2）拾取第一个曲面，单击所选方向。拾取第二个曲面，单击所选方向，如图 14-27a 所示。

　　3）拾取曲线（引导线），如图 14-27b 所示。

　　4）单击 ✔ 按钮完成曲面上线过渡，如图 14-27c 所示。

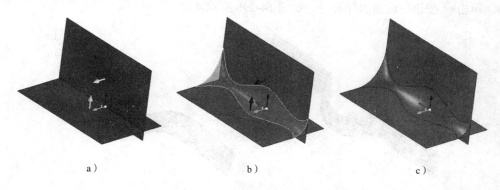

　　a)　　　　　　　　　　　b)　　　　　　　　　　　c)

图 14-27　曲面上线过渡过程

📖 14.2.3　缝合

　　曲面缝合是将多个曲面缝合到一起，如果这些曲面可以构成封闭的体，则自动将它缝合为一个整体。

　　操作步骤如下：

　　1）执行"修改"｜"曲面"｜"缝合"命令或者单击"曲面"选项卡"曲面编辑"面板中的"缝合"按钮 ⬚。

2）拾取要缝合的曲面，如图 14-28a 所示。

3）单击 ✅ 按钮完成曲面的缝合，如图 14-28b 所示。

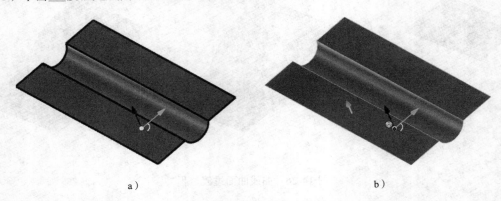

a) 　　　　　　　　　　　　　　　　　　b)

图 14-28　曲面缝合过程

📖 14.2.4　合并曲面

合并曲面是将多个曲面光滑的合并成一个曲面。

操作步骤如下：

1）执行"修改"｜"曲面"｜"合并曲面"命令或者单击"曲面"选项卡"曲面编辑"面板中的"合并曲面"按钮 📕 。

2）拾取要合并的曲面，如图 14-29a 所示。

3）单击 ✅ 按钮完成曲面的合并，如图 14-29b 所示。

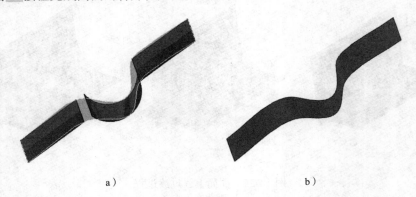

a) 　　　　　　　　　　　　　　　b)

图 14-29　合并曲面过程

📖 14.2.5　曲面延伸

在应用中有时会遇到所作的曲面短或窄、无法进行一些操作的情况。这时就需要把曲面扩大。利用曲面延伸就可以解决这种问题。

曲面延伸就是把原曲面按所给长度沿相切的方向延伸出去，扩大曲面。

1）执行"修改"｜"曲面"｜"曲面延伸"命令或者单击"曲面"选项卡"曲面编辑"

面板中的"曲面延伸"按钮 🐟 。

2）拾取需要延伸曲面的延伸边，如图 14-30a 所示。

3）在"长度"命令行输入延伸的长度，如图 14-30b 所示。

4）单击 ✔ 按钮完成曲面的延伸，如图 14-30c 所示。

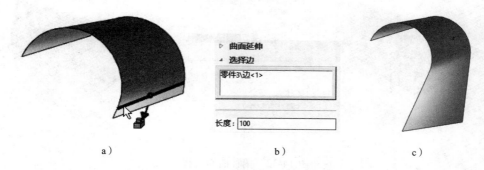

图 14-30　曲面延伸过程

📖 14.2.6　实体化

实体化是将构成构成封闭体的多个曲面转换成实体模型，也支持将曲面和实体构成的封闭体转化成实体模型。

操作步骤如下：

1）执行"修改"｜"曲面"｜"实体化"命令或者单击"曲面"选项卡"曲面编辑"面板中的"实体化"按钮 📦 。

2）拾取要实体化的曲面，如图 14-31a 所示。

3）拾取构成封闭体的全部曲面，单击 ✔ 按钮完成实体化，如图 14-31b 所示。

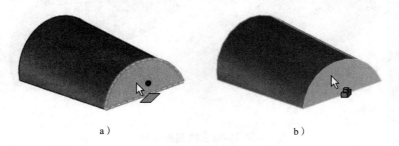

图 14-31　实体化过程

📖 14.2.7　偏移曲面

偏移曲面是将已有曲面或实体表面按照偏移一定距离的方式生成新的曲面。

操作步骤如下：

1）执行"修改"｜"曲面"｜"偏移曲面"命令或者单击"曲面"选项卡"曲面编辑"面板中的"偏移曲面"按钮 📖 。

2）拾取要偏移的曲面，如图 14-32a 所示。

3）在"长度"命令行输入偏移的长度，如图 14-32b 所示。

4）单击 ✓ 按钮完成实体化，如图 14-32c 所示。

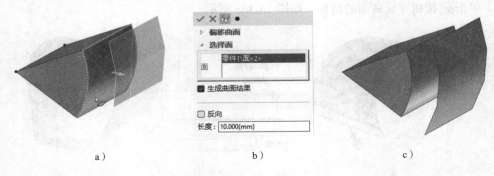

a)   b)   c)

图 14-32　偏移曲面过程

14.2.8　填充面

填充面是将多个封闭连接的曲线生成一个封闭曲面。

操作步骤如下：

1）执行"修改"｜"曲面"｜"填充面"命令或者单击"曲面"选项卡"曲面编辑"面板中的"填充面"按钮 。

2）拾取封闭连接的各个曲线，如图 14-33a 所示。

3）单击 ✓ 按钮完成面的填充，如图 14-33b 所示。

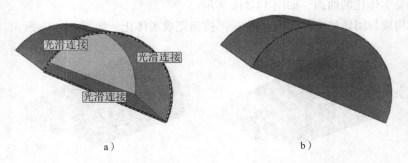

a)   b)

图 14-33　填充面过程

14.2.9　还原剪裁表面

还原剪裁表面是将拾取到的曲面裁剪部分恢复到没有裁剪的状态。如果拾取的裁剪边界是内边界，系统将取消对该边界施加的裁剪；如果拾取的是外边界，系统将把外边界恢复到原始边界状态。操作步骤如下：

1）执行"修改"｜"曲面"｜"还原剪裁表面"命令或者单击"曲面"选项卡"曲面编辑"面板中的"还原剪裁表面"按钮 。

2）拾取曲面，单击 ✓ 按钮完成裁剪恢复。

第 **15** 章

实体造型

　　特征实体造型是 CAXA 制造工程师 2023 的重要组成部分。CAXA 制造工程师 2023 采用精确的特征实体造型技术，完全抛弃了传统的体素合并和交、并、差的繁琐方式，将设计信息用特征术语来描述，使整个设计过程更直观、简单、准确。

　　通常的特征包括孔、槽、型腔、点、凸台、圆柱体、块、圆锥体、球体和管子等。CAXA 制造工程师 2023 可以方便地建立和管理这些特征信息。本章将学习各种实体造型的方法和技巧，以及各个命令中应该注意的事项。

重点与难点

- 草图
- 特征生成
- 特征处理

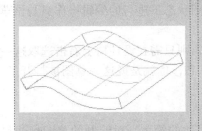
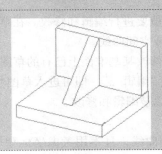
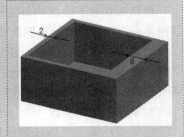

15.1 草图

草图也称为轮廓，是生成三维实体必须依赖的封闭曲线的组合。草图是为特征造型准备的一个平面图形。草图绘制是特征实体造型的关键步骤。

15.1.1 基准面

1. 确定基准面

草图必须依赖于一个基准面，开始绘制一个新草图前必须选择一个基准面。基准面可以是设计树中已有的坐标平面（如 XOY、XOZ、YOZ 坐标平面），也可以是实体表面的某个平面，还可以是构造出来的平面。如果在没有确定基准面时单击"二维草图"按钮 ，则会在屏幕左端弹出命令管理栏，要求必须选择一个绘制草图的平面。

2. 选择基准面

实现选择基准面很简单，只要选中设计树中平面（包括两个坐标平面和构造的平面）的任何一个，或选择实体的某一个表面就可以了。

3. 构造基准面

基准面是绘制草图的基础。CAXA 制造工程师 2023 提供了如图 15-1 所示的 10 种构造基准面的方式，可以方便、灵活地构造需要的基准面，从而大大提高了实体造型的速度。

图 15-1 "构造基准面"命令管理栏

15.1.2 草图操作

1. 草图绘制

选择一个基准面或一个实体面，单击"二维草图"按钮 ，单击 按钮，进入草图状态，然后就可以利用曲线生成命令绘制需要的草图了。草图的绘制可以通过两种方法进行：第一种是先绘制出图形的大致形状，然后通过草图参数化命令对图形进行修改，最终得到需要的图形；第二种是直接按照尺寸精确作图。通常两种方法会同时使用。

2. 编辑草图

在草图状态下绘制的草图一般要进行编辑和修改。在草图状态下进行的编辑操作只与该草图相关，不能编辑其他草图曲线或空间曲线。

如果退出草图状态后，还想修改某基准面上已有的草图，则只需在设计树上右击选取这一草图，在弹出的快捷菜单中选择"编辑 ..."，即可进入草图状态，也就是说这一草图被打开了。草图只有处于打开状态时，才可以被编辑和修改。

3. 草图参数化修改

在草图环境下可以任意绘制曲线，且不用考虑坐标和尺寸的约束。对绘制的草图标注尺寸，只需改变其数值，草图就会随着给定的尺寸值而变化，达到最终希望的精确形状，这就是草图参数化命令，也就是"草图"选项卡"约束"面板的命令。CAXA 制造工程师还可以直接读取非参数化的 EXB、DW、DWG 等格式的图形文件，在草图中对其进行参数化重建。草图参数化修改适用于图形的几何关系保持不变，只对某一尺寸进行修改。

15.2　特征生成

15.2.1　拉伸

拉伸是将一个轮廓曲线根据指定的距离做拉伸操作，生成一个增加材料的特征。操作步骤如下：

1）执行"生成"｜"特征"｜"拉伸"命令，或者单击"特征"选项卡"特征"面板中的"拉伸"按钮，弹出"拉伸"命令管理栏，如图 15-2 所示。

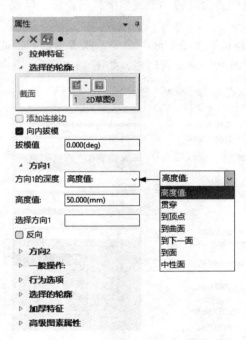

图 15-2　"拉伸"命令管理栏

2）选取"方向 1 的深度"类型，输入不同类型下各种所需的参数值，单击 ✔ 按钮完成操作。

◆ "方向 1/ 方向 2 的深度"类型：
　　➢ 高度值：是指按照给定的高度值进行单向的拉伸。
　　➢ 贯穿：拉伸穿过选定的元素。
　　➢ 到顶点：拉伸到一个点。
　　➢ 到曲面：是指拉伸位置以曲面为结束点进行拉伸。

> 到下一面：是指拉伸位置到下一个面结束。
> 到面：是指拉伸到所选择的面。
> 中性面：是指按照给定的高度值以拉伸元素为基准双向拉伸。

◆ 高度值：是指拉伸的尺寸值。可以直接输入所需的数值，也可以单击微调按钮来调节。
◆ 截面：是指对需要拉伸的草图的选取。
◆ 反向：是指以与默认方向相反的方向拉伸。
◆ 拔模值：是指使拉伸的实体带有锥度。
◆ 角度：是指拔模时母线与中心线的夹角。
◆ 向内拔模：勾选"向内拔模"，然后输入"拔模值"，在拉伸的同时进行拔模，生成一个有拔模斜度的拉伸零件。
◆ 生成曲面：拉伸得到的不是一个实体，而是一个曲面。

15.2.2　旋转

旋转是通过围绕一条空间直线旋转一个或多个封闭轮廓，生成一个增加材料的特征。操作步骤如下：

1）执行"生成"｜"特征"｜"旋转"命令，或者单击"特征"选项卡"特征"面板中的"旋转"按钮，弹出"旋转"命令管理栏，如图 15-3 所示。

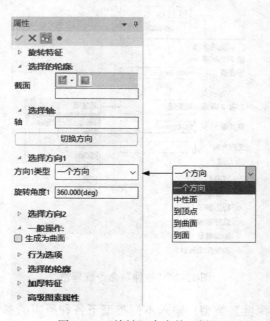

图 15-3　"旋转"命令管理栏

2）选取旋转类型，输入角度，拾取草图和轴线，单击 ✔ 按钮完成操作。
◆ 方向 1/ 方向 2 类型："一个方向""中性面""到顶点""到曲面"和"到面"5 种。
◆ 旋转角度 1/ 旋转角度 2：是指旋转的尺寸值。可以直接输入所需数值，也可以单击微调按钮来调节。

◆ 轴：旋转轴。

◆ 切换方向：是指以与默认方向相反的方向旋转。

◆ 截面：是指对需要旋转的草图和轴线的选取。

◆ 生成为曲面：旋转得到的不是一个实体，而是一个曲面。

📖 15.2.3　放样

放样即根据多个截面线轮廓生成一个实体。截面线应为草图轮廓。操作步骤如下：

1）执行菜单"生成"｜"特征"｜"放样"命令，或者单击"特征"选项卡"特征"面板中的"放样"按钮🛡，屏幕左端弹出"放样"命令管理栏，如图 15-4a 所示。

2）选取轮廓线，如图 15-4b 所示。

3）单击✔按钮完成操作，如图 15-4c 所示。

◆ 截面：是指需要放样的草图外形。

◆ 中心线：选择一条曲线作为中心线，所有中间截面的草图基准面都与此中心线垂直。

◆ 引导线：引导线可以控制所生成的中间轮廓。

◆ 生成为曲面：放样得到的不是一个实体，而是一个曲面。

◆ 封闭放样：自动连接最后一个和第一个草图，沿放样方向生成一闭合实体。

◆ 合并 G1 连续的面片：如果相邻面是 G1 连续的，则在所生成的放样中的进行曲面合并。

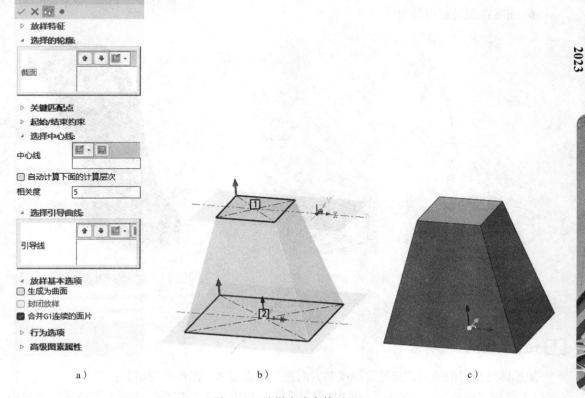

图 15-4　放样生成实体过程

15.2.4 扫描

扫描即将某一截面曲线或轮廓线沿着另外一条轨迹线运动生成一个特征实体。截面线应为封闭的草图轮廓，截面线的运动形成了扫描曲面或实体。操作步骤如下：

1）执行"生成"｜"特征"｜"扫描"命令，或者单击"特征"选项卡"特征"面板中的"扫描"按钮 🥭，弹出"扫描"命令管理栏，如图 15-5 所示。

2）拾取截面草图，如图 15-6a 所示。

3）拾取空间曲线为路径线，如图 15-6b 所示。

4）单击 ✔ 按钮完成扫描实体的生成，如图 15-6c 所示。

◆ 截面：指需要扫描的草图，截面线应为封闭的草图轮廓。

◆ 路径：指草图扫描所沿的路径。

◆ 允许尖角：勾选这个选项允许扫描轨迹存在尖角。

◆ 对齐方向：可以选择每个扫描平面与截面平行还是沿路径与路径线垂直。

◆ 扭转截面：此选项与下面的"角度"选项相关。选择沿哪一个方向，截面扭转多少角度。

◆ 角度：扭转截面的角度。

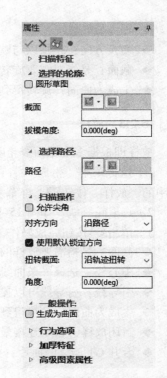

图 15-5 "扫描"命令管理栏

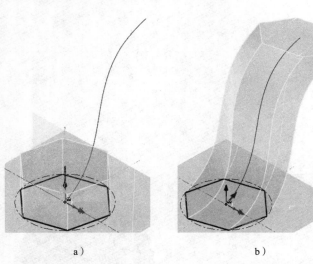

图 15-6 扫描生成实体过程

15.2.5 加厚

加厚即对指定的曲面按照给定厚度和方向进行生成实体。操作步骤如下：

1）执行"生成"｜"特征"｜"加厚"命令，或者单击"特征"选项卡"特征"面板中的"加厚"按钮 🥭，弹出"加厚"命令管理栏，如图 15-7a 所示。

2）拾取曲面，如图 15-7b 所示。

3）输入厚度值，选取方向，单击 ✔ 按钮完成操作，如图 15-7c 所示。

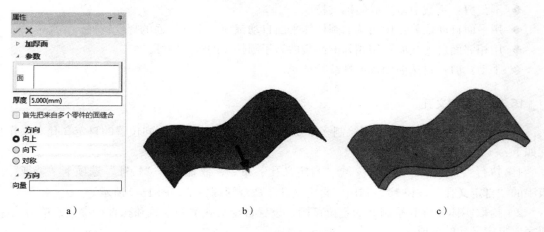

a)　　　　　　　　　　　b)　　　　　　　　　　　c)

图 15-7　加厚曲面过程

◆ 面：是指需要加厚的曲面。

◆ 厚度：输入需要加厚的厚度值。

◆ 方向：选择加厚的方向，可以向上、向下或对称。

📖 15.2.6　螺纹

螺纹可以在一个圆柱面或圆锥面上生成真实的螺纹特征。操作步骤如下：

1）执行"生成"｜"特征"｜"螺纹"命令，或者单击"特征"选项卡"特征"面板中的"螺纹"按钮 🞐，弹出"螺纹"命令管理栏，如图 15-8 所示。

2）设置螺纹定义参数，拾取螺纹草图和需要生成螺纹的圆柱或者圆锥面，单击 ✔ 按钮完成操作。

◆ 材料：决定螺纹是添加还是删除。

◆ 节距：选择节距类型，等半径还是变半径。

◆ 螺纹方向：选择螺纹方向，左旋还是右旋。

◆ 起始螺距：开始时的螺距。

◆ 终止螺距：针对于变螺距螺纹，输入终止时的螺距。

◆ 螺纹长度：螺纹特征的长度。

◆ 起始距离：螺纹特征开始的位置。正值则开始于圆柱体上一段距离，负值则超出圆柱体一段距离。

◆ 反转方向：使螺纹反向。

◆ 分段生成：使用此选项可生成自相交的螺纹特征，即螺距等于齿形高度的螺纹。

◆ 草图：螺纹截面

图 15-8　"螺纹"命令管理栏

- ◆ 曲面：生成螺纹的面
- ◆ 收尾（0-1）：0 是没有收尾，1 是一圈收尾。
- ◆ 不裁剪：不裁剪多生成的螺纹特征。
- ◆ 用平面自动裁剪：用两端的圆柱体平面自动裁剪高于圆柱面的螺纹特征。
- ◆ 用相邻面自动裁剪：用相邻的面裁剪高于圆柱面的螺纹特征。
- ◆ 手动裁剪：自选曲面裁剪螺纹特征。

📖 15.2.7　自定义孔

自定义孔可以利用二维草图绘制多个点位，一次性生成多个不同位置的自定义孔。操作步骤如下：

1）执行"生成"｜"特征"｜"自定义孔"命令，或者单击"特征"选项卡"特征"面板中的"自定义孔"按钮 🔲，弹出"自定义孔"命令管理栏，如图 15-9 所示。

2）拾取实体零件和绘制好的定位草图，设置自定义孔类型参数和孔直径参数，单击 ✔ 按钮完成自定义孔的生成。

图 15-9　"自定义孔"命令管理栏

15.3 特征处理

📖 15.3.1 圆角过渡

圆角过渡是指以给定半径或半径规律在实体间做光滑过渡。操作步骤如下：

1）执行"修改"｜"圆角过渡"命令或者单击"特征"选项卡"修改"面板中的"圆角过渡"按钮⬡，弹出"圆角过渡"命令管理栏，如图 15-10 所示。

2）选择过渡类型，拾取需要过渡的元素，单击 ✔ 按钮完成操作。

图 15-10 "圆角过渡"命令管理栏

◆ 半径：是指过渡圆角的尺寸值。可以直接输入所需数值来调节。

◆ 过渡类型：
  ➢ 等半径：是指整条边或面以固定的尺寸值进行过渡。
  ➢ 两个点：过渡后圆角的半径值为所选择的过渡边的两个端点的半径值。
  ➢ 变半径：是指在边或面以渐变的尺寸值进行过渡，需要分别指定各点的半径。
  ➢ 等半径面过渡：在两组面之间生成等半径的过渡。
  ➢ 边线：两组面与面上的边线生成的过渡。
  ➢ 三面过渡：将零件中某一个面，经由圆角过渡改变成一个圆曲面。

📖 15.3.2 倒角

倒角是指对实体的棱边进行光滑过渡。操作步骤如下：

1）执行"修改"｜"边倒角"命令或者单击"特征"选项卡"修改"面板中的"边倒角"按钮⬡，弹出"边倒角"命令管理栏，如图 15-11 所示。

2）选择倒角类型，拾取需要倒角的元素，输入距离，单击 ✔ 按钮完成操作，结果如图 15-12 所示。

CAXA
2023

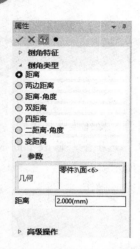

图 15-11　"边倒角"命令管理栏　　　　　　图 15-12　生成倒角

倒角类型与圆角过渡类型相似，这里就不做过多的介绍了。

◆ 几何：需要进行倒角的边或面。

◆ 距离：是指倒角边的尺寸值。可以直接输入所需数值，也可以单击微调按钮来调节。

15.3.3　筋板

筋板是指在指定位置增加加强筋。操作步骤如下：

1）单击"特征"选项卡"修改"面板中的"筋板"按钮 📐，弹出"筋板"命令管理栏，如图 15-13a 所示。

2）选取筋板加厚方式，输入"厚度"，拾取草图如图 15-13b 所示。单击 ✔ 按钮完成操作，结果如图 15-13c 所示。

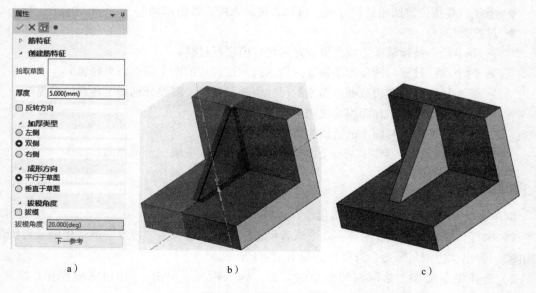

a）　　　　　　　　　　b）　　　　　　　　　　c）

图 15-13　筋板生成过程

◆ 拾取草图：拾取要生成筋板的草图轮廓。

◆ 厚度：生成筋板的厚度值。

◆ 加厚类型：分为三种加厚方式，即左侧加厚、右侧加厚和双侧加厚。

　➢ 左 / 右侧加厚：是指按照固定的方向和厚度生成实体。

　➢ 双侧加厚：是指按照相反的方向生成给定厚度的实体。厚度以草图平分。

◆ 反转方向：与默认给定的单项加厚方向相反。

◆ 成形方向：可以选择平行于草图、垂直于草图。不过筋板成形的方向，一般和加厚方向垂直。

◆ 拔模：勾选此项后可以输入拔模角度。

📖 15.3.4　抽壳

抽壳是指根据指定壳体的厚度将实心物体抽成内空的薄壳体。操作步骤如下：

1）执行"修改"｜"抽壳"命令或者单击"特征"选项卡"修改"面板中的"抽壳"按钮 ，弹出"抽壳"命令管理栏，如图 15-14 所示。

2）选取需抽去的面，输入抽壳厚度。如果各面抽壳厚度不等，则拾取多面后分别设置厚度即可。单击"确定"按钮完成操作，结果如图 15-15 所示。

图 15-14　"抽壳"命令管理栏

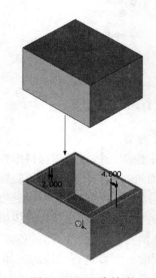

图 15-15　生成抽壳

◆ 抽壳类型：

　➢ 内部：从实体表面到实体内部抽壳。

　➢ 外部：从实体表面向外抽壳。

　➢ 两边：从所选择的实体表面中心向内向外抽壳，抽壳厚度平分。

◆ 开放面：是指要拾取并去除材料的实体表面。

◆ 厚度：是指抽壳后实体的壁厚。

◆ 单一表面厚度：选择中的表面，可以设置不同的抽壳厚度。

15.3.5　面拔模

面拔模是用来对几何面的倾斜角进行修改。操作步骤如下：

1）执行"修改"│"面拔模"命令或者单击"特征"选项卡"修改"面板中的"面拔模"按钮 ，弹出"面拔模"命令管理栏，如图 15-16 所示。

2）输入"拔模角度"，选取中立面和拔模面，单击"确定"按钮完成操作，如图 15-17 所示。

图 15-16　"面拔模"命令管理栏

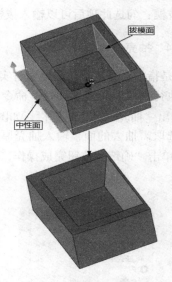

图 15-17　生成拔模特征

◆ 拔模类型：
  ➢ 中性面：拔模是指保持中性面与拔模面的交轴不变（即以此交轴为旋转轴），对拔模面进行相应拔模角度的旋转操作。
  ➢ 分模线：可以在分模线处形成拔模面。分模线可以不在平面上。
  ➢ 阶梯分模线：与分模线拔模类似。
◆ 中性面：是指拔模起始的位置。
◆ 拔模面：需要进行拔模的实体表面。
◆ 拔模角度：是指拔模面法线与中立面所夹的锐角。

15.3.6　布尔

布尔是将几个独立的零件相加相减或者相交成一个零件。操作步骤如下：

1）执行"修改"│"布尔"命令或者单击"特征"选项卡"修改"面板中的"布尔"按钮 ，弹出"布尔"命令管理栏，如图 15-18 所示。

2）选择操作类型，拾取参与布尔特征的零件 / 体，单击 ✔ 按钮完成操作，如图 15-19 所示。

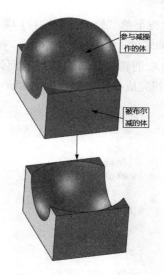

图 15-19 布尔减操作过程

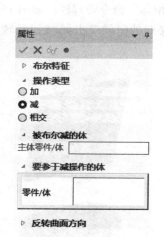

图 15-18 "布尔"命令管理栏

15.3.7 分割

分割是用一个零件去分割另一个零件。操作步骤如下：

1）执行"修改"｜"分割"命令或者单击"特征"选项卡"修改"面板中的"分割"按钮，弹出"分割"命令管理栏，如图 15-20 所示，分割操作过程如图 15-21 所示。

2）拾取目标的零件与工具零件，单击 ✓ 按钮完成操作。

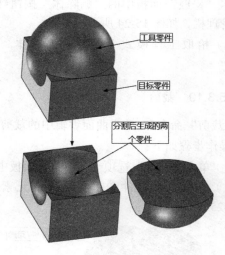

图 15-21 分割操作过程

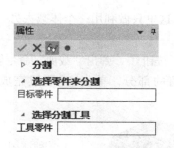

图 15-20 "分割"命令管理栏

15.3.8 拉伸零件 / 装配体

拉伸零件 / 装配体命令可以将零件或装配体按设定的基准平面向外拉伸一定的距离，此命令仅适用于创新模式下的零件。操作步骤如下：

1）执行菜单"修改"｜"拉伸零件/装配体"命令或者单击"特征"选项卡"修改"面板中的"拉伸零件/装配体"按钮，弹出"拉伸零件/装配体"命令管理栏，如图 15-22 所示。

2）拾取创新模式下零件的表面，输入拉伸距离，必要的时候单击按钮反转曲面方向，单击✓按钮完成操作，如图 15-23 所示。

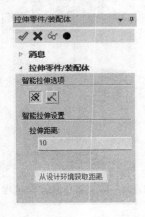

图 15-22　"拉伸零件/装配体"命令管理栏

图 15-23　拉伸零件/装配体操作过程

15.3.9　删除体

删除体是用来删除工程模式下的体。操作步骤如下：

1）执行菜单"修改"｜"删除"命令或者单击"特征"选项卡"修改"面板中的"删除体"按钮，弹出"删除体"命令管理栏，如图 15-24 所示。

2）拾取工程模式下需要删除的体，单击 ✓ 按钮完成操作。

图 15-24　"删除体"命令管理栏

15.3.10　裁剪

"裁剪"命令和 14 章曲面编辑中的裁剪命令一样，这里只做利用一个体减去另一个体的示例。操作步骤如下：

1）单击"特征"选项卡"修改"面板中的"裁剪"按钮，弹出"裁剪"命令管理栏。

2）拾取目标零件和工具零件或元素，选择保留的部分，单击 ✓ 按钮完成操作，如图 15-25 所示。

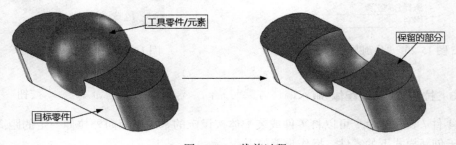

图 15-25　裁剪过程

📖 15.3.11　偏移

此命令中包含包裹偏移和偏移两个命令。

1. 包裹偏移

把曲线包裹到圆柱面上生成凸起、凹陷和分割操作。操作步骤如下：

1）执行菜单"修改"｜"包裹偏移"命令或者单击"特征"选项卡"修改"面板中的"包裹偏移"按钮🗇，弹出"包裹偏移"命令管理栏，如图 15-26 所示。

2）拾取在创新模式下创建的圆柱面和绘制的草图，选择包裹方式（草图所在的平面要与圆柱面的轴平行），单击✔按钮完成操作，如图 15-27 所示。

图 15-26　"包裹偏移"命令管理栏

图 15-27　包裹偏移过程

- ◆ 包裹曲线类型：有特征和曲线两种方式，支持草图和三维曲线。
- ◆ 面：包裹面，只允许选择圆柱面。
- ◆ 定位类型：有投影和支持点两种方式。
- ◆ 包裹：有凸起、凹陷和分割三种方式。
- ◆ 偏置：凸起和凹陷方式下偏移的高度。
- ◆ 切换区域：切换偏置的区域。

2. 偏移

将三维曲线或者草图在面上偏移。操作步骤如下：

1）执行菜单"修改"｜"偏移"命令或者单击"特征"选项卡"修改"面板中的"偏移"按钮🖾，弹出"偏移"命令管理栏，如图 15-28 所示。

2）拾取面和绘制的草图，输入偏移方向与距离，选择拔模类型，单击✔按钮完成操作，如图 15-29 所示。

- ◆ 面：生成偏移的平面，可以选择多个平面。
- ◆ 反向：切换偏移方向。

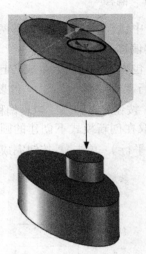

图 15-28 "偏移"命令管理栏　　　　图 15-29 偏移过程

◆ 距离：偏移的距离。

◆ 拔模类型：可以选择沿方向和沿面的法向。

◆ 方向：选择其他偏移方向，面的法向除外。

📖 15.3.12 阵列特征

将需要阵列的特征按所选的阵列类型进行复制。操作步骤如下：

1）执行菜单"修改"｜"特征变换"｜"阵列"｜"阵列特征"命令或者单击"特征"选项卡"变换"下拉菜单中的"阵列特征"按钮 🔡，弹出"阵列特征"命令管理栏，如图 15-30 所示。

2）选择阵列类型，拾取需要阵列的特征，设置阵列方向的参数，单击 ✔ 按钮完成操作，如图 15-31 所示。

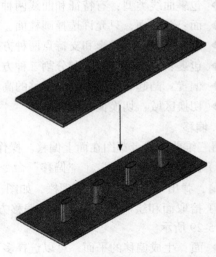

图 15-30 "阵列特征"命令管理栏　　　　图 15-31 线性阵列过程

◆ 阵列类型：
  ➢ 线型阵列：沿直线单方向阵列。
  ➢ 双向线型阵列：沿直线双方向阵列。
  ➢ 圆型阵列：即按照圆形方向进行阵列。
  ➢ 边阵列：沿某条边的方向进行阵列。
  ➢ 草图阵列：可以在草图上绘制几个点，然后主控图素按照几个点位置进行阵列。
  ➢ 填充阵列：使用特征来填充指定的区域，可以用封闭的草图轮廓或面来指定填充的区域。
◆ 特征：需要阵列的特征。

📖 15.3.13　缩放体

缩放给定参考点对零件进行放大或缩小。操作步骤如下：

1）执行菜单"修改"｜"特征变换"｜"缩放体"命令，或单击"特征"选项卡"变换"下拉菜单中"缩放体"按钮 ▣，弹出"缩放体"命令管理栏。如图 15-32 所示。

2）拾取要缩放的体，选择参考点类型，输入 XYZ 的缩放比例，单击 ✓ 按钮完成操作，如图 15-33 所示。

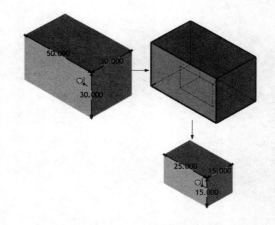

图 15-32　"缩放体"命令管理栏　　　　　图 15-33　缩放体过程

◆ 参考点：以选择的类型点为基准缩放体，有原点、重心和选择的点三种类型。
◆ 统一转换：勾选此项后，XYZ 三个缩放方向统一比例。

📖 15.3.14　镜像特征

镜像特征是用来将零件以某一平面为基准生成左右对称的两个零件。操作步骤如下：

1）执行菜单"修改"｜"特征变换"｜"镜像"｜"特征"命令，或单击"特征"选项卡"变换"下拉菜单中"镜像特征"按钮 🖑，弹出"镜像特征"命令管理栏。如图 15-34 所示。

2）拾取要镜像的特征与镜像平面，单击 ✓ 按钮完成操作，如图 15-35 所示。

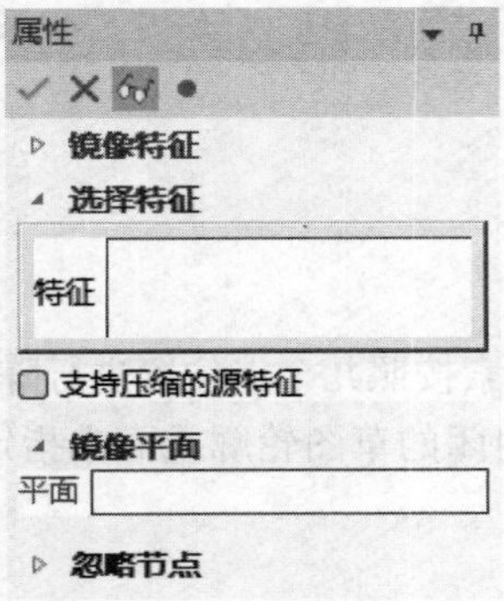

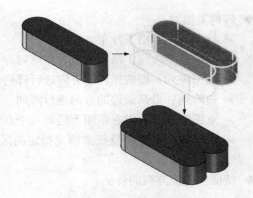

属性

镜像特征

选择特征

特征

☐ 支持压缩的源特征

镜像平面

平面

忽略节点

图 15-34　"镜像特征"命令管理栏

图 15-35　镜像过程

"相对长度"按钮 ⇔、"相对高度"按钮 ▶◀ 和"相对宽度"按钮 ⇔ 只能在工程模式零件上使用，能够使零件或特征相对于定位锚的长、宽或高做对称的移动。

第 16 章

数控加工基础

本章主要介绍了数控的一些基本知识，以及 CAXA 制造工程师各项通用设置的含义及设置方法。

重点与难点

- 加工管理
- 通用加工参数设置

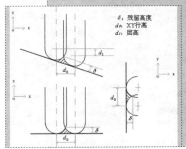

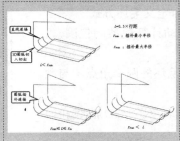

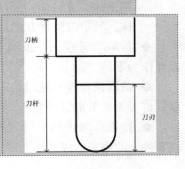

16.1 加工管理

CAXA 制造工程师将与自动编程相关的基本设置（如毛坯、模型、刀具等）和生成的加工轨迹集成在加工设计树，如图 16-1 所示。可以在加工设计树上对加工参数和加工图形等进行修改。

图 16-1 加工设计树

16.1.1 模型

模型为系统存在的实体和所有曲面的总和（包括隐藏的曲面或实体）。模型主要用于刀路的仿真过程。在刀路仿真器中，模型可以用于仿真环境下的干涉检查。

在造型时，模型的曲面是光滑连续（法矢连续）的，如球面是一个理想的光滑连续的面。这样的理想模型，称为几何模型。但在加工时，不可能完成这样一个理想的几何模型，所以一般把一个曲面离散成一系列的三角片。由这一系列三角片所构成的模型，称为加工模型。加工模型与几何模型之间的误差，称为几何精度。加工精度是按轨迹加工出来的零件与加工模型之间的误差，当加工精度趋近于 0 时，轨迹对应的加工件的形状就是加工模型了（忽略残留量）。几何模型、加工模型和几何精度三者的关系，如图 16-2 所示。

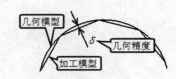

图 16-2 几何模型、加工模型和几何精度三者的关系

16.1.2 毛坯

为模型定义一个毛坯，用于切削仿真加工。

在加工设计树上右击"毛坯"，在快捷菜单中选择"创建毛坯"或者单击"制造"选项卡"创建"面板中的"毛坯"按钮 ⬡ ，弹出"创建毛坯"对话框，如图 16-3 所示。系统提供了 9 种毛坯定义的类型。根据需要设置对应的参数项，单击 ✓ 按钮完成毛坯的创建。

◆ 类型：根据所要加工工件的形状选择毛坯的形状，包括立方体、圆柱体、拉伸体、圆柱环、圆锥体、旋转体、圆球体、三角片和内腔旋转体，其中三角片方式为自定义毛坯方式。

◆ 拾取参考模型：系统自动计算模型的包围盒，以此作为毛坯。

◆ 拾取两角点：通过拾取毛坯的两个角点（与顺序、位置无关）来定义毛坯。

◆ 拾取参考曲线：通过拾取草图、3D 曲线和面或零件上的边来生成毛坯。

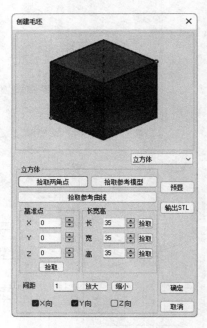

图 16-3 "创建毛坯"对话框

◆ 基准点：毛坯在世界坐标系中的左下角点。

◆ 长宽高：长度、宽度、高度是毛坯在 X 方向、Y 方向、Z 方向的尺寸。

16.1.3 刀具库

加工中心均备有刀库，刀库内可容纳多把刀具，少则 6~8 把，多则几十把。使用数控铣床加工时，多数情况下需要使用多把刀具进行加工。进行自动编程时，通常在加工进行之前先进行加工刀具或机床刀库的规划。

为了方便操作及提高编程效率，CAXA 制造工程师提供了刀具库功能。刀具库包含两种，即机床刀库和系统刀库。

机床刀库是与加工中心刀库或铣床控制系统相关联的刀具库。当改变机床时，相应的刀具库会自动切换到与该机床对应的刀具库，这样便可使用 CAXA 制造工程师同时对多个加工中心或铣床进行自动编程。

系统刀库是与机床无关的刀具库。可以把加工中所要用到的刀具和现有的所有刀具都建立在系统刀库中，以方便建立机床刀库及生成刀路时调用刀具。

可以通过定义、修改刀具的相关数据，对用户定义的各刀具进行管理。操作步骤如下：

1）在加工设计树上右击刀库，在快捷菜单中选择"从系统刀具库导入"弹出"刀具库"对话框，如图 16-4 所示。

刀具库：共 389 把

旋转类刀具	名称	直径	刃长	刀杆长	半径补偿号	长度补偿号	主轴转速	慢速下刀速度	连接速度	切削速度	退刀...
立铣刀	立铣刀	1.000	3.000	50.000	0	0	8000.000	500.000	200.000	2000.000	100.
立铣刀	立铣刀	1.500	4.000	50.000	0	0	7500.000	500.000	200.000	2000.000	100.
立铣刀	立铣刀	2.000	5.000	50.000	0	0	7500.000	500.000	200.000	2000.000	100.
立铣刀	立铣刀	2.500	7.000	50.000	0	0	7500.000	500.000	260.000	2000.000	150.
立铣刀	立铣刀	3.000	8.000	50.000	0	0	7000.000	500.000	300.000	2000.000	200.
立铣刀	立铣刀	3.500	9.000	50.000	0	0	7000.000	500.000	300.000	2000.000	200.
立铣刀	立铣刀	4.000	10.000	50.000	0	0	7000.000	500.000	350.000	2000.000	200.
立铣刀	立铣刀	5.000	13.000	50.000	0	0	6000.000	500.000	400.000	2000.000	300.
立铣刀	立铣刀	5.500	15.000	50.000	0	0	5500.000	500.000	450.000	2000.000	300.
立铣刀	立铣刀	6.000	15.000	50.000	0	0	5000.000	500.000	500.000	2000.000	400.
立铣刀	立铣刀	8.000	20.000	60.000	0	0	4500.000	500.000	600.000	2000.000	400.

车削类刀具	名称	主偏角	副偏角	刃长	刀柄长度	刀柄宽度	主轴转速	慢速下刀速度	进刀量	退刀速度	
轮廓车刀	轮廓车刀	95.000	10.000	10.000	40.000	20.000	1000.000	5.000	0.100	20.000	
轮廓车刀	轮廓车刀	93.000	10.000	10.000	40.000	20.000	1000.000	5.000	0.100	20.000	
轮廓车刀	轮廓车刀	90.000	10.000	10.000	40.000	20.000	1000.000	5.000	0.100	20.000	
轮廓车刀	轮廓车刀	75.000	10.000	10.000	40.000	20.000	1000.000	5.000	0.100	20.000	
轮廓车刀	轮廓车刀	60.000	15.000	10.000	40.000	20.000	1000.000	5.000	0.100	20.000	
轮廓车刀	轮廓车刀	45.000	30.000	10.000	40.000	20.000	1000.000	5.000	0.100	20.000	
轮廓车刀	轮廓车刀	35.000	45.000	10.000	40.000	20.000	1000.000	5.000	0.100	20.000	
切槽车刀	切槽车刀	--	--	1.500	110.000	1.300	1000.000	5.000	0.100	20.000	

确定　取消

图 16-4 "刀具库"对话框

2）双击需要修改的刀具，弹出"编辑刀具"对话框，如图 16-5 所示，单击"确定"按钮完成刀具的编辑。

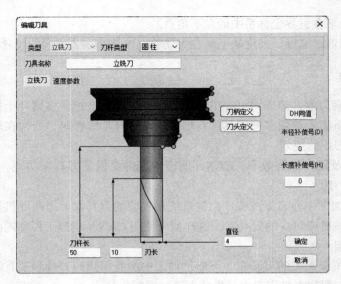

图 16-5 "编辑刀具"对话框

16.1.4 刀具参数

根据加工工艺设置刀具参数，以实现预定的工艺要求。

在加工设计树上右击刀库，在快捷菜单中选择"创建刀具"或者单击"制造"选项卡"创建"面板中的"刀具"按钮🔧，弹出"创建刀具"对话框，如图 16-6 所示。

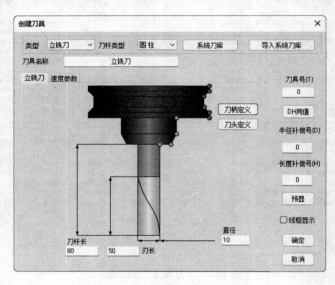

图 16-6 "创建刀具"对话框

◆ 类型：包括立铣刀、钻头和车刀。
◆ 刀杆类型：包括圆柱、圆柱＋圆锥。
◆ 刀具名称：刀具的名称。

◆ 刀具号：刀具在加工中心里的位置编号，便于在加工过程中换刀时选用。

◆ 半径补偿号：刀具半径补偿值对应的编号。

刀具库中能存放用户定义的不同刀具，包括钻头，铣刀等，用户可以很方便地从刀具库中取出所需的刀具。

刀具库中会显示刀具的刀具类型、刀具名称、刀号、刀具半径
R、圆角半径 r/a，切削刃长等参数。

◆ 刀具主要由刀刃、刀杆和刀柄三部分组成，如图 16-7 所示。

◆ 刀具半径：刀刃部分最大截面圆的半径大小。

◆ 刀角半径：刀刃部分球形轮廓区域半径的大小，只对铣刀有效。

◆ 刀柄半径：刀柄部分截面圆半径的大小。

◆ 刀尖角度：刀尖的圆锥角，只对钻头有效。

◆ 刀刃长度：切削部分的长度。

◆ 刀柄长度：刀柄部分的长度。

◆ 刀具全长：刀杆与刀柄长度的总和。

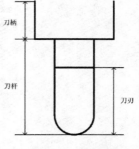

图 16-7　刀具的组成

16.2　通用加工参数设置

📖 16.2.1　几何

在每一个加工功能参数表中都有几何设置。图 16-8 所示为"等高线粗加工"对话框中的"几何"选项卡，用于拾取和删除在加工中所需要选择的毛坯、零件和面。

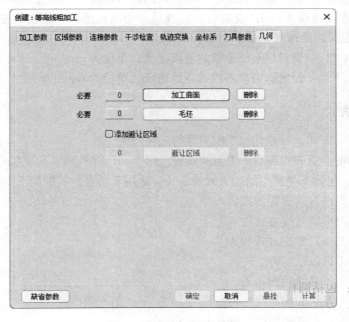

图 16-8　"几何"选项卡

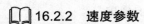

16.2.2 速度参数

速度参数要根据加工工艺设置，以实现预定的工艺要求及加工轨迹。在每一个加工功能参数表中都有"速度参数"设置，如图 16-9 所示。速度参数用于设定轨迹各位置的相关进给速度及主轴转速等。

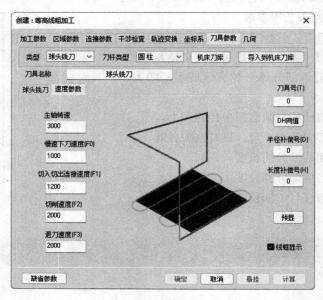

图 16-9 "速度参数"面板

- ◆ 主轴转速：设定主轴转速，单位为 r/min。
- ◆ 慢速下刀速度（F0）：设定慢速下刀轨迹段的进给速度，单位为 mm/min。
- ◆ 切入切出连接速度（F1）：设定切入轨迹段、切出轨迹段、连接轨迹段、接近轨迹段、返回轨迹段的进给速度，单位为 mm/min。
- ◆ 切削速度（F2）：设定切削轨迹段的进给速度，单位为 mm/min。
- ◆ 退刀速度（F3）：设定退刀轨迹段的进给速度，单位为 mm/min。

16.2.3 下刀方式

设置正确的下刀方式，可避免加工中刀具与工件发生干涉。

在每个加工功能参数表中都有下刀方式设置。图 16-10 所示为"下刀方式"面板。

- ◆ 下刀方式：包含 5 种通用的切入方式，几乎适用于所有的铣削加工策略。
  - ➢ 自动：系统自动设置方式切入。
  - ➢ 直线：刀具以直线方式切入。
  - ➢ 螺旋：刀具以螺旋方式切入。
  - ➢ 往复：刀具以往复方式切入。
  - ➢ 沿轮廓：刀具沿轮廓切入。
  - ➢ 倾斜角：渐切和倾斜线走刀方向与 XOY 平面的夹角。
  - ➢ 斜面长度：设置斜面的长度。

> 毛坯余量：设置毛坯余量大小。

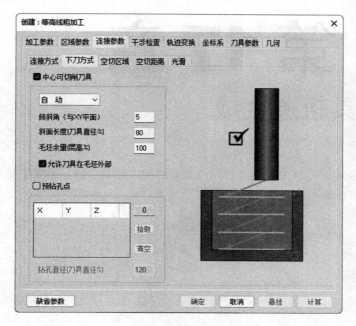

图 16-10　"下刀方式"面板

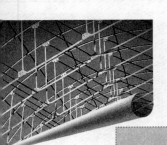

第 17 章

刀具轨迹生成

　　各加工方法大多包含相同或类似的加工基本参数。本章主要介绍各种加工方法的不同之处。

重点与难点

- 粗加工
- 精加工
- 其他加工
- 知识加工
- 轨迹仿真、编辑
- 后置处理

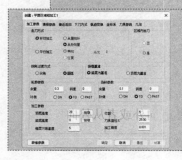

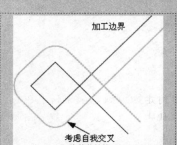

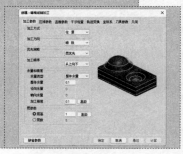

17.1 粗加工

17.1.1 平面区域粗加工

平面区域粗加工用于生成区域中间有多个岛屿的平面加工轨迹。操作步骤如下：

1）执行"制造"｜"二轴"｜"平面粗加工 1"命令或者单击"制造"选项卡"二轴"下拉菜单中的"平面区域粗加工 1"按钮 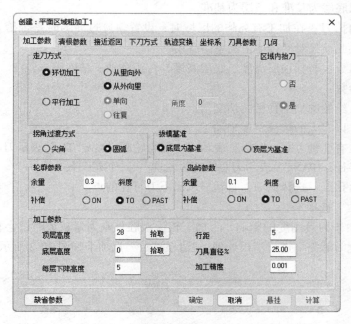 ，弹出"平面区域粗加工 1"对话框，如图 17-1 所示。

图 17-1 "平面区域粗加工 1"对话框

2）根据加工的需要设定各项参数。

3）根据状态栏的提示，拾取轮廓曲线（必要）和岛屿曲线，单击"确定"按钮，生成加工轨迹线。

每种加工方式的对话框中都有"确定""取消""悬挂"三个按钮。单击"确定"按钮，确认加工参数，开始随后的交互过程。单击"取消"按钮，取消当前的命令操作。单击"悬挂"按钮，表示加工轨迹并不马上生成，交互结束后并不计算加工轨迹，而是在执行轨迹生成批处理命令时才开始计算，这样就可以将很多计算复杂、耗时的轨迹生成任务准备好，直到空闲的时间才开始真正计算，大大提高工作效率。

◆ "加工参数"选项卡：

➢ 走刀方式：包括环切加工和平行加工，如图 17-2 所示。

◇ 平行加工：刀具以平行走刀方式切削工件。可选择单向还是往复方式。

◇ 环切加工：刀具以环状走刀方式切削工件。可选择从里向外或者从外向里的方式。

➢ 拐角过渡方式：拐角过渡就是在切削过程遇到拐角时的处理方式，包括尖角和圆弧两种方式。

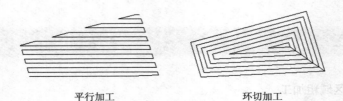

平行加工   环切加工

图 17-2　走刀方式

- ➢ 拔模基准：当加工的工件带有拔模斜度时，工件顶层轮廓与底层轮廓的大小不一样，包括以底层为基准和顶层为基准。
- ➢ 区域内抬刀：在加工有岛屿的区域时，设置轨迹过岛屿时是否抬刀，选择"是"就抬刀。此项只对平行加工的单向有用。
- ➢ 加工参数：包括顶层高度、底层高度、行距和加工精度等。
- ➢ 轮廓参数：
- ◇ 余量：给轮廓加工预留的切削量。
- ◇ 斜度：以多大的拔模斜度来加工。
- ◇ 补偿：有 3 种方式，"ON"表示刀心线与轮廓重合；"TO"表示刀心线未到轮廓一个刀具半径；"PAST"表示刀心线超过轮廓一个刀具半径。
- ➢ 标识钻孔点：选择该项，自动显示出下刀打孔的点。

◆ "清根参数"选项卡：

一般来说，由于刀具刚度的影响，当加工较深型腔且吃刀量较大时，会在轮廓及岛处形成不必要的斜度，此时就需要进行清根处理。"清根参数"选项卡如图 17-3 所示。

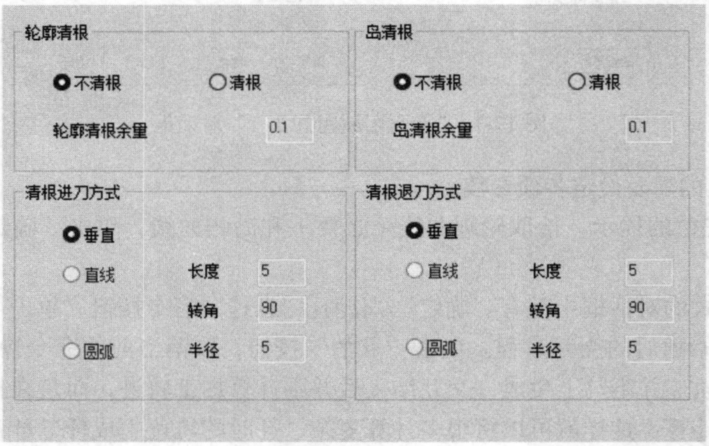

轮廓清根			岛清根		
●不清根	○清根		●不清根	○清根	
轮廓清根余量		0.1	岛清根余量		0.1
清根进刀方式			清根退刀方式		
●垂直			●垂直		
○直线	长度	5	○直线	长度	5
	转角	90		转角	90
○圆弧	半径	5	○圆弧	半径	5

图 17-3　"清根参数"选项卡

- ➢ 轮廓清根：设定轮廓清根，在区域加工完之后，可使刀具对轮廓进行清根加工，相当于最后的精加工。
- ➢ 岛清根：选择岛清根，在区域加工完之后，可使刀具对岛进行清根加工。对岛屿还可以设置清根余量。

> 清根进刀 / 退刀方式：做清根加工时，还可选择清根轨迹的进退刀方式，包括垂直、直线和圆弧三种方式。

◆ "接近返回"选项卡：

设定接近回返的切入切出方式。一般接近是指从刀具起始点快速移动后以切入方式逼近切削点的那段切入轨迹，返回是指从切削点以切出方式离开切削点的那段切出轨迹。

◆ "下刀方式"选项卡（见图 17-4）：

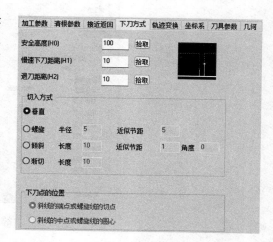

> 安全高度（H0）：刀具快速移动而不会与毛坯或模型发生干涉的高度。

> 慢速下刀距离（H1）：在切入或切削开始前的一段刀位轨迹的位置长度，这段轨迹以慢速下刀速度垂直向下进给。

> 退刀距离（H2）：在切出或切削结束后的一段刀位轨迹的位置长度。这段轨迹以退刀速度垂直向上进给。

图 17-4 "下刀方式"选项卡

> 切入方式：这里提供了四种通用的切入方式，几乎适用于所有的铣削加工策略，其中的一些切削加工策略有其特殊的切入、切出方式。如果在切入、切出属性页中设定了特殊的切入、切出方式，这里的通用切入方式将不会起作用。

◇ 垂直：刀具沿垂直方向切入。

◇ 螺旋：刀具以螺旋方式切入。

◇ 倾斜：刀具以与切削方向相反的倾斜线方向切入。

◇ 渐切：刀具以渐切方式切入。

◇ 长度：切入轨迹段的长度，以切削开始位置的刀位点为参考点。

◇ 近似节距：螺旋和倾斜切入时走刀的高度。

◇ 角度：渐切和倾斜线走刀方向与 XOY 平面的夹角。

17.1.2 等高线粗加工

等高线粗加工用于生成分层等高线式粗加工轨迹。操作步骤如下：

1）执行"制造"｜"三轴"｜"等高线粗加工"命令或者单击"制造"选项卡"三轴"下拉菜单中的"等高线粗加工"按钮 ⬤，弹出"等高线粗加工"对话框，如图 17-5 所示。

2）根据加工的需要设定各项参数。

3）根据状态栏的提示拾取毛坯（必要）和加工曲面（必要），单击"确定"按钮生成加工轨迹线。

◆ "加工参数"选项卡：

> 加工方式：加工方式有三种选择，即单向、往复和螺旋。

> 加工方向：加工方向设定有两种选择，即顺铣和逆铣。

> 优先策略：设定有两种选择即区域优先和层优先。

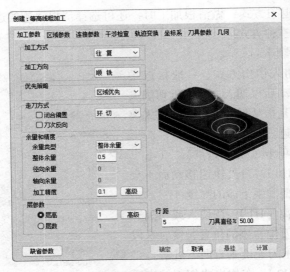

图 17-5 "等高线粗加工"对话框

> 走刀方式：走刀方式有两种方式，即环切和行切。
> 余量和精度：
✧ 加工余量：输入相对加工区域的残余量。
✧ 加工精度：输入模型的加工精度。计算模型的加工轨迹的误差小于此值。加工精度越高，模型形状的误差也增大，模型表面越粗糙。加工精度越小，模型形状的误差减小，模型形状的误差也减少，模型表面越光滑，但是轨迹段的数目增多，轨迹数据量变大。
> 层高：Z 向每加工层的切削深度。
> 层数：两层之间插入轨迹。
◆ "区域参数"选项卡（见图 17-6）：

图 17-6 "区域参数"选项卡

> 加工边界：
> ✧ 加工边界：选择使用可以拾取已有的边界曲线。
> ✧ 刀具中心位于加工边界：加工边界示意图如图 17-7 所示。

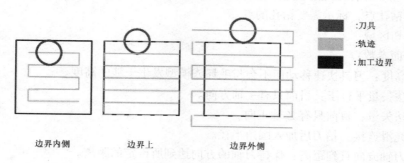

边界内侧   边界上   边界外侧

图 17-7 加工边界示意图

重合：刀具位于边界上。

内侧：刀具位于边界的内侧。

外侧：刀具位于边界的外侧。

> 高度范围：
> ✧ 自动设定：以给定毛坯高度自动设定 Z 的范围。
> ✧ 用户设定：用户自定义 Z 的起始高度和终止高度。
> 补加工：选择使用可以自动计算前一把刀具加工后的剩余量并进行补加工。
◆ "连接参数"选项卡（见图 17-8）：

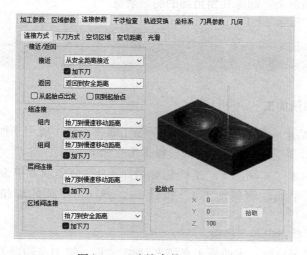

图 17-8 "连接参数"选项卡

> 连接方式：
> ✧ 接近/返回：从设定的高度接近工件和从工件返回到设定高度。选择"加下刀"复选框，可以加入所选定的下刀方式。
> ✧ 行间连接：每行轨迹间的连接。
> ✧ 层间连接：每层轨迹间的连接。

◇ 区域间连接：两个区域间的轨迹连接。

➤ 下刀方式：

◇ 中心可切削刀具：可选择自动、直线、螺旋、往复、沿轮廓 5 种下刀方式。

◇ 预钻孔点：标示需要钻孔的点。

➤ 空切区域：

◇ 平面参数：

安全高度：刀具快速移动而不会与毛坯或模型发生干涉的高度。

平面法矢量平行于：目前只有主轴方向。

平面法矢量：目前只有 Z 轴正向。

圆弧光滑连接：抬刀后加入圆角半径。

保持刀轴方向直到距离：保持刀轴的方向达到所设定的距离。

➤ 空切距离：

◇ 快速移动距离：在切入或切削开始后的一段刀位轨迹的位置长度，这段轨迹以快速移动方式进给。

◇ 慢速移动距离：在切入或切削开始前的一段刀位轨迹的位置长度，这段轨迹以慢速移动方式进给。

◇ 空走刀安全距离：距离工件的高度距离，并在此距离上不发生过切。

➤ 光滑：

◇ 光滑设置：将拐角或轮廓进行光滑处理。

◇ 删除微小面积：删除面积大于刀具直径百分比面积的曲面的轨迹。

◇ 消除内拐角剩余：删除在拐角部的剩余余量。

17.2 精加工

📖 17.2.1 平面轮廓精加工

平面轮廓精加工是生成沿平面轮廓线方向的加工轨迹。它主要用于加工外形及开槽，由于可以指定拔模斜度，故属于 2.5 轴加工方式。操作步骤如下：

1）执行"制造"｜"二轴"｜"平面轮廓精加工 1"命令或者单击"制造"选项卡"二轴"下拉菜单中的"平面轮廓精加工 1"按钮 〜，弹出"平面轮廓精加工 1"对话框，如图 17-9 所示。

2）根据加工的需要设定各项参数。

3）根据状态栏提示拾取轮廓曲线（必要）、加工方向、进刀点和退刀点，单击"确定"按钮，生成加工轨迹线。

◆ 加工参数：

➤ 加工精度：输入模型的加工精度。计算模型的轨迹的误差小于此值。加工精度越高，模型形状的误差也增大，模型表面越粗糙。加工精度越小，模型形状的误差也减小，模型表面越光滑，但是轨迹段的数目增多，轨迹数据量变大。

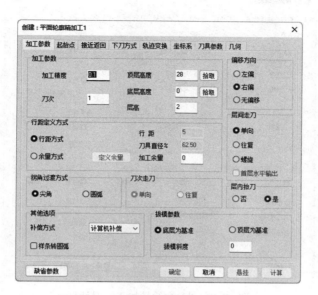

图 17-9 "平面轮廓精加工 1"对话框

> 刀次：生成的刀位的行数。
> 顶层高度：加工的第一层所在的高度。
> 底层高度：加工的最后一层所在的高度。
> 层高：两层之间间隔的高度。
◆ 行距定义方式：确定加工刀次后，刀具加工的行距可以由两种方式确定。
> 行距方式：确定最后加工完工件的余量及每次加工之间的行距，也可以叫作等行距加工。
> 余量方式：定义每次加工完所留的余量，也可以叫作不等行距加工。余量的次数在刀次中定义，最多可定义 10 次加工的余量。
◆ 拔模参数：用来确定轮廓是工件的顶层轮廓或是底层轮廓。
> 底层为基准：加工中所选的轮廓是工件底层的轮廓。
> 顶层为基准：加工中所选的轮廓是工件顶层的轮廓。
> 拔模斜度：输入所需拔模的角度，加工完成后轮廓所具有的倾斜度。
◆ 层间走刀：是指刀具轨迹层与层之间的连接方式。
> 单向：在刀具轨迹层次大于 1 时，层之间的刀具轨迹沿着同一方向。
> 往复：在刀具轨迹层次大于 1 时，层之间的刀具轨迹方向可以往复。
> 螺旋：在刀具轨迹层次大于 1 时，层之间的刀具轨迹沿着螺旋方向。

📖 17.2.2 参数线精加工

参数线精加工用于沿单个或多个曲面的参数线方向生成三轴刀具轨迹。操作步骤如下：

1）执行"制造"｜"三轴"｜"参数线精加工"命令或者单击"制造"选项卡"三轴"下拉菜单中的"参数线精加工"按钮，弹出"参数线精加工"对话框，如图 17-10 所示。

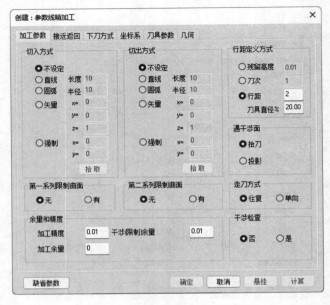

图 17-10 "参数线精加工"对话框

2）根据加工的需要设定各项参数。

3）根据状态栏提示拾取加工曲面（必要）选择加工方向，确定曲面方向，拾取干涉曲面，单击"确定"按钮，生成加工轨迹线。

◆ 切入 / 切出方式：

➢ 不设定：不使用切入切出。

➢ 直线：沿直线垂直切入切出。"长度"是指直线切入切出的长度。

➢ 圆弧：沿圆弧切入切出。"半径"是指圆弧切入切出的半径。

➢ 矢量：沿矢量指定的方向和长度切入切出。"x、y、z"指矢量的 3 个分量。

➢ 强制：强制从指定点直线水平切入到切削点，或强制从切削点直线水平切出到指定点。"x、y"是指在与切削点相同高度的指定点的水平位置分量。

◆ 行距定义方式：

➢ 残留高度：切削行间残留量距加工曲面的最大距离。

➢ 刀次：切削行的数目。

➢ 行距：相邻切削行的间隔。

◆ 遇干涉面：

➢ 抬刀：通过抬刀、快速移动、下刀完成相邻切削行间的连接。

➢ 投影：在需要连接的相邻切削行间生成切削轨迹，通过切削移动来完成连接。

◆ 限制曲面：

限制加工曲面范围的边界面，作用类似于加工边界，通过定义"第一系列限制面"和"第二系列限制面"可以将加工轨迹限制在一定的加工区域内。

➢ 第一 / 二系列限制曲面：定义是否使用第一系列限制曲面。

➢ 无：不使用第一 / 二系列限制曲面。

➢ 有：使用第一 / 二系列限制曲面。

17.2.3　等高线精加工

等高线精加工用于针对曲面和实体，按等高线距离下降，一层层地加工，并可对加工不到的部分（较平坦部分）做补加工。操作步骤如下：

1）执行"制造"｜"三轴"｜"等高线精加工"命令或者单击"制造"选项卡"三轴"下拉菜单中的"等高线精加工"按钮，弹出"等高线精加工"对话框，如图 17-11 所示。

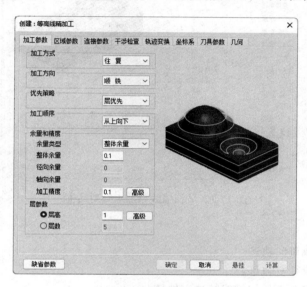

图 17-11　"等高线精加工"对话框

2）根据加工的需要设定各项参数。

3）根据状态栏提示拾取加工零件或者曲面，选择加工方向，单击"确定"按钮，生成加工轨迹线。

◆ "加工参数"选项卡：

> 加工方向：

◇ 顺铣：生成顺铣的轨迹。

◇ 逆铣：生成逆铣的轨迹。

> 加工方式：

◇ 螺旋：进行螺旋加工。

◇ 单向：仅生成单方向的路径。快速下刀后，只朝一个方向加工。

◇ 往复：到达加工边界后，不快速退刀，进行往复加工的方式。

17.2.4　扫描线精加工

1）执行"制造"｜"三轴"｜"扫描线精加工"命令或者单击"制造"选项卡"三轴"下拉菜单中的"扫描线精加工"按钮，如图 17-12 所示。

2）根据加工的需要设定各项参数。

3）根据状态栏提示拾取加工零件或者曲面，选择加工方向，单击"确定"按钮，生成加工轨迹线。

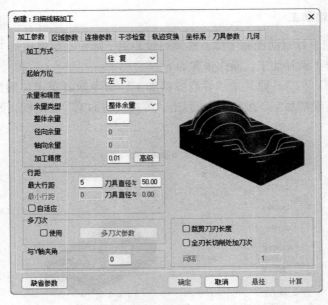

图 17-12 "扫描线精加工"对话框

◆ 加工方式：
  ➤ 单向：生成单向轨迹。
  ➤ 往复：生成往复轨迹。
  ➤ 向上：生成向上的扫描线精加工轨迹。
  ➤ 向下：生成向下的扫描线精加工轨迹。
◆ 最大行距：XY 方向的相邻扫描行的距离。
  ➤ 自适应：自动内部计算适应的行距。
◆ 加工开始角位置：确定在加工开始时从哪个角度加工。
◆ 与 Y 轴夹角（在 XOY 面内）：扫描线轨迹的进行角度。
  ➤ 裁剪刀刃长度：裁减小于刀具直径百分比的轨迹。
  ➤ 全刃长切削处加刀次：在全刃长切削处设置新的刀次。

17.2.5 轮廓导动精加工

1）执行"制造"｜"三轴"｜"轮廓导动精加工"命令或者单击"加工"选项卡"三轴"下拉菜单中的"轮廓导动精加工"按钮，弹出"轮廓导动精加工"对话框，如图 17-13 所示。

2）根据加工的需要设定各项参数。

3）根据状态栏提示拾取轮廓曲线（必要）和截面线（必要），单击"确定"按钮，生成加工轨迹线。

◆ "加工参数"选项卡：
  ➤ 行距：当选中"行距"时，它下面左边为"行距"，右边的"最大截距"变为灰显。行距表示沿截面线上每一行刀具轨迹间的距离，按等弧长来分布。
  ➤ 残留高度：当选中"残留高度"时，它下面的左边为"残留高度"，右边"最大截距"变为亮显。系统会根据输入的残留高度的大小计算 Z 向层高。

➤ 最大截距：输入最大 Z 向切削深度。根据残留高度值，在求得 Z 向的层高时，为防止在加工较陡斜面时可能层高过大，限制层高在最大截距的设定值之下。

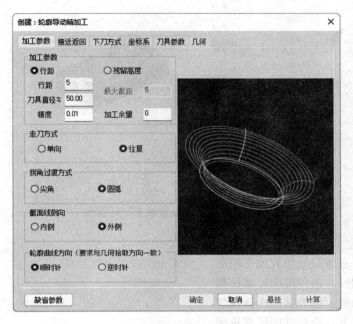

图 17-13　"轮廓导动精加工"对话框

➤ 精度：拾取的轮廓有样条时的离散精度。
➤ 加工余量：相对模型表面的残留高度。可以为负值，但不能超过刀角半径。
◆ "接近返回"选项卡：设定接近返回的切入切出方式。一般"接近"是指从刀具起始点快速移动后以切入方式逼近切削点的那段切入轨迹，"返回"是指从切削点以切出方式离开切削点的那段切出轨迹。
➤ 不设定：不设定接近返回的切入切出。
➤ 直线：刀具按给定长度，以直线方式向切削点平滑切入或从切削点平滑切出。"长度"是指直线切入切出的长度，角度不使用。
➤ 圆弧：以 π/4 圆弧向切削点平滑切入或从切削点平滑切出。"半径"是指圆弧切入、切出的半径，"转角"指圆弧的圆心角，"延长"不使用。
➤ 强制：强制从指定点直线切入到切削点，或强制从切削点直线切出到指定点。X、Y、Z 为指定点空间位置的三分量。

📖 17.2.6　三维偏置加工

1）执行"制造"｜"三轴"｜"三维偏置加工"命令或者单击"制造"选项卡"三轴"下拉菜单中的"三维偏置加工"按钮 🦡，弹出"三维偏置加工"对话框，如图 17-14 所示。
2）根据加工的需要设定各项参数。
3）根据状态栏提示，拾取加工零件或者曲面，单击"确定"按钮，生成加工轨迹线。

图 17-14 "三维偏置加工"对话框

◆ 加工顺序：

> 标准：系统自动设置加工顺序。

> 从里到外：由内部向外部铣削。

> 从外向里：由外部向内部铣削。

> 从上向下：由顶部向底部铣削。

> 从下向上：由底部向顶部铣削。

17.2.7 笔式清根加工

1）执行"制造"｜"三轴"｜"笔式清根加工"命令或者单击"制造"选项卡"三轴"下拉菜单中的"笔式清根加工"按钮，弹出"笔式清根加工"对话框，如图 17-15 所示。

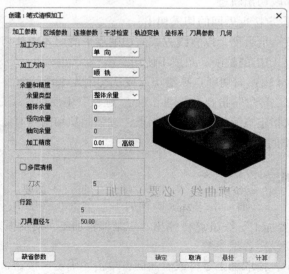

图 17-15 "笔式清根加工"对话框

2）根据加工的需要设定各项参数。

3）根据状态栏提示，拾取加工零件或者曲面，单击"确定"按钮，生成加工轨迹线。

17.2.8 曲线投影加工

1）执行"制造"｜"三轴"｜"曲线投影加工"命令或者单击"制造"选项卡"三轴"下拉菜单中的"曲线投影加工"按钮 ，弹出"曲线投影加工"对话框，如图 17-16 所示。

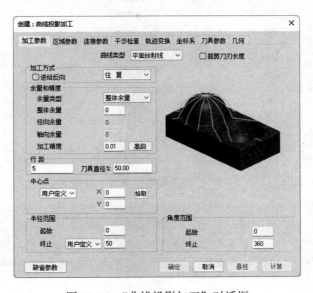

图 17-16 "曲线投影加工"对话框

2）根据加工的需要设定各项参数。

3）根据状态栏提示拾取加工曲面（必要），右击确定。拾取自定义曲线和等距轮廓，单击"确定"按钮，生成加工轨迹线。

- ◆ 曲线类型：曲线类型有自定义曲线、平面放射线、平面螺旋线、等距轮廓和 U- 形线 5 种类型。
- ◆ 裁剪刀刃长度：裁剪小于刀具百分比的轨迹。
- ◆ 加工余量：输入相对于加工区域的残余量。

17.2.9 曲面轮廓精加工

1）执行"制造"｜"三轴"｜"曲面轮廓精加工"命令或者单击"制造"选项卡"三轴"下拉菜单中的"曲面轮廓精加工"按钮 ，弹出"曲面轮廓精加工"对话框，如图 17-17 所示。

2）根据加工的需要设定各项参数。

3）根据状态栏提示拾取轮廓曲线（必要）和加工曲面（必要），右击确定，拾取干涉曲面，单击"确定"按钮，生成加工轨迹线。

- ◆ 刀次和行距：
  - ➢ 行距：每行刀位之间的距离。
  - ➢ 刀次：产生的刀具轨迹的行数。

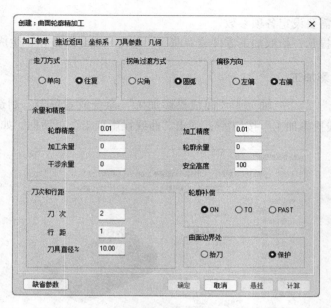

图 17-17 "曲面轮廓精加工"对话框

> **注意**
>
> 在其他的加工方式里，刀次和行距是单选的，最后生成的刀具轨迹只使用其中的一个参数，而在曲面轮廓加工里刀次和轮廓是关联的，生成的刀具轨迹由刀次和行距两个参数决定。

◆ 轮廓精度：拾取的轮廓有样条时的离散精度。
◆ 轮廓补偿：
> ➢ ON：刀心线与轮廓重合。
> ➢ TO：刀心线未到轮廓一个刀具半径。
> ➢ PAST：刀心线超过轮廓一个刀具半径。

17.2.10 曲面区域精加工

1）执行"制造"｜"三轴"｜"曲面区域精加工"命令或者单击"制造"选项卡"三轴"下拉菜单中的"曲面区域精加工"按钮，弹出"曲面区域精加工"对话框，如图 17-18 所示。

2）根据加工的需要设定各项参数。

3）根据状态栏提示拾取加工曲面（必要）和轮廓曲线（必要），右击确定，拾取岛屿曲线和干涉曲面，右击确定，单击"确定"按钮，生成加工轨迹线。

◆ 走刀方式：
> ➢ 平行加工：输入与 X 轴的夹角。
> ➢ 环切加工：选择从里向外还是从外向里加工。

◆ 余量和精度：
> ➢ 加工余量：对加工曲面的预留量，可以是正的也可以是负的。
> ➢ 干涉余量：对干涉曲面的预留量，可以是正的也可以是负的。
> ➢ 轮廓精度：拾取的轮廓有样条时的离散精度。

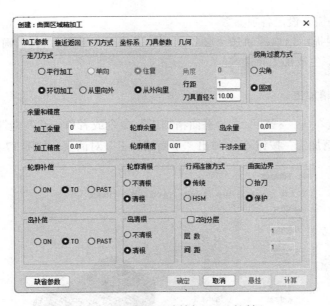

图 17-18　"曲面区域精加工"对话框

◆ 轮廓补偿：

    ➤ ON：刀心线与轮廓重合。

    ➤ TO：刀心线未到轮廓一个刀具半径。

    ➤ PAST：刀心线超过轮廓一个刀具半径。

17.2.11　轨迹投影精加工

1）执行"制造"｜"三轴"｜"轨迹投影精加工"命令或者单击"制造"选项卡"三轴"下拉菜单中的"轨迹投影精加工"按钮 ，弹出"轨迹投影精加工"对话框，如图 17-19 所示。

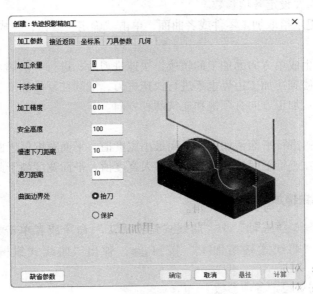

图 17-19　"轨迹投影精加工"对话框

2）根据加工的需要设定各项参数。

3）根据状态栏提示拾取源轨迹（必要）和加工曲面（必要），右击确定，拾取干涉曲面，单击"确定"按钮。生成加工轨迹线。

📖 17.2.12 平面精加工

1）执行"制造"｜"三轴"｜"平面精加工"命令或者单击"制造"选项卡"三轴"下拉菜单中的"平面精加工"按钮 🖌️，弹出"平面精加工"对话框，如图 17-20 所示。

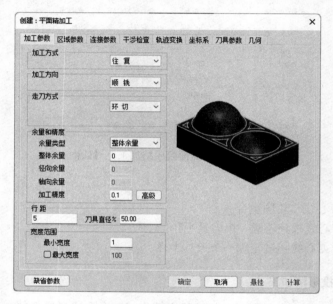

图 17-20 "平面精加工"对话框

2）根据加工的需要设定各项参数。

3）根据状态栏提示拾取加工零件或者曲面，单击"确定"按钮，生成加工轨迹线。

◆ 加工方式：

➤ 单向：只生成单方向的加工的轨迹，快速进刀后，进行一次切入方向加工。

➤ 往复：即使到达加工边界也不进行快速进刀，继续往复的加工。

➤ 加工方向：加工方向有顺铣和逆铣两种方向。

◆ 宽度范围：

➤ 最小宽度：进行平面精加工的平面最小宽度值，平面宽度低于此值的平面将不加工。

➤ 最大宽度：进行平面精加工的平面最大宽度值，平面宽度高于此值的平面将不加工。

📖 17.2.13 曲线式铣槽加工

1）执行"制造"｜"三轴"｜"曲线式铣槽加工"命令或者单击"制造"选项卡"三轴"下拉菜单中的"曲线式铣槽加工"按钮 🖾，弹出"曲线式铣槽加工"对话框，如图 17-21 所示。

2）根据加工的需要设定各项参数。

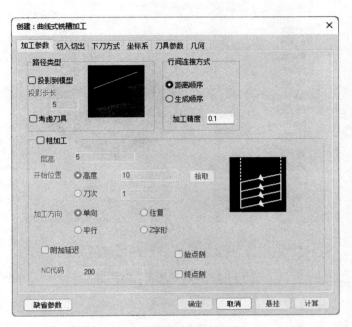

图 17-21　"曲线式铣槽加工"对话框

3）根据状态栏提示拾取曲线路径（必要），拾取加工曲面，单击"确定"按钮，生成加工轨迹线。

- ◆ 行间连接方式：
  - ➢ 距离顺序：依据各条曲线间起点与终点间距离和的最优值（尽可能最小）来确定刀具轨迹连接顺序。
  - ➢ 生成顺序：依据曲线选择顺序来确定加工路径连接顺序。
- ◆ 粗加工：
  - ➢ 层高：设定 Z 方向复制的间隔或 Z 方向切入的间隔。
  - ➢ 高度：指定加工开始高度。
  - ➢ 刀次：指定加工次数。
  - ➢ 附加延迟：设定是否在 NC 数据内添加延迟信息。
  - ➢ NC 代码：指定作为延迟信息输出的 NC 代码。
  - ➢ 始点侧：在相对于导向曲线的起点侧，添加延迟信息。
  - ➢ 终点侧：在相对于导向曲线的终点侧，添加延迟信息。

📖 17.2.14　插铣加工

1）执行"制造"｜"三轴"｜"插铣加工"命令或者单击"制造"选项卡"三轴"下拉菜单中的"插铣加工"按钮 ⬛，弹出"插铣加工"对话框，如图 17-22 所示。

2）根据加工的需要设定各项参数。

3）根据状态栏提示拾取加工对象，单击"确定"按钮，生成加工轨迹线。

CAXA
2023

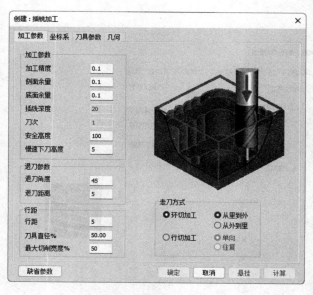

图 17-22　"插铣加工"对话框

17.3　其他加工

17.3.1　孔加工

孔加工功能主要是对零件表面的各类圆孔、螺纹孔进行加工的功能。与二、三轴轨迹不同，孔加工更多利用的是数控系统自带的固定循环加工方法。

1）执行"制造"｜"孔加工"｜"孔加工"命令或者单击"制造"选项卡"孔加工"下拉菜单中的"孔加工"按钮，弹出"孔加工"对话框，如图 17-23 所示。

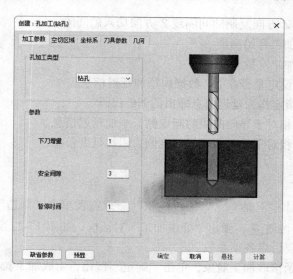

图 17-23　"孔加工"对话框

2）根据加工的需要设定各项参数。

3）根据状态栏提示拾取加工对象，单击"确定"按钮，生成加工轨迹线。

◆ 孔加工类型：提供了钻孔、高速啄式钻孔、左攻丝、精镗孔、钻孔 + 反镗孔和啄式钻孔等 12 种钻孔模式。

◆ 参数：

   ➢ 下刀增量：孔钻时每次钻孔深度的增量值。

   ➢ 安全间隙：钻孔时，钻头快速下刀到达的位置，即距离工件表面的距离，由这一点开始按钻孔速度进行钻孔。

   ➢ 暂停时间：攻丝时刀在工件底部的停留时间。

📖 17.3.2　铣圆孔加工

1）执行"制造"｜"孔加工"｜"铣圆孔加工"命令或者单击"制造"选项卡"孔加工"下拉菜单中的"铣圆孔加工"按钮 🐾，弹出"铣圆孔加工"对话框，如图 17-24 所示。

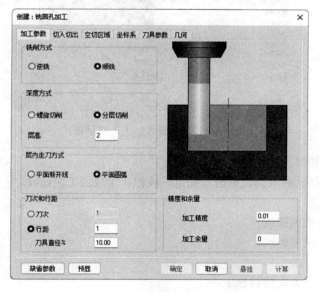

图 17-24　"铣圆孔加工"对话框

2）根据加工的需要设定各项参数。

3）根据状态栏提示拾取加工对象，单击"确定"按钮，生成加工轨迹线。

◆ 铣削方式：

   ➢ 逆铣：生成逆铣的轨迹。

   ➢ 顺铣：生成顺铣的轨迹。

◆ 深度方式：

   ➢ 螺旋切削：用螺旋的方式进行加工。

   ➢ 分层切削：用分层的方式进行加工。

◆ 层内走刀方式：

   ➢ 平面渐开线：在平面中用渐开线的方式进行加工。

➤ 平面圆弧：在平面中用圆弧的方式进行加工。

📖 17.3.3 铣螺纹加工

1）执行"制造"｜"孔加工"｜"铣螺纹加工"命令或者单击"制造"选项卡"孔加工"下拉菜单中的"铣螺纹加工"按钮 📟，弹出"铣螺纹加工"对话框，如图 17-25 所示。

图 17-25 "铣螺纹加工"对话框

2）根据加工的需要设定各项参数。

3）根据状态栏提示拾取圆，单击"确定"按钮，生成加工轨迹线。

◆ 类型：
➤ 内螺纹：铣内螺纹。
➤ 外螺纹：铣外螺纹。
◆ 旋向：
➤ 右旋：向右方向旋转加工。
➤ 左旋：向左方向旋转加工。

17.4 知识加工

📖 17.4.1 保存模板

保存模板用于记录已经成熟或定型的加工流程，在模板文件中记录加工流程的各个工步的加工参数。操作步骤如下：

1）执行"制造"｜"知识加工"｜"保存模板"命令或者单击"制造"选项卡"知识加工"下拉菜单中的"保存模板"按钮 📇，弹出"保存模板"对话框，如图 17-26 所示。

2）根据状态栏提示拾取加工轨迹，右击结束拾取，系统弹出"保存模板文件"对话框，按要求输入要保存的文件名，扩展名为 .cpt。

17.4.2 应用模板

使用模板文件中记录的加工流程的各个工步的加工参数模板来生成现有模型的加工轨迹，可以简化设置步骤。操作步骤如下：

1）执行"制造"｜"知识加工"｜"打开模板"命令或者单击"制造"选项卡"知识加工"下拉菜单中的"打开模板"按钮 。

图 17-26 "保存模板"对话框

2）系统弹出"打开模板文件"对话框，如图 17-27 所示，按要求选择一个 .cpt 文件。

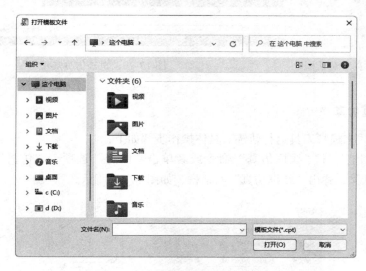

图 17-27 "打开模板文件"对话框

17.5 轨迹仿真

轨迹仿真是对已有的加工轨迹进行加工过程模拟。轨迹仿真有两种模式，一种为较为简单的线框仿真模式，一种为更为逼真的实体仿真模式。

17.5.1 实体仿真

实体仿真是在三维真实感显示状态下，模拟刀具运动、切削毛坯、去除材料的过程。操作步骤如下：

1）执行"制造"｜"实体仿真"命令或者单击"制造"选项卡"仿真"下拉菜单中的"实体仿真"按钮 ●，弹出"实体仿真"对话框，如图 17-28 所示。

2）拾取需要仿真的轨迹，单击"仿真"按钮，系统进入轨迹仿真环境，如图 17-29 所示。

图 17-28 "实体仿真"对话框

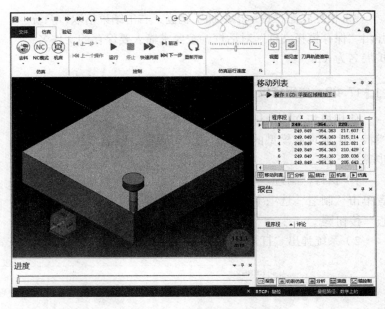

图 17-29 轨迹仿真环境

17.5.2 线框仿真

使用线框模式来模拟刀具运行轨迹。具体操作步骤如下：

1）执行"制造"｜"线框仿真"命令或者单击"制造"选项卡"仿真"下拉菜单中的"线框仿真"按钮⊗，弹出"线框仿真"对话框，如图 17-30 所示。

图 17-30 "线框仿真"对话框

2）拾取需要仿真的轨迹，即可进行仿真模拟。

17.6 轨迹编辑

17.6.1 轨迹裁剪

轨迹裁剪是用曲线（称为剪刀曲线）对刀具轨迹进行裁剪，截取其中一部分轨迹。操作步骤如下：

1）执行"制造"｜"轨迹编辑"｜"轨迹裁剪"命令或者单击"制造"选项卡"轨迹编辑"下拉菜单中的"轨迹裁剪"按钮▨，弹出"轨迹裁剪"对话框，如图 17-31 所示。

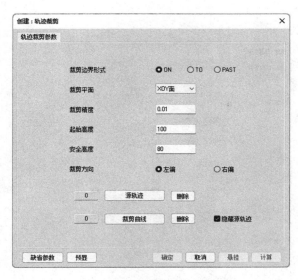

图 17-31 "轨迹裁剪"对话框

2）根据状态栏提示，拾取加工轨迹线，对轨迹进行裁剪。

◆ 裁剪边界形式：有 3 种形式，即 ON、TO 和 PAST。

◆ 裁剪平面：在指定坐标面内当前坐标系的 XOY、YOZ、ZOX 面单击立即菜单，可以选择在哪个面上裁剪。

◆ 裁剪精度：裁剪精度由立即菜单给出，表示当剪刀曲线为圆弧和样条时用此裁剪精度离散该剪刀曲线。

17.6.2 轨迹反向

轨迹反向用于将已经生成的加工轨迹反向。操作步骤如下：

1）执行"制造"｜"轨迹编辑"｜"轨迹反向"命令或者单击"制造"选项卡"轨迹编辑"下拉菜单中的"轨迹反向"按钮✎。

2）根据状态栏提示拾取源轨迹，右击结束拾取，加工轨迹反向。

17.6.3 轨迹打断

轨迹打断用于把一条刀具轨迹打断成两条刀具轨迹。操作步骤如下：

1）执行"制造"｜"轨迹编辑"｜"轨迹打断"命令或者单击"制造"选项卡"轨迹编辑"下拉菜单中的"轨迹打断"按钮▨，弹出"轨迹打断"对话框，如图 17-32 所示。

2）根据加工的需要设定各项参数。

3）根据状态栏提示拾取"源轨迹"和"刀位点"，单击"确定"按钮，打断加工轨迹线。

◆ 慢速下刀距离：在切入或切削开始前的一段刀位轨迹的位置长度。

◆ 慢速退刀距离：在切出或切削结束后的一段刀位轨迹的位置长度。

17.6.4 连接轨迹

连接轨迹用于把两条不相干的刀具轨迹连接成一条刀具轨迹。操作步骤如下：

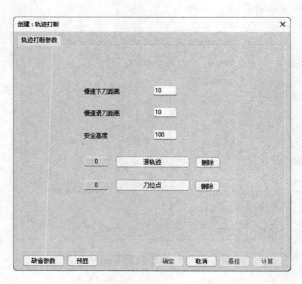

图 17-32 "轨迹打断"对话框

1）执行"制造"｜"轨迹编辑"｜"连接轨迹"命令或者单击"制造"选项卡"轨迹编辑"下拉菜单中的"连接轨迹"按钮，弹出"连接轨迹"对话框，如图 17-33 所示。

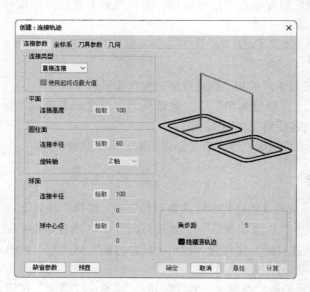

图 17-33 "连接轨迹"对话框

2）根据加工的需要设定各项参数。

3）根据状态栏提示拾取源轨迹，单击"确定"按钮，生成加工轨迹线。

◆ 连接类型：提供了直接连接、平面连接、圆柱面连接和球面连接四种类型。

17.7　后置处理

17.7.1　后置处理操作

后置处理用于生成 G 代码，就是按照当前机床类型的配置要求，把已经生成的刀具轨迹转化生成 G 代码数据文件，即 CNC 数控程序，有了数控程序就可以直接输入机床进行数控加工。操作步骤如下：

1）执行"制造"｜"后置处理"命令或者单击"制造"选项卡"后置"下拉菜单中的"后置处理"按钮**G**，弹出"后置处理"对话框，如图 17-34 所示。

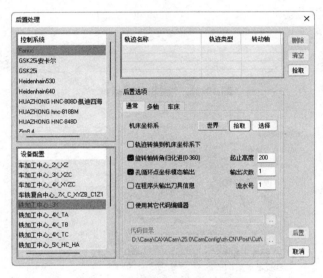

图 17-34　"后置处理"对话框

2）根据加工的需要设定各项参数。

3）单击右上角的"拾取"按钮，拾取需要生成 G 代码的轨迹，右击返回"后置处理"对话框，单击"后置"按钮，弹出"编辑"对话框，如图 17-35 所示。

4）设置好文件名称，单击"保存所有代码文件"按钮，保存代码。

17.7.2　反读轨迹

反读轨迹就是校核 G 代码把生成的 G 代码文件反读进来，生成刀具轨迹，以检查生成的 G 代码的正确性。如果反读的刀位文件中包含圆弧插补，需用户指定相应的圆弧的控制方式。否则可能得到错误的结果。若后置文件中的坐标输出格式为整数，且机床分辨率不为 1 时，反读的结果是不对的。亦即系统不能读取坐标格式为整数且分辨率为非 1 的情况。操作步骤如下：

1）执行"制造"｜"反读轨迹"命令或者单击"制造"选项卡"后置"下拉菜单中的"反读轨迹"按钮，弹出"反读轨迹"对话框，如图 17-36 所示。

2）根据需要设定各项参数。

3）选择所需要反读的代码文件，单击"确定"按钮，生成刀具轨迹。

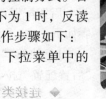

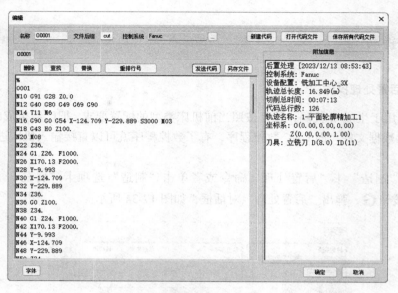

图 17-35 "编辑"对话框

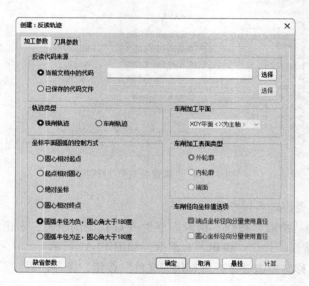

图 17-36 "反读轨迹"对话框

17.7.3 后置配置

后置配置可以增加当前使用的机床，给出机床名，定义适合自己机床的后置格式。操作步骤如下：

1）执行"制造"｜"后置配置"命令或者单击"制造"选项卡"后置"下拉菜单中的"后置配置"按钮，弹出"后置设置"对话框，如图 17-37 所示。

2）根据加工的需要设定各项参数。

3）单击"确定"按钮，完成配置。

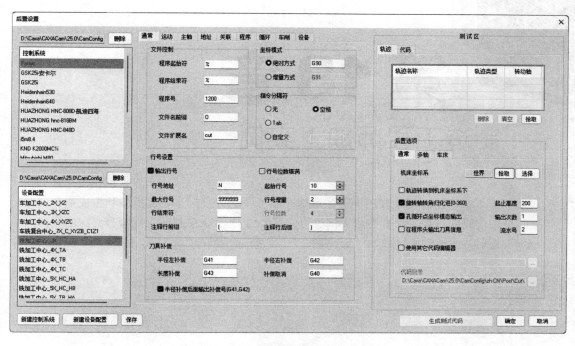

图 17-37　"后置设置"对话框

17.7.4　工艺清单

工艺清单可以更直观地让人了解相关零件的信息，如设计、工艺、校核等信息。操作步骤如下：

1）执行"制造"｜"工艺清单"命令或者单击"制造"选项卡"后置"下拉菜单中的"工艺清单"按钮，弹出"工艺清单"对话框，如图 17-38 所示。

2）填写相关零件的信息。

3）单击"拾取轨迹"按钮，按状态栏提示拾取加工轨迹，右击确认，单击"生成清单"按钮，生成加工工艺清单。

图 17-38　"工艺清单"对话框

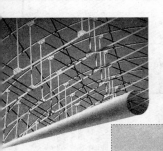

第 **18** 章

制造工程师加工实例

　　本章通过两个加工实例系统地介绍了零部件分析、生成模型和生成加工代码的过程。认真完成实例练习，读者可对 CAXA 制造工程师有更深的理解并能够熟练操作。

重点与难点

- 凸轮的造型与加工
- 锻模的造型与加工

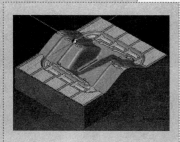

18.1 凸轮的造型与加工

18.1.1 案例预览

本节以凸轮为例，介绍用特征生成和加工零件的全过程。凸轮如图 18-1 所示，其尺寸如图 18-2 所示。

图 18-1 凸轮

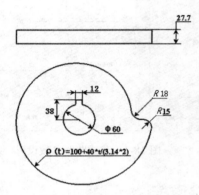

图 18-2 凸轮二维图

18.1.2 设计步骤

造型思路：根据图 18-1 所示的实体图形，能够看出凸轮的外轮廓边界线是一条凸轮曲线（可通过"公式曲线"功能绘制），中间孔带一个键槽。此造型整体是一个柱状体，所以通过拉伸功能造型，然后利用圆角过渡功能过渡相关边即可。

绘制草图的步骤如下：

1）单击"新建"按钮，新建立一个图形文件。

2）按 F5 键，单击"草图"选项卡"草图"面板中的"在 X-Y 基准面"按钮，在 XY 平面内创建草图。

3）单击"草图"选项卡"绘制"面板中的"公式曲线"按钮，弹出"公式曲线"对话框，选中"极坐标系"选项，设置参数，如图 18-3 所示。

4）单击"确定"按钮，此时公式曲线图形跟随光标，定位曲线端点到原点，如图 18-4 所示。

5）单击"草图"选项卡"绘制"面板中的"两点线"按钮，将公式曲线的两个端点连接，如图 18-5 所示。

6）单击"草图"选项卡"绘制"面板中的"圆心 + 半径"按钮，在原点处单击，设置"半径"为 30，然后按 Enter 键，加工如图 18-6 所示。

7）单击"草图"选项卡"绘制"面板中的"两点线"按钮，选择原点，输入坐标为（0,12），绘制一条长度为 12 的水平直线段，如图 18-7 所示。

8）单击"草图"选项卡"修改"面板中的"移动"按钮，设置平移参数，如图 18-8a 所示。单击 ✔ 按钮，选中的直线移动到指定的位置，如图 18-8b 所示。

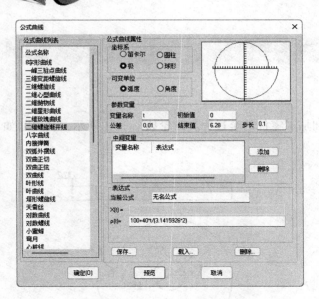

图 18-3 公式曲线参数设置

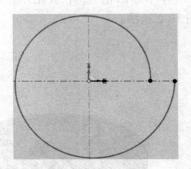

图 18-4 公式曲线

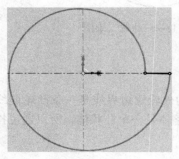

图 18-5 直线

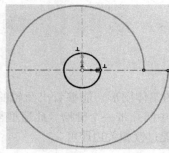

图 18-6 绘制圆

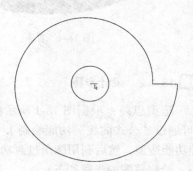

图 18-7 绘制直线

a）

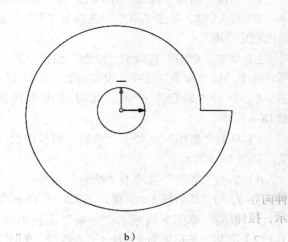

b）

图 18-8 平移直线

9）单击"草图"选项卡"绘制"面板中的"两点线"按钮 ⁄，选择被移动的直线上一端点，在圆的下方单击，在水平直线的另一端点绘制另一条直线，如图 18-9 所示。

10）单击"草图"选项卡"修改"面板中的"裁剪"按钮 ✖，裁剪草图，如图 18-10 所示。

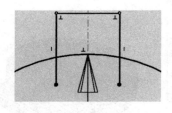

图 18-9　绘制直线

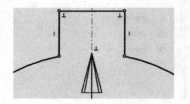

图 18-10　裁剪草图

11）单击状态栏中的"显示全部"按钮 🔍，将绘制的图形全部显示在屏幕绘图区内，如图 18-11 所示。

12）单击"草图"选项卡"修改"面板中的"圆角过渡"按钮 ⌓，选择如图 18-11 所示光标处的一点，然后设置圆弧过渡的半径为 18，过渡结果如图 18-12 所示。修改"半径"为 15，过渡尖角处的一点，结果如图 18-13 所示。

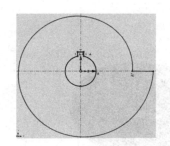

图 18-11　圆角过渡

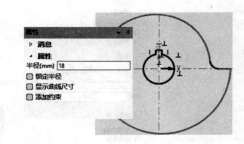

图 18-12　圆角过渡

13）单击"草图"选项卡"修改"面板中的"查找缝隙"按钮 ↵，检查草图是否闭合。如果不是闭合的，则修改开口处，使草图闭合。

14）单击"草图"选项卡"草图"面板"完成"按钮 ✔，退出草图绘制。

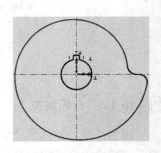

图 18-13　圆角过渡

📖 18.1.3　实体造型

1）拉伸增料。单击"特征"选项卡"特征"面板中的"拉伸向导"按钮 🗔，单击草图任意一点，弹出"创建拉伸特征"对话框，设置参数如图 18-14a 所示，拉伸结果如图 18-14b 所示。

2）过渡。单击"特征"选项卡"修改"面板中的"圆角过渡"按钮 🗔，设置参数如图 18-15a 所示，选择造型上下两个面，然后单击"确定"按钮，结果如图 18-15b 所示。

2023 CAXA

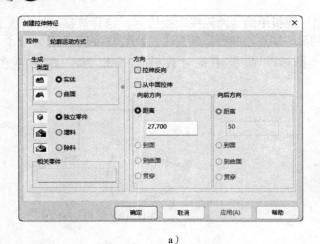

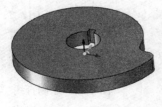

a)　　　　　　　　　　　　　　b)

图 18-14　拉伸增料

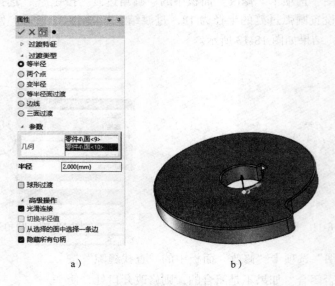

a)　　　　　　　　　　　　　　b)

图 18-15　圆角过渡

📖 18.1.4　凸轮加工

因为凸轮的整体形状就是一个轮廓，所以粗加工和精加工都采用平面轮廓方式。注意：在加工之前应该将凸轮的公式曲线生成的样条轮廓转为圆弧，这样对加工生成的代码可以进行圆弧插补，从而生成的代码最短，加工的效果最好。

1. 定义毛坯

1）在加工管理树栏中右击"毛坯"，单击"创建毛坯"弹出"创建毛坯"对话框。

2）在对话框中选择毛坯类型为"立方体"，单击"拾取参考模型"按钮，弹出"面拾取工具"对话框，选择对象，单击 ☑ 按钮，系统自动生成毛坯的外形，返回"创建毛坯"对话框，单击"确定"按钮，完成毛坯的创建，如图 18-16 所示。

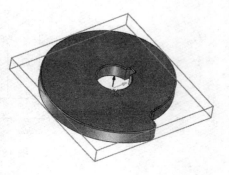

图 18-16 生成毛坯外形

2. 刀具设置

1）在设计树栏中右击"刀具"，弹出"刀具"快捷菜单如图 18-17 所示，单击"从系统刀具库导入"命令，弹出"刀具库"对话框，如图 18-18 所示。

图 18-17 "刀具"快捷菜单

刀具库：共 389 把

旋转类刀具	名称	直径	刃长	刀杆长	半径补偿号	长度补偿号	主轴转速	慢速下刀速度	连接速度	切削速度	退刀
立铣刀	立铣刀	1.000	3.000	50.000	0	0	8000.000	500.000	200.000	2000.000	100.
立铣刀	立铣刀	1.500	4.000	50.000	0	0	7500.000	500.000	200.000	2000.000	100.
立铣刀	立铣刀	2.000	5.000	50.000	0	0	7500.000	500.000	200.000	2000.000	100.
立铣刀	立铣刀	2.500	7.000	50.000	0	0	7500.000	500.000	260.000	2000.000	150.
立铣刀	立铣刀	3.000	8.000	50.000	0	0	7000.000	500.000	300.000	2000.000	200.
立铣刀	立铣刀	3.500	9.000	50.000	0	0	7000.000	500.000	300.000	2000.000	200.
立铣刀	立铣刀	4.000	10.000	50.000	0	0	7000.000	500.000	350.000	2000.000	200.
立铣刀	立铣刀	5.000	13.000	50.000	0	0	6000.000	500.000	400.000	2000.000	300.
立铣刀	立铣刀	5.500	15.000	50.000	0	0	5500.000	500.000	450.000	2000.000	300.
立铣刀	立铣刀	6.000	15.000	50.000	0	0	5000.000	500.000	500.000	2000.000	400.
立铣刀	立铣刀	8.000	20.000	60.000	0	0	4500.000	500.000	600.000	2000.000	400.

车削类刀具	名称	主偏角	副偏角	刃长	刀钴长度	刀柄宽度	主轴转速	慢速下刀速度	进刀量	退刀速度	
轮廓车刀	轮廓车刀	95.000	10.000	10.000	40.000	20.000	1000.000	5.000	0.100	20.000	
轮廓车刀	轮廓车刀	93.000	10.000	10.000	40.000	20.000	1000.000	5.000	0.100	20.000	
轮廓车刀	轮廓车刀	90.000	10.000	10.000	40.000	20.000	1000.000	5.000	0.100	20.000	
轮廓车刀	轮廓车刀	75.000	10.000	10.000	40.000	20.000	1000.000	5.000	0.100	20.000	
轮廓车刀	轮廓车刀	60.000	15.000	10.000	40.000	20.000	1000.000	5.000	0.100	20.000	
轮廓车刀	轮廓车刀	45.000	30.000	10.000	40.000	20.000	1000.000	5.000	0.100	20.000	
轮廓车刀	轮廓车刀	35.000	45.000	10.000	40.000	20.000	1000.000	5.000	0.100	20.000	
切槽车刀	切槽车刀	--	--	1.500	110.000	1.300	1000.000	5.000	0.100	20.000	

图 18-18 "刀具库"对话框

2）选择铣刀。双击立铣刀，打开"编辑刀具"对话框，输入直径为 20、刀杆长为 90、刃长为 60，如图 18-19 所示，单击"确定"按钮。

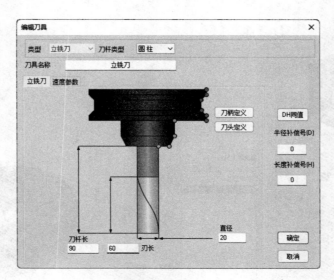

图 18-19 "编辑刀具"对话框

3）采用同样的操作步骤，编辑一个直径为 8、刀杆长为 80、刃长为 50 的立铣刀。

3. 机床后置

1）可以增加当前使用的机床，给出机床名，定义适合自己机床的后置格式。

2）单击"制造"选项卡"后置"下拉菜单中的"后置配置"按钮，弹出"后置设置"对话框，选择 FANUC 控制系统，并根据当前的机床设置各参数，如图 18-20 所示。

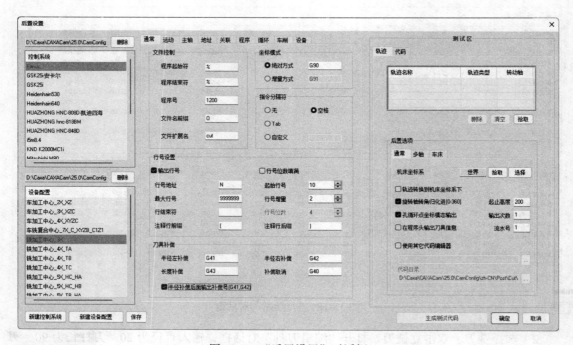

图 18-20 "后置设置"对话框

18.1.5 生成加工轨迹

1. 生成粗加工轨迹

1）单击"制造"选项卡"二轴"面板中的"平面区域粗加工1"按钮 ，弹出"创建：平面区域粗加工1"对话框。选择"加工参数"选项卡，设置参数如图18-21所示。

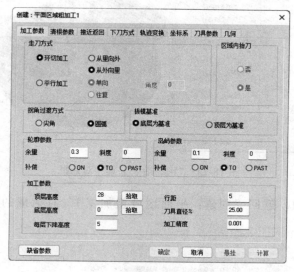

图 18-21 "加工参数"选项卡

2）选择"刀具参数"选项卡中的"立铣刀"选项卡，选择在刀具库中定义好的 D20 立铣刀。

3）选择"刀具参数"选项卡中的"速度参数"选项卡，设置参数如图18-22所示。

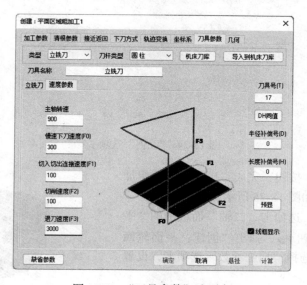

图 18-22 "刀具参数"选项卡

4）进退刀方式和下刀方式采用默认方式。

5）选择"几何"选项卡，单击"轮廓曲线"按钮，弹出"轮廓拾取工具"对话框，如图 18-23 所示，用光标拾取所需的轮廓线。

图 18-23 "轮廓拾取工具"对话框

6）单击 ✔ 按钮，返回"创建：平面区域粗加工 1"对话框的"几何"选项卡，如图 18-24 所示。

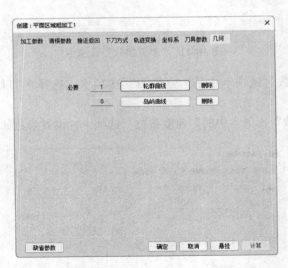

图 18-24 "几何"选项卡

7）单击"确定"按钮，完成"1- 平面区域粗加工 1"轨迹的创建，如图 18-25 所示。

8）单击"制造"选项卡"二轴"面板中的"平面轮廓精加工 1"按钮 〰，弹出"创建：平面轮廓精加工 1"对话框。选择"加工参数"选项卡，设置参数如图 18-26 所示。

9）选择"刀具参数"选项卡中的"立铣刀"选项卡，选择在刀具库中定义好的 D20 立铣刀。

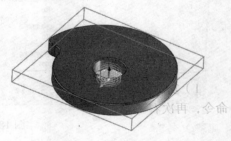

图 18-25 粗加工轨迹 1

10）选择"刀具参数"选项卡中的"速度参数"选项卡，设置参数如图 18-27 所示。

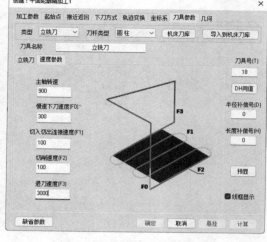

图 18-26 "加工参数"选项卡   图 18-27 "刀具参数"选项卡

11）进退刀方式和下刀方式采用默认方式。

12）选择"几何"选项卡，单击"轮廓曲线"按钮，弹出"轮廓拾取工具"对话框，用光标拾取所需的轮廓线，如图 18-28 所示。

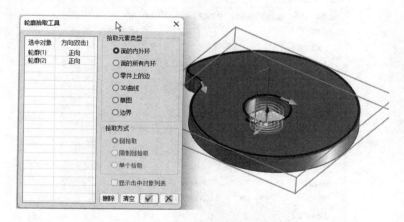

图 18-28 "轮廓拾取工具"对话框

13）单击 ✓ 按钮，返回"创建：平面轮廓精加工 1"对话框的"几何"选项卡，如图 18-29 所示。

14）单击"确定"按钮，完成"2- 平面轮廓精加工 1"轨迹的创建，如图 18-30 所示。

2. 生成精加工轨迹

1）复制轨迹。在设计树中选择"2- 平面轮廓精加工 1"，右击，选择快捷菜单中的"拷贝"命令，再次右击，选择"粘贴"命令，完成轨迹复制。

2）在特征树中右击"3- 平面轮廓精加工 1"，选择快捷菜单中的"编辑轨迹"命令，弹出"编辑：3- 平面轮廓精加工 1"对话框，选择"加工参数"选项卡，修改"加工余量"设置为 0，

如图 18-31 所示。

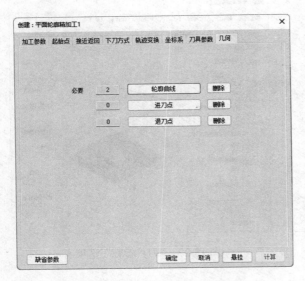

图 18-29　"几何"选项卡

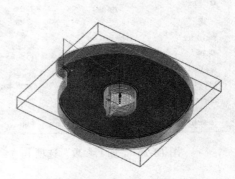

图 18-30　粗加工轨迹 2

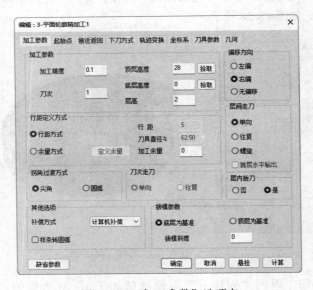

图 18-31　"加工参数"选项卡

3）选择"刀具参数"选项卡中的"立铣刀"选项卡，选择在刀具库中定义好的 D8 立铣刀。

4）选择"刀具参数"选项卡中的"速度参数"选项卡，设置参数如图 18-32 所示。

5）在特征树中选择"1- 平面区域粗加工 1"和"2- 平面轮廓精加工 1"，右击，选择快捷菜单中的"隐藏"命令，生成精加工轨迹，如图 18-33 所示。

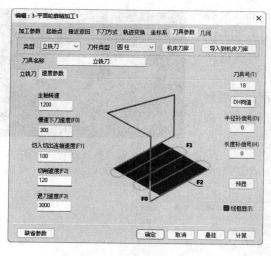

图 18-32 "刀具参数"选项卡

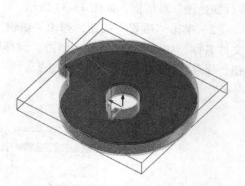

图 18-33 精加工轨迹

18.1.6 轨迹仿真

1）单击"制造"选项卡"仿真"面板中的"实体仿真"按钮●，弹出"实体仿真"对话框，单击"轨迹名称"下的"拾取"按钮，根据系统提示在设计树中选择需要的轨迹，右击，返回"实体仿真"对话框，如图 18-34 所示。单击"仿真"按钮，系统进入"轨迹仿真"环境，如图 18-35 所示。

图 18-34 "实体仿真"对话框

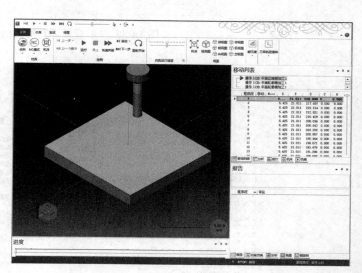

图 18-35 轨迹仿真

2）单击"运行"按钮▶，就可以看到加工过程了。轨迹仿真结果如图 18-36 所示。

3）单击"文件"选项卡中"退出"按钮，退出"轨迹仿真"环境。

18.1.7　生成 G 代码

1）单击"制造"选项卡"后置"下拉菜单中的"后置处理"按钮 **G**，弹出"后置处理"对话框，单击右上方的"拾取"按钮，根据系统提示选择所需的轨迹，右击返回"后置处理"对话框，如图 18-37 所示。

2）单击"后置"按钮，弹出"编辑"对话框，设置好文件名称，如图 18-38 所示。单击"保存所有代码文件"按钮，保存代码。

图 18-36　轨迹仿真结果图

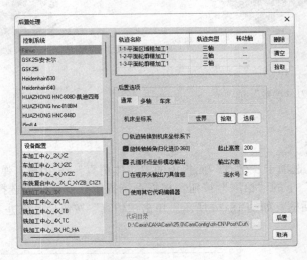

图 18-37　"后置处理"对话框

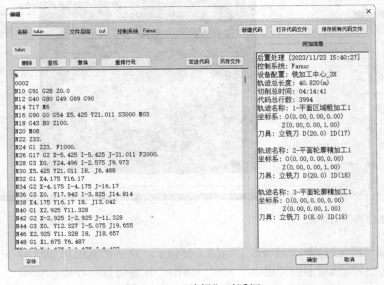

图 18-38　"编辑"对话框

18.1.8　生成加工工艺单

1）单击"制造"选项卡"后置"下拉菜单中的"工艺清单"按钮 ，弹出"工艺清单"对话框，如图 18-39 所示。

2）填写相关的零件信息，如设计、工艺、校核等信息。

3）单击"拾取轨迹"按钮，"工艺清单"对话框隐藏，返回到设计界面。

4）按状态栏提示拾取加工轨迹，右击确认，"工艺清单"对话框重新显示，单击"生成清单"按钮，生成加工工艺清单。并打开浏览器显示工艺清单，如图 18-40 所示。

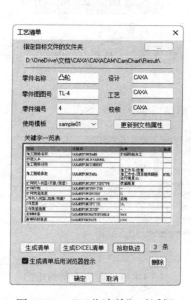

图 18-39　"工艺清单"对话框

图 18-40　生成的工艺清单

18.2　锻模的造型与加工

18.2.1　案例预览

本节以锻模为例，介绍用特征生成和加工零件的全过程。锻模造型如图 18-41 所示，其尺寸如图 18-42 所示。

18.2.2　设计步骤

1. 做出 4 个截面

1）做出工件底部为 260mm×320mm 的矩形。单击"三维曲线"选项卡"绘制"面板中的"矩形"按钮 ▭，在命令行中选择"中心+长+宽度矩形"方式，输入"长度"为 260、"宽度"为 320。拾取坐标原点或者输入数值坐标（0,0,0），这时 260mm×320mm 的矩形以中心为基点被定位在坐标原点上，如图 18-43 所示。

图 18-41　锻模

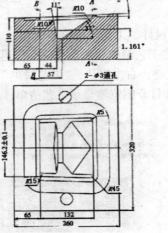

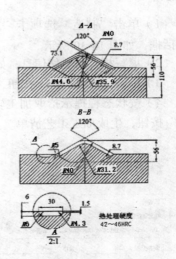

图 18-42　锻模二维图

2）平移矩形。按 F8 键切换到轴测图，单击"三维曲线"选项卡"修改"面板中的"移动曲线"按钮，在命令行中选择"距离""移动"方式，在下面的表格中输入 X、Y、Z 方向的偏移量：X 轴值为 65、Y 轴值为 0、Z 轴值为 -110，输入完成后右击确认，矩形立即被移动到相应的位置上，如图 18-44 所示。

3）B—B 截面就是坐标系中的 YOZ 截面。

4）按 F6 键切换到 YOZ 平面。单击"三维曲线"选项卡"绘制"面板中的"直线"按钮，在命令行中选择"水平 / 垂直线"方式，第二项选择"水平 + 垂直"，"长度"取默认值为 100。

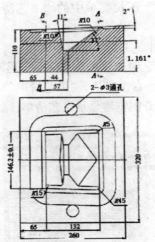

图 18-43　定位绘制的矩形

5）把这两条线拖到坐标系的原点，单击原点，十字线则被定位到坐标原点，如图 18-45 所示。

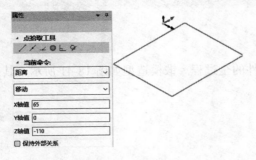

图 18-44　移动矩形

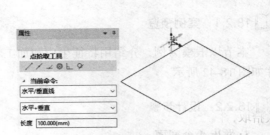

图 18-45　绘制直线（水平＋垂直）

6）作 R40mm 圆弧的中心和 Z=56 直线。单击"三维曲线"选项卡"修改"面板中的"偏移曲线"按钮，在命令行的"长度"中输入 40。选择"反向"方式，拾取过原点的水平线，作出第一条等距线（这条等距线和垂直线的交点就是 $R40mm$ 圆弧的中心）。用同样方法再作出另一条等距离为 56 的直线，如图 18-46 所示。

7）作 $R40mm$ 圆。单击"三维曲线"选项卡"绘制"面板中的"圆"按钮 ⊘，在命令行中选择"圆心＋半径"方式，根据状态栏提示输入"圆心点"，拾取等距 40 线和铅垂线的交点作为圆心，绘制 $R40mm$ 的圆，如图 18-47 所示。

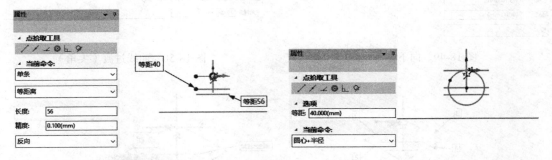

图 18-46　绘制等距直线　　　　　图 18-47　绘制半径为 40mm 的圆

8）作 $R40mm$ 圆的两条切线。单击"三维曲线"选项卡"绘制"面板中的"直线"按钮 ✎，在命令行中选择"角度线"方式，第二项选择"X轴角度"，在"角度"中输入 30。根据屏幕左下部的提示输入"第一点"，按键盘中的字母 T（切点）。根据状态栏的提示拾取曲线，拾取 $R40mm$ 圆，并移动鼠标，可以看到有一条与 X 轴夹角为 30° 的直线在屏幕上被拖动，长度发生着变化。状态栏提示输入第二点或长度，如图 18-48 所示。这一步也可以输入长度值。用同样方法可以作出另一条与 X 轴夹角为 −30° 的切线。

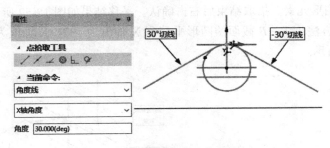

图 18-48　绘制直线（角度线）

9）作两条切线的等距线。单击"三维曲线"选项卡"修改"面板中的"偏移曲线"按钮 ⬚，在命令行的"长度"中输入 73.1。根据状态栏提示拾取曲线，拾取步骤 8）生成的直线，选择"等距离"，向下偏移，如图 18-49 所示。

10）修剪图形。单击"三维曲线"选项卡"修改"面板中的"过渡 / 倒角"按钮 ◻，在命令行中选择"尖角"。根据屏幕左下部的提示拾取第一条曲线，按图 18-50 所示的顺序和位置依次拾取，两线之间的多余部分将被裁剪掉，结果如图 18-50 所示。

11）作尖角过渡。按图 18-51a 所示的拾取顺序和位置，继续裁剪其他曲线。右击拾取图 18-52b 中要删除的线段（作 $R40mm$ 时的辅助线），单击"删除"按钮，这条线立即被删除。至此，B—B 截面的曲线完成。

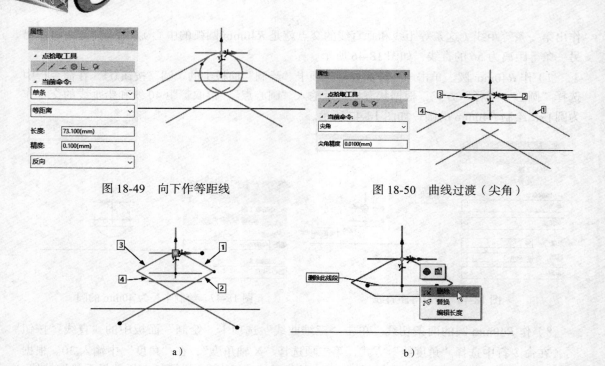

图 18-49 向下作等距线　　　　　　图 18-50 曲线过渡（尖角）

a）　　　　　　　　　　　b）

图 18-51 裁剪并删除多余的线

12）按 F8 键切换到轴测视图。单击"三维曲线"选项卡"修改"面板中的"移动曲线"按钮 🔧，在命令行中选择"距离"和"拷贝"，设置 X 轴值为 −65、Y 轴值为 0、Z 轴值为 0。按状态栏提示拾取图形元素。拾取结束后右击确认。平移结果如图 18-52 所示。

13）用同样的方法把 $B—B$ 截面的图形平移到 X 轴值为 132、X 轴值为 195 两个位置。平移结果如图 18-53 所示。

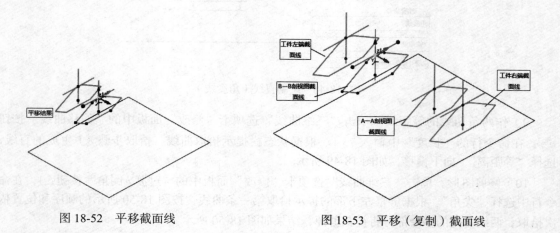

图 18-52 平移截面线　　　　　　图 18-53 平移（复制）截面线

14）单击"三维曲线"选项卡"绘制"面板中的"直线"按钮 ╱，在屏幕左边命令管理栏中第一项选"两点直线"，过左端圆 $R40mm$ 中点和右端圆 $R40mm$ 中点作直线，这是一条过（0,0,0）点的水平线。

15）按 F7 键切换作图平面到 XOZ 平面。单击"三维曲线"选项卡"绘制"面板中的"直线"按钮 ✐，在命令行中选择"角度线"和"X轴角度"，在"角度"中输入 2。选择 XOZ 平面的坐标原点，向左拖动会有一条与 X 轴夹角为 2° 的线在随着鼠标的移动而移动。单击屏幕上任意点，2° 线绘制完成，结果如图 18-54 所示。

16）单击"三维曲线"选项卡"修改"面板中的"裁剪曲线"按钮 ✂，在命令行中选择"多线裁剪"和"正常裁剪"。按状态栏提示拾取剪刀线，拾取工件右端的垂直线，右击确认，按状态栏提示拾取 2° 直线。

17）单击"三维曲线"选项卡"修改"面板中的"曲线拉伸"按钮 ⇥，在命令行中选择"拉伸"。接着选取 2° 线，按状态栏提示选取左端的垂直线，结果如图 18-55 所示。

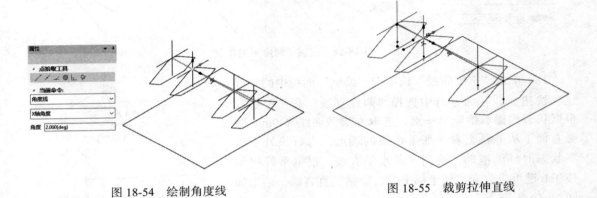

图 18-54　绘制角度线　　　　　　　　图 18-55　裁剪拉伸直线

18）单击"三维曲线"选项卡"修改"面板中的"智能测量"按钮 🔍，状态栏提示"拾取第一点"，这时拾取 R40mm 圆弧的中点和 2° 直线的端点（光标移到点附近，点均会被点亮），查询结果立即出现在屏幕上，显示"长度"为 2.27，如图 18-56 所示。

19）按 F6 键切换作图平面到 YOZ 平面，调整合适的视图。单击"三维曲线"选项卡"修改"面板中的"偏移曲线"按钮 ⬗，在"等距线"命令行中的"距离"输入 2.27。根据状态栏的提示拾取曲线，这时可以分别拾取 R40mm 圆弧和它的两条切线，等距方向选择指向轮廓内部的箭头，绘制等距直线，结果如图 18-57 所示。

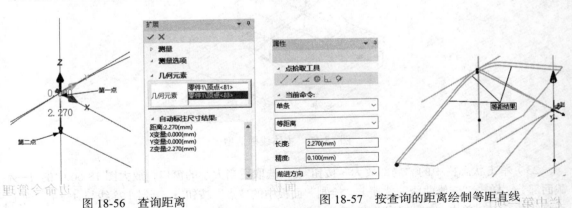

图 18-56　查询距离　　　　　　　图 18-57　按查询的距离绘制等距直线

20）曲线裁剪。单击"三维曲线"选项卡"修改"面板中的"过渡/倒角"按钮 ◠，在命令行中选择"尖角",根据状态栏的提示拾取第一条曲线。根据图 18-58 所示拾取要作尖角过渡的曲线。右击选中需要删除的线,单击"删除"✗按钮,把不需要的线删除。作图提示和生成的结果如图 18-58 所示。

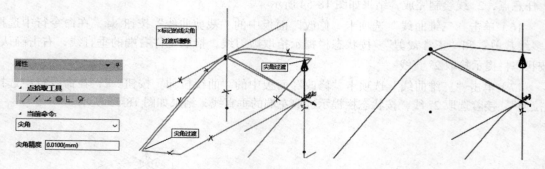

图 18-58　过渡 / 倒角(尖角)

21)单击"三维曲线"选项卡"绘制"面板中的"直线"按钮✎,在命令行中选择"两点直线"和"正交",根据状态栏提示拾取第一点,选取左端截面线 R40mm 圆弧右面(从屏幕上看)那条切线的端点,当直线处于水平状态时继续拖动,绘制一条水平直线,根据系统提示按 Tab 键可以改变工作坐标平面,绘制竖直直线,结果如图 18-59 所示。

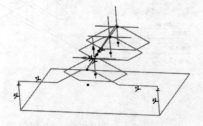

图 18-59　绘制端面轮廓

22)作右端面线的方法和作左端面线的方法相同,可以参照步骤 21)绘制右端面线。

⚠️ **注意**

等距的方向是指向轮廓的外面。绘制完成后把对应的端点连成直线(共 4 条直线),如图 18-60 所示。

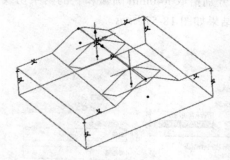

图 18-60　主体线框造型

23)单击状态栏中的"局部放大"按钮🔍,选取适当大小的窗口,放大图 18-60 中的 A—A 截面部分。单击"三维曲线"选项卡"绘制"面板中的"点"按钮•,绘制 2° 线与 A—A 截面上垂直线的交点,单击"三维曲线"选项卡"约束"面板中"智能标注"按钮✎,查询如图 18-61 所示的两点距离,查询结果为 4.61。

24）按上述查询的结果作等距线，设置等距距离为 4.61，方向向外。然后裁剪曲线，并把 $R40mm$ 圆弧和它的两条切线删除，结果如图 18-62 所示。

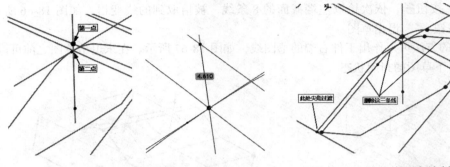

图 18-61　查询距离　　　　　　　　　图 18-62　按查询距离绘制等距直线

25）根据图样中的尺寸 8.7 作等距线。作等距线时，要注意绘图平面应为 YOZ 平面，否则将不能够得到正确的结果。绘制等距直线的结果如图 18-63 所示。

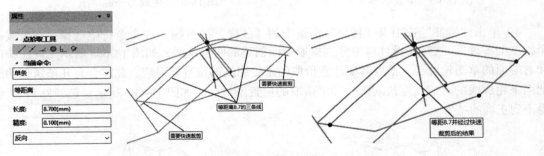

图 18-63　绘制等距直线的结果

26）作 B—B 截面。只需把 B—B 截面中的 $R40mm$ 圆弧和它的两条切线等距 8.7 后进行快速裁剪，并删除不需要的 2° 线就可以了，单击 ✔ 按钮，完成四个截面的绘制，结果如图 18-64 所示。

2. 拉伸增料得到整个造型的主体

1）工件左端的截面是在平行于 YOZ 平面并且过这个平面内任意一点的平面。单击"曲面"选项卡"曲面"面板中的"平面"按钮 ▱，在命令行中选择"YOZ 平面"根据系统提示拾取一个点作为平面的中心点，生成"平面 1"结果如图 18-65 所示。

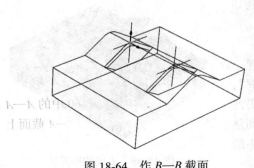

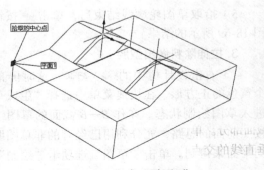

图 18-64　作 B—B 截面　　　　　　　　图 18-65　生成"平面 1"

2）单击"草图"选项卡"草图"面板中的"二维草图"按钮▨，在绘图区选择"平面1"，单击✔按钮，进入草图绘制状态。按 F8 键切换到轴侧视图，单击"草图"选项卡"绘制"面板中的"投影"按钮▤，依次拾取左端截面的 8 条线，被拾取到的线变粗，如图 18-66 所示。单击"完成"按钮✔，退出草图。

3）用同样的方法可以作出工件右端的草图线，如图 18-67 所示。在未退出草图之前可以让系统自己检查一下草图的封闭状态。

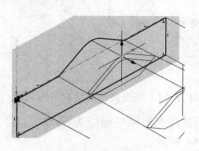

图 18-66　生成草图

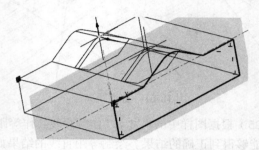

图 18-67　生成另一侧草图

4）单击"特征"选项卡"特征"面板中的"放样"按钮▨，在命令行中选择"新生成一个独立的零件"，这时在设计树中分别拾取前面创建的两个草图，如图 18-68a 所示工件左端面和右端面的草图轮廓线。拾取时要注意拾取两条轮廓线的位置要对应，此时会有几条黄色的线把两条轮廓线的对应点连接起来。如果拾取的位置不对应（如图 18-68b 所示黄色线倾斜），将得不到正确的结果。

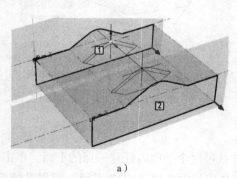

a）

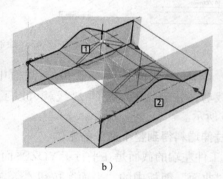

b）

图 18-68　拾取放样草图

5）拾取草图轮廓线结束后，单击✔按钮，得到如图 18-69 所示的结果。

3. 拉伸除料做出型腔

1）右击设计树中的 Y-Z平面，这时屏幕上出现一个黄色的正方形，在快捷菜单中选择"生成草图轮廓"，进入草图绘制状态。在作 B—B 截面的草图线时，仍然按照前面的思路，充分利用已经有的非草图线投影到草图平面来得到。单击"草图"选项卡"绘制"面板中的

图 18-69　生成放样实体

"投影"按钮🖶，如图18-70所示依次拾取 *B—B* 截面中的各条线。

2）把上面的一条水平线向上等距移动20。单击"草图"选项卡"修改面板"中的"倒角"按钮◁，设置如图18-71所示，选择18-70所示的3条直线，完成过渡，单击"完成"按钮✔，退出草图，结果如图18-72所示。

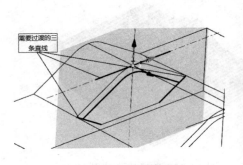

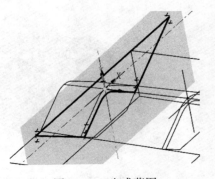

图18-70 曲线投影   图18-71 倒角设置   图18-72 生成草图

3）作 *A—A* 截面草图线。单击"曲面"选项卡"曲面"面板中的"平面"按钮▱，在命令行中选择"YOZ平面"根据系统提示拾取一个点作为平面的中心点，生成"平面3"结果如图18-73所示。

4）单击"草图"选项卡"草图"面板中的"二维草图"按钮▨，在绘图区选择"平面1"，单击✔按钮，进入草图绘制状态。按F8键切换到轴侧视图，单击"草图"选项卡"绘制"面板中的"投影"按钮🖶，依次拾取左端截面的6条线，被拾取的线变粗，结果如图18-74所示。单击"完成"按钮✔，退出草图。

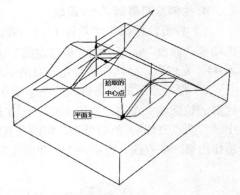

图18-73 生成"平面3"

5）把上面的一条水平线向上等距移动20。把各线之间作尖角过渡。完成后，在未退出草图之前可以让系统自己检查一下草图的封闭状态，单击"完成"按钮✔，退出草图，结果如图18-75所示。

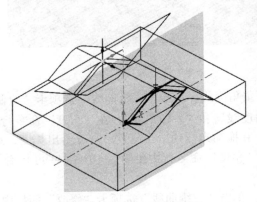

图18-74 被拾取的线变粗

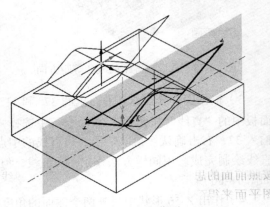

图18-75 生成草图

6）单击"特征"选项卡"特征移除"面板中的"放样切除"按钮🔟，根据系统提示选择前面生成的放样零件，在设计树中选择刚刚创建的 $A—A$ 截面和 $B—B$ 截面的草图轮廓线，如图 18-76 所示。

7）拾取草图轮廓线结束后，单击 ✓ 按钮，将得到如图 18-77 所示的结果。

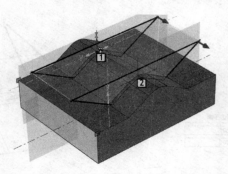

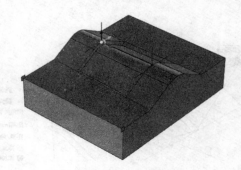

图 18-76　拾取草图轮廓线　　　　　　　　　图 18-77　放样切除结果

4. 拉伸除料得到 Z-56 深坑

1）右击设计树中"零件 1"，在弹出的快捷菜单中单击"编辑"按钮。单击"三维曲线"选项卡"修改"面板中的"偏移曲线"按钮✍，在屏幕左侧命令管理栏的"长度"命令行中输入 44，完成后，继续在屏幕左侧对话框的"长度"命令行中输入 57，如图 18-78 所示。

2）把等距后的两条直线的两个端点用直线连接起来，形成一个矩形。这就是 Z-56 深形状底部的轮廓线。单击"三维曲线"选项卡"绘制"面板中的"直线"按钮✎，屏幕左边对话框中选"两点直线"，然后分别拾取两条直线同一侧的两个端点，作出第一条直线。采用同样的方法作出第二条直线，形成一个封闭的矩形，结果如图 18-79 所示。

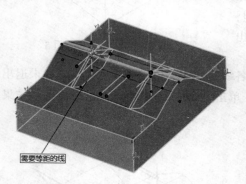

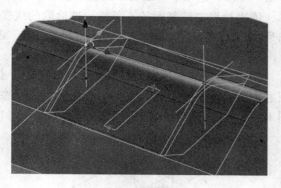

图 18-78　选取要等距的线和等距方向　　　　　图 18-79　形成矩形

3）根据图样作出 XZ 平面里的 37° 和 11° 两条角度线。单击"三维曲线"选项卡"绘制"面板中的"直线"按钮✎，在命令行中选择"角度线"和"X 轴角度"，在"角度"命令行中输入 37，右击确认。拾取矩形右边直线的中点，并拖动光标到适当位置单击或给出长度，37° 直线绘制完成。用同样方法作出 11° 直线，但在"角度"命令行中要输入 101（11+90），结果如图 18-80 所示。

4）作出 Z-56 形状中另外两个侧面的角度线。单击"三维曲线"选项卡"修改"面板中的

"移动曲线"按钮 🖑，在命令行中选择"两点""拷贝""非正交"。根据系统提示拾取元素，拾取 B—B 截面中的两侧斜面的角度线，右击确认，然后选择角度线的一端拷贝到矩形短边中点上。用同样的方法把另一条角度线拷贝。拷贝的结果如图 18-81 所示。

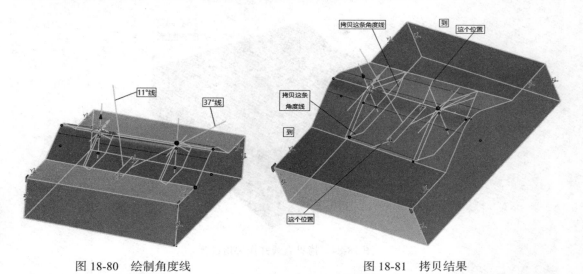

图 18-80　绘制角度线　　　　　　　　　图 18-81　拷贝结果

5）把这 4 条线裁剪到 Z0 高度，也就是要使这 4 条线的上端点的 Z 坐标值为 0，单击"三维曲线"选项卡"绘制"面板中的"直线"按钮 ✐，绘制一条过坐标原点平行于 X 轴的水平线和一条两端坐标为（50.5，−300，0）和（50.5，300，0）的平行于 Y 轴的水平线。单击"三维曲线"选项卡"修改"面板中的"曲线拉伸"按钮 ┓，根据系统提示拾取两个拷贝的角度线，拉伸至越过刚刚绘制的平行于 Y 轴的直线，如图 18-82 所示。单击"三维曲线"选项卡"修改"面板中的"裁剪曲线"按钮 ✂，在命令行中选择"曲线裁剪"方式。根据系统提示拾取刚作的过两条水平直线为剪刀线，37° 线、11° 线和两条拷贝角度线为被裁剪线（拾取保留的段）。裁剪结束后删除两条水平线，结果如图 18-83 所示。

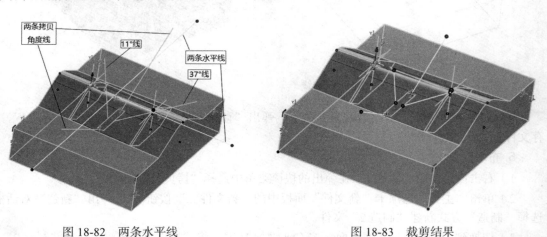

图 18-82　两条水平线　　　　　　　　　图 18-83　裁剪结果

6）单击"三维曲线"选项卡"修改"面板中的"移动曲线"按钮 🖑，在命令行中选择"两点""拷贝""非正交"方式。按系统提示拾取元素，拾取矩形的一条边，右击确认。系统提示输入基准点，选取这条直线的角度线的下端点，提示输入目标点，拾取这条角度线的上端点，这条直线立刻被定位在角度线的上端点上。用同样的方法拷贝其余 3 条线。拷贝后每相邻的两条线之间作尖角过渡，结果如图 18-84 所示。

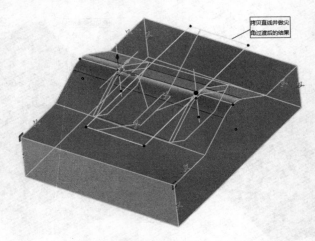

图 18-84　拷贝直线并作尖角过渡

7）把已经作好的这两个矩形投影到它所在的平面，成为草图轮廓线，结果如图 18-85 所示。

8）用这两个草图轮廓线作放样除料，最后形成 Z-56 深的坑，结果如图 18-86 所示。

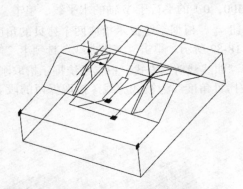

图 18-85　生成放样切除的草图轮廓线

图 18-86　放样切除结果

9）执行菜单"文件"|"另存为"命令，弹出"存储文件"对话框，输入文件名为 W，保存文件。

5. 布尔运算

1）右击设计树中"零件 1"在弹出的快捷菜单中选择"拷贝"按钮 。

2）单击"主页"选项卡"新文件"面板中的"新文件 ..."按钮 ，弹出"新建"对话框，选择"制造"方式新建"制造 2"文件。

3）切换到"制造 2"文件界面，按 Ctrl 键加 V 键，将"零件 1"全部拷贝到"制造 2"文件中。

4）作 6mm 深槽底部的曲面。把作图平面切换到 YZ 平面，单击"三维曲线"选项卡"修改"面板中的"偏移曲线"按钮 ，在"长度"命令行中输入6，拾取要等距的线，并把作等距后的部位作尖角过渡，结果如图18-87所示。

5）用步骤4）作好的等距线作曲面。单击"曲面"选项卡"曲面"面板中的"直纹面"按钮 ，在命令行中选择"曲线-曲线"。按图18-88所示对应拾取左右两边的等距线（注意每一条线拾取的位置也要对应），生成5个直纹面。单击"曲面"选项卡"曲面编辑"面板中的"缝合"按钮 ，将5个直纹面缝合成一个曲面。

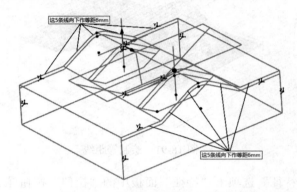

图18-87 作6mm深槽底部的曲面

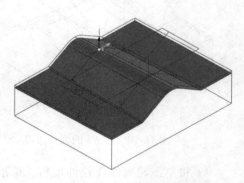

图18-88 生成直纹面

6）作草图轮廓。单击"特征"选项卡中的"基准面"按钮 ，在"参考面定位类型"中选择"从面偏置"选项，在"高度"命令行中输入60。选择XOY平面，结果如图18-89所示。完成后单击 按钮。

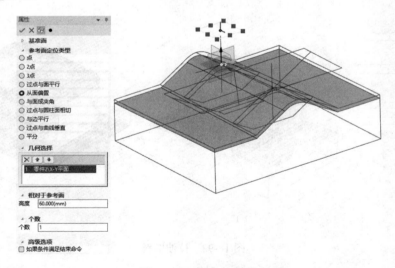

图18-89 构造基准面

7）单击"草图"选项卡"草图"面板中的"二维草图"按钮 ，选中"显示工程模式零件拾取框"选择步骤6）创建的基准面，进入草图界面。单击"草图"选项卡"绘制"面板中的"投影"按钮 ，根据系统提示拾取曲线，按图18-90所示依次拾取4条曲线，这4条线被投影到基准面。单击"草图"选项卡"修改"面板中的"圆角过渡"按钮 ，在相邻的两条直线之间作R5的圆角过渡，结果如图18-90所示。

8）单击"草图"选项卡"修改"面板中的"等距"按钮 ⚓，向外作距离为 10 的等距线，并把原草图轮廓删除。再向外作距离为 30 的等距线，单击"完成"按钮 ✔，退出草图结果如图 18-91 所示。

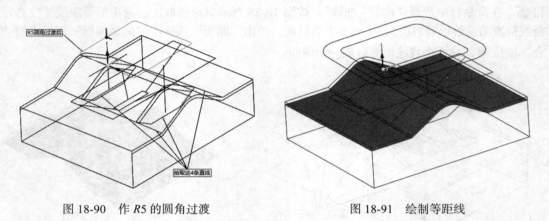

图 18-90　作 R5 的圆角过渡　　　　　图 18-91　绘制等距线

9）将草图轮廓线作拉伸增料。单击"特征"选项卡"特征"面板中的"拉伸"按钮 📑，设置按图 18-92a 所示，如拉伸方向不对，应选中"反向"复选框。完成后单击 ✔ 按钮，结果如图 18-92b 和图 18-92c 所示。

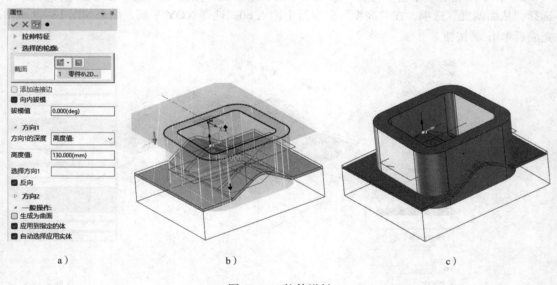

a）　　　　　　　　　　　b）　　　　　　　　　　　c）

图 18-92　拉伸增料

10）用前面作出的 5 个直纹面去裁剪步骤 9）生成的实体。单击"特征"选项卡"修改"面板中的"裁剪"按钮 ✂，"目标零件"选择步骤 9）拉伸的零件，被选中的零件变红，"工具零件"选择缝合曲面，完成后单击 ✔ 按钮，结果如图 18-93 所示（如果拉伸体是工程模式下创建的，则不能进行裁剪操作，需要我们单击"工程模式零件"选项卡"零件类型模式"面板中"创新模式零件"按钮 📦，接着单击"工程模式零件"选项卡"体操作"面板中"创建零件"按钮 📦，创建一个创新模式下的零件，然后单击"工程模式零件"选项卡"体操作"面板中"拷贝体"按钮 ，在"选择体"命令行中拾取工程模式创建的拉伸体，完成后单击 ✔ 按钮，这样就可以正常进行裁剪操作了）。

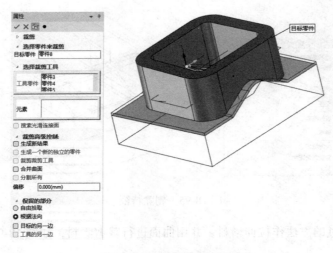

图 18-93　曲面裁剪除料

11）执行"文件"|"输出"|"输出零件"命令，弹出"输出文件"对话框，文件名输入"a"，保存类型选择"Parasolid 34.0.X_T"。做实体的交并差运算时，要求输入"*. X_T"文件，所以这一步要另存为扩展名为 .X_T 的文件，如图 18-94 所示。

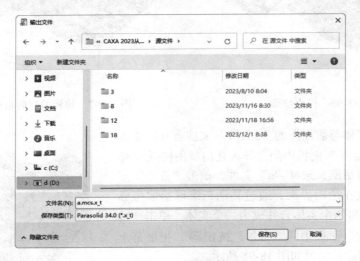

图 18-94　保存文件

12）删除"拉伸"和"裁剪"两个特征。方法是将光标移到左边设计树中的"拉伸"和"裁剪"处，右击弹出快捷菜单，选择"删除"命令即可，如图 18-95 所示。

选中前面作的 5 个直纹面，右击删除。前面作的 6mm 等距线也同样被删除。特征删除后，草图线得到保留。

13）右击屏幕左边设计树中的草图特征，选择"编辑"命令，进入草图绘制状态。把外圈的草图轮廓线删除，只保留里圈的草图轮廓。把工件左右两端面的曲线按距离 1.5 向下等距，并按前面讲过的方法作直纹面缝合曲面，结果如图 18-96 所示。

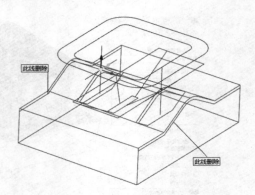

图 18-95　删除特征

14）按前面讲过的方法作拉伸增料，并用曲面进行裁剪除料，如图 18-97 所示。曲面裁剪除料后把曲面删除。

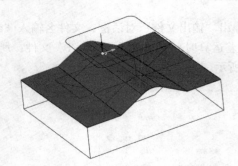
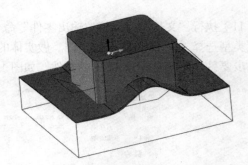

图 18-96　作直纹面　　　　　　　　　　图 18-97　拉伸增料后裁剪除料

15）把这个实体与前面做的"a.X_T"文件合并。单击"主页"选项卡"命令"面板中的"导入几何"按钮，弹出"打开文件"对话框，选择"a"文件，单击"打开"按钮。"a"零件出现在绘图界面，通过移动三维球拾取坐标原点（0，0，0），将两个实体合并成为一个实体。单击"特征"选项卡"修改"面板中的"布尔"按钮，把屏幕上的线全部隐藏或删除，结果如图 18-98 所示。

图 18-98　合并图形

16）作 R10 圆角过渡。单击"特征"选项卡"修改"面板中的"圆角过渡"按钮，设置各项如图 18-99a 所示，拾取要过渡的棱边，被拾取到的棱边高亮显示。单击 ✔ 按钮，完成圆角过渡，结果如图 18-99b 所示。

17）作 R6 圆角过渡。对周围一圈作 R6 圆角过渡，选取它的一条棱边，参数设置和结果如图 18-100 所示。

18）作 R4.3 圆角过渡。对内圈棱边作 R4.3 圆角过渡，结果如图 18-101 所示。完成后，文件另存为 b.X_T。

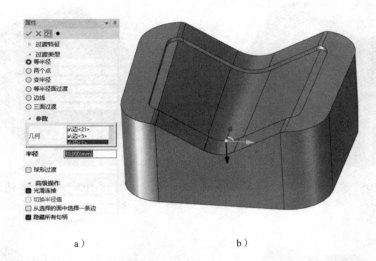

a)   b)

图 18-99   圆角过渡（$R10$）

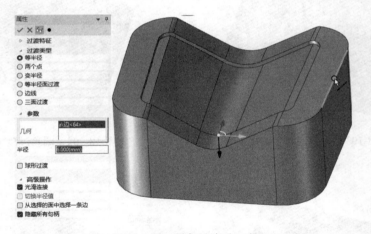

图 18-100   圆角过渡（$R6$）

19）打开文件"W.mcs"，并入文件"b.X_T"。单击"主页"选项卡"命令"面板中的"导入几何"按钮，弹出"输入文件"对话框，选择文件"b"，单击"打开"按钮，"b"零件出现在绘图界面，通过移动三维球拾取坐标原点（0,0,0），"b"零件移动到指定位置。把屏幕上的线全部隐藏。单击"特征"选项卡"修改"面板中的"布尔"按钮，平面左边命令管理栏中"操作类型"命令行选择"减"方式，"被布尔减的体"选择"w"零件，"要参与减操作的体"选择"b"零件，单击 ✔ 按钮，结果如图 18-102 所示。

20）倒各圆角。按图样作各圆角过渡。圆角过渡的操作方法前面已经讲过，不再详细叙述，只以图 18-103 ~ 图 18-107 所示做一个图示说明。

最后的造型结果如图 18-107 所示。

图 18-101　圆角过渡后的效果

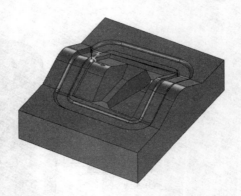

图 18-102　布尔运算结果

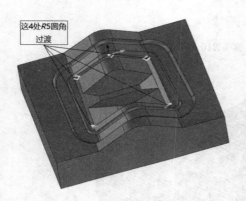

图 18-103　圆角过渡（R5）

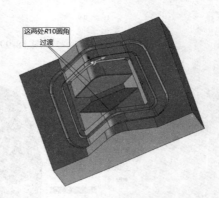

图 18-104　圆角过渡（R10）

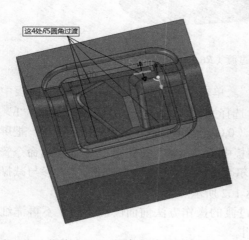

图 18-105　圆角过渡（R5）

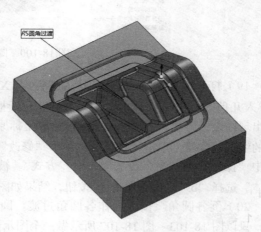

图 18-106　圆角过渡（R5）

18.2.3 锻模加工前的准备

1. 设定加工刀具

刀具只选一把 *R*5 的铣刀，粗加工和精加工共用一把刀。

刀具选好后，要在系统的刀具库中进行定义（如果系统的刀具库中没有这把刀具）。系统在生成刀具轨迹时，将根据这把铣刀来计算刀具轨迹。

1）在设计树栏中右击"刀库"，弹出"刀库"快捷菜单，单击"创建刀具"命令，弹出"创建刀具"对话框，如图 18-108 所示。

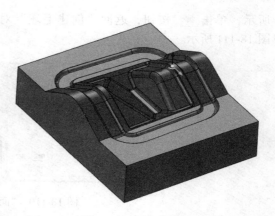

图 18-107　造型结果

2）在"创建刀具"对话框中选择"球头铣刀"，输入"刀具名称"为 R5、"直径"为 10、"刀杆长"为 140、"刃长"为 100，如图 18-109 所示，单击"确定"按钮。

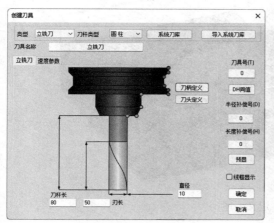

图 18-108　"创建刀具"对话框

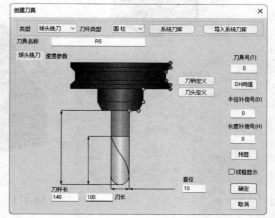

图 18-109　编辑刀具

铣刀一般都是以其直径和刀角半径来表示，刀具名称尽量和工厂中的习惯一致。刀具名称一般表示形式为"D10，r3"。其中，D 代表刀具直径，r 代表刀角半径。

3）设定增加铣刀的参数。输入正确的数值，刀具定义即可完成。其中的"刃长"和"刃杆长"与仿真有关而与实际加工无关。在实际加工中要正确选择吃刀量，以免损坏刀具。

2. 设定加工范围

锻模的上表面和所有型腔都要加工，所以它的加工范围就是零件的最大轮廓。在做造型时，第一步做了一个矩形，这个矩形就可以作为它的加工范围。

18.2.4 锻模加工

1. 等高粗加工刀具轨迹

1）单击"制造"选项卡"创建"面板中的"毛坯"按钮 📦，弹出"创建毛坯"对话框，单击"拾取参考模型"按钮，弹出"面拾取工具"对话框，选中实体零件，如图 18-110

2023 CAXA

所示，单击 ✔ 按钮，返回"创建毛坯"对话框，单击"确定"按钮，定义毛坯，结果如图 18-111 所示。

图 18-110　"面拾取工具"对话框

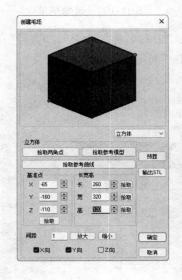

图 18-111　定义毛坯

2）单击"制造"选项卡"三轴"面板中的"等高线粗加工"按钮 🥞，弹出"等高线粗加工"对话框，根据使用的球头铣刀 R5，设置加工参数，如图 18-112 所示。

图 18-112　设置加工参数

3）选择"刀具参数"选项卡中的"速度参数"面板，设置切削用量，如图 18-113 所示。

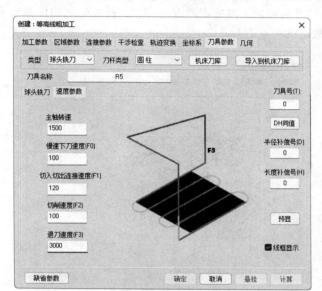

图 18-113 设置速度参数

4）选择"连接参数"选项卡中的"下刀方式"面板，设置如图 18-114 所示。

图 18-114 设置下刀方式

5）选择"刀具参数"选项卡，选择在刀具库中已经定义好的球头铣刀 R5，设置铣刀的刀具参数，如图 18-115 所示。

6）粗加工参数表设置好后，选择"几何"选项卡，如图 18-116 所示，单击"加工曲面"按钮，弹出"面拾取工具"对话框，选择实体零件，单击 ✓ 按钮，返回"几何"选项卡。单击"毛坯"，根据系统提示拾取毛坯，单击"确定"按钮。系统开始计算粗加工轨迹，结果如图 18-117 所示。选择的方向与加工时的走刀方向有关，拾取轮廓的位置与下刀点有关，通常是在轮廓上与拾取位置最近的一点下刀。

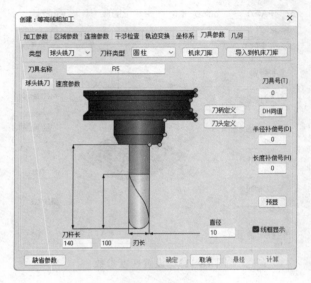

图 18-115　设置刀具参数

图 18-116　"几何"选项卡

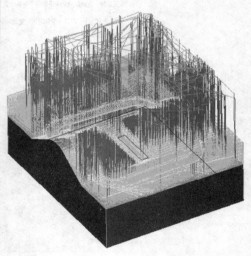

图 18-117　粗加工轨迹

2. 精加工（等高线）刀具轨迹

首先把粗加工刀具轨迹隐藏。

1）单击"制造"选项卡"三轴"面板中的"等高线精加工"按钮🥟，弹出"等高线精加工"对话框，在其中输入数值。根据使用的球头铣刀 R5，设置加工参数，如图 18-118 所示。

2）根据系统提示拾取加工曲面。拾取的方法和前面的粗加工相同。完成后单击"确定"按钮。系统开始计算刀具轨迹，结果如图 18-119 所示。如果是做练习，加工精度可改为 0.1，行距改为 3，这样可以减少计算时间。

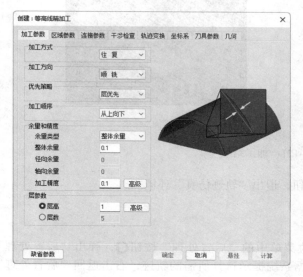

图 18-118　设置加工参数

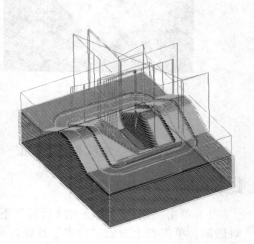

图 18-119　精加工轨迹

18.2.5　轨迹仿真

1）把刚做的粗加工轨迹设置为"显示"。

2）单击"制造"选项卡"仿真"下拉菜单中的"实体仿真"按钮 🔵，弹出"实体仿真"对话框，根据系统提示拾取两个轨迹，单击"仿真"按钮，系统进入"轨迹仿真"环境，如图 18-120 所示。

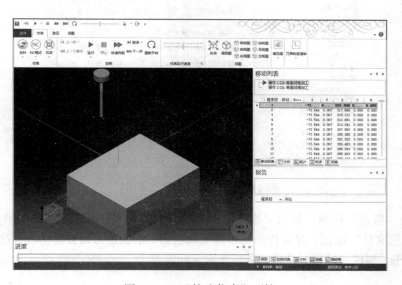

图 18-120　"轨迹仿真"环境

3）单击"运行"按钮▶，开始自动进行加工仿真，结果如图 18-121 所示。

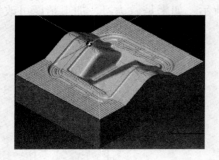
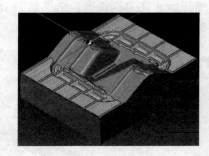

粗加工结果   精加工结果

图 18-121   加工结果

4）单击"文件"选项卡中"退出"按钮，退出"轨迹仿真"环境。

18.2.6 生成加工 G 代码

1）单击"制造"选项卡"后置"下拉菜单中的"后置处理"按钮**G**，弹出"后置处理"对话框，单击右上方的"拾取"按钮，根据系统提示选择所需的轨迹，右击返回"后置处理"对话框，如图 18-122 所示。

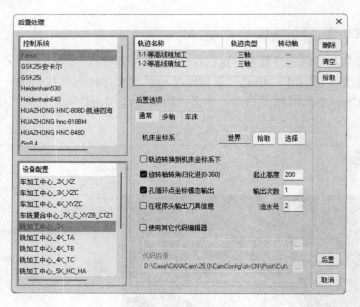

图 18-122   "后置处理"对话框

2）单击"后置"按钮，弹出"编辑"对话框，设置好文件名称，如图 18-123 所示。单击"保存所有代码文件"按钮，保存代码。粗加工和精加工的轨迹可以分开拾取，这样将会生成两个 G 代码程序。要说明的是，是否这样做要看实际需要。

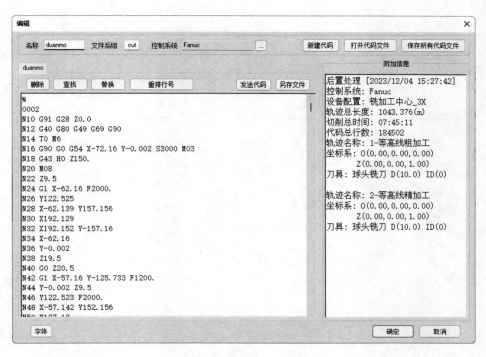

图 18-123 "编辑"对话框